宗白华 别集

西方美学名著

译稿

江苏教育出版社

图书在版编目(CIP)数据

西方美学名著译稿/宗白华编译．
南京：江苏教育出版社，2005.6
（宗白华别集）
ISBN 7-5343-6561-9

Ⅰ．西…
Ⅱ．宗…
Ⅲ．美学—著作—西方国家
Ⅳ．B83

中国版本图书馆 CIP 数据核字（2005）第 048517 号

出版者	江苏教育出版社
社　　址	南京市马家街 31 号　邮政编码 210009
网　　址	http://www.1088.com.cn
出版人	张胜勇
书　　名	西方美学名著译稿
译　　者	宗白华
责任编辑	郝志坚
集团地址	凤凰出版传媒集团有限公司
	（南京市中央路 165 号　邮政编码 210009）
集团网址	凤凰出版传媒网 http://www.ppm.cn
经　　销	全国新华书店
印　　刷	河北科技师范学院印刷厂
厂　　址	河北 秦皇岛　　电话　0335—2039060
开　　本	787×1092 毫米　1/16
印　　张	21.25　插页 4
字　　数	238 000
版　　次	2005 年 6 月第 1 版
印　　次	2005 年 6 月第 1 次印刷
印　　数	0001—5100
定　　价	24.80 元
发行热线	010－88876731
编辑热线	010－88876730

苏教版图书若有印装错误可向承印厂调换

1919年8月与中国少年学会成员合影于上海,后排右三为宗白华

20世纪70年代末与夫人虞芝秀摄于北京大学寓所前

20世纪80年代初在北大图书馆前

飓风天际来
绿垒群峰暝
云旛猵夕晖
光写一川冷
遥：孤霞迥
萦缭月华生
万象浴清影

柏溪夏晚归棹
抗战期间居嘉陵江边柏溪对岸时作

宗白华《流云》诗集手稿之一

1982年于北京大学燕南园朱光潜寓所与朱光潜（左一）、茅以升（中）合影

目 录

温克尔曼美学论文选译 / 1

拉奥孔（节译） / 莱辛 7

判断力批判（上卷　审美判断力的批判） / 康德 10

附录　康德美学思想评述 / 宗白华 195

单纯的自然描摹·式样·风格 / 歌德 218

歌德论 / 比学斯基 225

席勒和歌德的三封通信 / 230

悲剧世界之变迁 / 马尔苦赛 238

"知识学"导论 / 费希特 246

黑格尔的美学和普遍人性 / 菲·巴生格 261

马克思美学思想里的两个重要问题 / 汉斯·考赫 287

附录　西方美学史 / 宗白华 306

温克尔曼美学论文选译

论希腊雕刻
[译自《关于在绘画和雕刻艺术里模仿希腊作品的一些意见》]

希腊艺术杰作的一般特征是一种高贵的单纯和一种静穆的伟大,既在姿态上,也在表情里。

就像海的深处永远停留在静寂里,不管它的表面多么狂涛汹涌,在希腊人的造像里那表情展示一个伟大的沉静的灵魂,尽管是处在一切激情里面。

在极端强烈的痛苦里,这种心灵描绘在拉奥孔①的脸上,并且不单是在脸上。在一切肌肉和筋络所展现的痛苦,不用向脸上和其他部分去看,仅仅看到那因痛苦而向内里收缩着的下半身,我们几乎会在自己身上感觉着。然而这痛苦,我说,并不曾在脸上和姿态上用愤激表示出来。他没有像维吉尔在他的《拉奥孔》(诗)里②所歌咏的那样喊出可怕悲吼,因嘴的孔洞不允许

---

① 拉奥孔,古代特洛伊城阿波罗神庙祭师,因警告国人勿受希腊联军木马计的欺骗,被袒护敌方的神灵遣派二巨蟒将父子三人扼死。著名雕像群是公元前50年左右的创作。

② 维吉尔,公元前1世纪罗马著名诗人,史诗《爱耐伊斯》(Aneis)中曾写拉阿孔。

这样做,这里只是一声畏怯的敛住气的叹息,像沙多勒所描述的。

身体的痛苦和心灵的伟大是经由形体全部结构用同等的强度分布着,并且平衡着。拉奥孔忍受着,像索缚克勒斯的菲诺克太特:他的困苦感动到我们的深心里,但是我们愿望也能够像这个伟大人格那样忍耐痛苦。一个这样的伟大心灵的表情远远超越了美丽自然的构造物。艺术家必先在自己内心里感觉到他要印入他的大理石里的那精神的强度。希腊有集合艺术家与圣哲于一身的人物,并且不止一个梅特罗多。智慧伸手给艺术而将超俗的心灵吹进艺术的形象。

(中略)

身体的站相愈静穆,它就更适合于表现心灵的真实性格:在一切过分脱离静穆站相的姿态里,心灵不处在它的最自在的、而是在一种被迫的强勉的状态里。在强烈的情操里,心灵是较易被人认识和指出的,但伟大和高贵却是在统一的、静穆的站相里。

在拉奥孔里,如果单单把痛苦塑造出来,就成为拘挛的形状了。所以艺术家赋予它一个动作,这动作是在这样巨大的痛苦里最接近于静穆的形象的,为了把这时突出的状况和心灵的高贵结合于一体。但是在这个静穆形象里,又必需把这个心灵所具有的,和别的任何人不同的特征标出来,以便使他既静穆,同时又生动有为,既沉寂,却不是漠不关心或打瞌睡。

现代时髦艺术家的一般趣味却是和这极端相反。他们所获得的赞赏正是由于把极不寻常的状态和动作,借着无耻的火热,用放肆挥洒,像他们所说的制造出来。

他们喜爱的口号是"对立姿势"(Contianost),这对于他们是一个完美作品里一切品德的总汇。他们要求他们的形象里一种灵魂要像是一颗彗星脱出了它的轨道。他们希望在每一个形象里见到一个阿亚克斯(Ajax)①及一个 Cananeia。(下略一段)

希腊雕像里的高贵的单纯和静穆的伟大同时也是希腊最好时期的文章的标志,像苏格拉底学派的文章。而这类品质也构成一个拉斐尔的主要伟大处。这是他通过模仿古人达到的。

赫尔苦勒斯残雕②
〔译自《短论》〕

试问一问那些认识人类本质里(译者按:原文为有死者的天赋中)最美的东西的人,曾否见过能和这残雕的左侧形相相比拟的东西?它的肌肉里的作用和反作用是用一种聪慧的尺度把它们的变化着的起动和快速的力量令人惊赞地平衡着,这躯体必须通过它们才能来为完成一切任务做准备。就像在海的一个波动中,那原先静止的平面在一雾似的骚动里用荡着的浪纹涨起来,一浪被一浪吞噬着,这浪纹又从这里面滚了出来,同样地,在这里一个筋肉柔和地涨了起来,飘然地渡进另一个肌肉,而在它们中间一个第三肌肉升了起来,好似加强着它们的波动,而又消逝在它们里面,我们的视线好像也同样地被吞噬在里面了。当我从背后看这躯体时,我惊喜着,就像一个人,在他赞叹过一座庙宇的宏丽的前门之后,被人导引上这庙的高处,他原先不能俯眺的穹窿,把他再度推坠惊奇之中。我在这里看见这肢体的尊贵的构造,诸肌肉的起始,它们的部位和运动的根基;而这一切展开在眼前,好似从山顶上发现一片风景,大自然把它的丰富多

---

① 阿亚克斯,索缚克勒斯悲剧中的人物。
② 赫尔苦勒斯,希腊神话中以富有体力著名的英雄,经历过许多冒险事业。藏于柏维德尔宫的残雕曾极被米开朗琪罗推重。温克尔曼的描绘更引起人们对它的注意和欣赏。

样的美倾泻在这上面。

就像这些愉快的峰顶由柔和的坡陀消失到沉沉的山谷里去,这一边逐渐狭隘着,那一边逐渐宽展着,那么多样的壮丽优美;这边昂起了肌肉的群峰,不容易觉察的凹涡常常曲绕着它们,就像曼盎特尔的河流。与其说它们是对我的视觉显现着,不如说它们是对我们的感觉展示着。

柏维德尔宫的阿波罗雕像①
[译自《古代艺术史》]

这里是体现了古代幸免于摧毁的作品中最高的艺术理想。这作品的创造者是把这作品完全建基于那理想之上,他从物质材料里只采取了必不可少的那么些,以便实现他的目的,使它形象化。这个阿波罗超越着一切别的同类的造像,就像荷马的阿波罗远远超过了他以后一切诗人所描写的那样。这雕像的躯体是超人类的壮丽,它的站相是它的伟大的标示。一个永恒的春光用可爱的青年气氛,像在幸福的乐园里一般,装裹着这年华正盛的魅人的男性,拿无限的柔和抚摩着它的群肢体的构造。把你的精神跻进无形体美的王国里去,试图成为一个神样美的大自然的创造者,以便把超越大自然的美充塞你的精神!这里是没有丝毫的可朽灭的东西,更没有任何人类的贫乏所需求的东西。没有一筋一络炙热着和刺激着这躯体,而是一个天上来的精神气,像一条温煦的河流,倾泻在这躯体上,把它包围着。他用弓矢所追射的巨蟒皮东已被他赶上了,并且结果了它。他的

---

① 柏维德尔,罗马封建时期所建宫殿,后改为艺术陈列馆,藏古代雕刻甚有名。该处阿波罗雕像因温克尔曼的描写更为驰名,成为欧洲"古典主义"时期理想范型,但它是依据公元前350年雕刻家Llochails一座铜雕、公元前2世纪的大理石仿作,后来希腊伟大原作陆续出现,则此作品已不能代表希腊雕刻最高造诣。

庄严的眼光从他高贵的满足状态里放射出来,似瞥向无限,远远地越出了他的胜利:轻蔑浮在他的双唇上,他心里感受的不快流露于他的鼻尖的微颤一直升上他的前额,但额上浮着静穆的和平,不受干扰。他的眼睛却饱含着甜蜜,就像那些环绕着他、渴想拥抱他的司艺女神们……

(中略一段)

在观赏这艺术奇迹里我忘掉了一切别的事物,我自己采取了一个高尚的站相,使我能够用庄严来观赏它。我的胸部因敬爱而扩张起来,高昂起来,像我因感受到预言的精神而高涨起那样,我感觉我神驰黛诺斯(Delas)而进入留西(Lycich)圣林①,这是阿波罗曾经光临过的地方:因我的形象好似获得了生命和活动像比格玛琳(Pygma-Lion)的美那样②。怎样才能摹绘它和描述它呀!艺术自身须指引我和教导我的手,让我在这里起草的图样,将来能把它圆满完成。我把这个形象所赐予我的概念奉献于它的脚下,就像那些渴想把花环戴上神们头顶上的人,能仰望而不能攀达。

[译后记]

德国18世纪艺术史家温克尔曼的两部著作《关于在绘画和雕刻艺术里模仿希腊作品的一些意见》和《古代艺术史》对于当时德国学术界和文学界发生了极大的影响。莱辛、赫尔德尔、歌德、席勒都受到他的启发而深一层地理解了希腊艺术。他对于希腊艺术美的解释:"高贵的单纯和静穆的伟大"成为德国古典主义文学的美学理想(见歌德的名

---

① 黛诺斯圣林,希腊爱琴海中小岛,传说中为阿波罗(神话中光与太阳、预言与艺术之神)神迹的圣地。

② 比格玛琳,是西拜因(Cynevn)地方传说中国王名,他造了一女像,请求阿波罗赋了生命,和这活了的雕像结了婚。

剧《伊菲格尼》)。德国近代艺术理论家淮错尔德说道:"这一深刻的历史理解的觉醒,没有那热情的倾泻,没有温克尔曼对他科研对象深情的体验和思想的深入是不能设想的。这个新的癖爱才打开了新科学的大门。温氏毕生所献身的美的观念——通过这个,他的人格和他的命运获得普通的人类意义——他也在他的主著的文章风格里来寻找。他替自身定下任务:要把思想的美和文章的美努力推上极峰。阿波罗雕像的描写要求着我的辛劳就像写一首英雄颂诗那样,在描写柏维德尔的诸雕像里,温氏初次做了试验来解决这一问题:这就是要把感性的直观转成文字的描述,艺术的体验化为艺术的摹绘。"歌德赞他的文章说:"这是一有生命的东西,为着有生命的人……而写的"。可惜我的拙笔不能传达他文中的生命。

拉奥孔(节译)
莱　辛

论诗里和造型艺术里的身体美

　　身体美是产生于一眼能够全面看到的各部分协调的结果。因此要求这些部分相互并列着,而这各部分相互并列着的事物正是绘画的对象。所以绘画能够、也只有它能够摹绘身体的美。

　　诗人只能将美的各要素相继地指说出来,所以他完全避免对身体的美作为美来描绘。他感觉到把这些要素相继地数出来,不可能获得像它并列时那种效果,我们若想根据这相继地一一指说出来的要素而向它们立刻凝视,是不能给予我们一个统一的协调的图画的。要想构想这张嘴和这个鼻子和这双眼睛集在一起时会有怎样一个效果是超越了人的想像力的,除非人们能从自然里或艺术里回忆到这些部分组成的一个类似的结构(译者按:读"巧笑倩兮"……时不用做此笨事,不用设想是中国或西方美人而情态如见,诗意具足,画意也具足)。

　　在这里,荷马常常是模范中的模范。他只说,尼惹斯是美的,阿奚里更美,海伦具有神仙似的美。但他从不陷落到这些美的周密的罗唆的描述。他的全诗可以说是建筑在海伦的美上面的,一个近代的诗人将要怎样冗长地来叙说这美呀!

但是如果人们从诗里面把一切身体美的画面去掉,诗不会损失过多少?谁要把这个从诗里去掉?当人们不愿意它追随一个姊妹艺术的脚步来达到这些画面时,难道就关闭了一切别的道路了吗?正是这位荷马,他这样故意避免一切片断地描绘身体美的,以至于我们在翻阅时很不容易地有一次获得海伦具有雪白的臂膀和金色的头发(《伊利亚特》IV,第319行),正是这位诗人他仍然懂得使我们对他的美获得一个概念,而这一美的概念是远远超过了艺术在这企图中所能达到的。人们试回忆诗中那一段,当海伦到特罗亚人民的长老集会面前,那些尊贵的长老们瞥见她时,一个对一个耳边说:

"怪不得特罗亚人和坚胫甲开人,为了这个女人这么久忍着苦难呢?看来她活像一个青春常驻的女神。"

还有什么能给我们一个比这更生动的美的概念,当这些冷静的长老们也承认她的美是值得这一场流了这许多血,洒了那么多泪的战争的呢?

凡是荷马不能按照着各部分来描绘的,他让我们从它的影响里来认识。诗人呀,画出那"美"所激起的满意、倾倒、爱、喜悦,你就把美自身画出来了。谁能构想莎弗所爱的那个对方是丑陋的,当莎弗承认她瞥见他时丧魂失魄。谁不相信是看到了美的完满的形体,当他对于这个形体所激起的情感产生了同情。

文学追赶艺术描绘身体美的另一条路,就是这样:它把"美"转化做魅惑力。魅惑力就是美在"流动"之中。因此它对于画家不像对于诗人那么便当。画家只能叫人猜到"动",事实上他的形象是不动的。因此在它那里魅惑力只能变成了鬼脸。但是在文学里魅惑力是魅惑力,它是流动的美,它来来去去,我们盼望能再度地看到它。又因为我们一般地能够较为容易地生动地回忆"动作",超过单纯的形式或色彩,所以魅惑力较之"美"在同等的比例中对我们的作用要更强烈些。

甚至于安拉克耐翁(希腊抒情诗人),宁愿无礼貌地请画家无所作为,假使他不拿魅力来赋予他的女郎的画像,使她生动。"在她的香腮上一个酒窝,绕着她的玉颈一切的爱娇浮荡着"(《颂歌》第28页)。他命令艺术家让无垠的爱娇环绕着她的温柔的腮,云石般颈项!照这话的严格的字义,这怎么办呢?这是绘画所不能做到的。画家能够给予腮巴最艳丽的肉色,但此外他就不能再有所作为了。这美丽颈项的转折,肌肉的波动,那俊俏酒窝因之时隐时现,这类真正的魅惑力是超出了画家能力的范围了。诗人(指安拉克耐翁)是说出了他的艺术是怎样才能够把"美"对我们来形象化感性化的最高点,以便让画家能在他的艺术里寻找这个最高的表现。

这是对我以前所阐述的话的一个新的例证,这就是说,诗人即使在谈论到艺术作品时,仍然不受束缚于把他的描写保守在艺术的限制以内的(译者按:这话是指诗人要求画家能打破画的艺术的限制,表出诗的境界来,但照莱辛的看法,这界限是存在的)。

判断力批判

（上卷　审美判断力的批判）

康　德

序

（第 1 版　1790 年）

　　人们可以把基于先验原理的认识能力唤做纯粹理性，而对于它的可能性及界限的研究，一般称做纯粹理性批判；尽管人们对于这项能力只理解为理性在它的理论的运用里，像在第一部批判著作里在这个名义下所做的那样。而这理性的机能作为实践理性，按照它的特殊诸原理来研究，还不是我们现在所要做的事。因此前者仅是从事于研究我们的先验的认识能力，排除掉它和愉快及不快情绪以及欲求机能的混和；并且在认识能力里面只研究悟性，探究这悟性的先验原理，排除判断力和理性（它们作为属于理论认识的诸能力），因为在这项进行里，除掉悟性外，没有别的认识能力给予我们构成性的先验认识原理。因此这个批判全面地清理出各个部分在认识总体里所占有的；自认为源出于自身根柢里的一份，剩下来的没有别的了，只是先验的悟性对于自然（作为现象界的全体）所定下的规律。（它的形式也是先验地被给予着。）一切别的纯粹的概念都被编进观念界里去。这些观念对于我们的理论认识能力是超验的。却又不是无用的或可以缺少的,而是作为调节原理被运用着:作为调节原理,一部分是控制着悟性的非正式的权利,自以为它——当它能够指出一切它所认识的物界的可能性的先验诸条件时——也能把一切物的可能性包括在这范围之内。调节原理却又领导着悟性自己在观察大自然时按照着完整性原则,尽管这个是永不能达到的,却推动一切知识向往着最后的目标。

所以真正的说来,是悟性,它在认识诸能力里具有它自己的领域,那就是在它含有构成性的先验的认识诸原理的限度内。通过一般所称为"纯粹理性批判",它稳固地保障了它独有的财产。

同样,那个只在欲求能力的领域内具有着构成性先验原理的理性,就是实践理性。

那么,在我们的认识能力的总体的秩序里,介于悟性与理性之间的中间体,判断力,是否也为它自己的领域具有着先验原理呢?

这项先验原理是构成性的呢?还是调节性的——这就是不证明它有自己的领域——呢?它们是否对于愉快或不快情绪(作为介乎认识能力与欲求能力之间的中介体)提供先验的法规呢?(正像悟性对于前者,理性对于后者,先验地定下法规那样。)

我们现在的"判断力批判"正是从事于这些问题的探究。

纯粹理性,这就是我们按照着先验原理来评判的能力,一个对于它的批判分析将会是不完备的,假使判断力的批判不作为它的一部分来处理的话。判断力作为认识能力也自身要求着这

11

个,虽然它的诸原理在一个纯粹哲学的体系内将不构成一个特殊部门介于理论的与实践的部分之间,而是在必要的场合能够临时靠拢两方的任何一方。

因为,如果一个这样的体系在形而上学的一般名义下要想成立的话(全部完整地实现这个目的是可能的,而且对于理性的运用在各方的关系中是极其重要的),那么,批判就必须对于这个建筑物的基地预先做好那样深的钻探,以便这个建筑不在任何部分沉陷下去,因而使全体不可避免地倒塌下来。这基地就是那不系属于经验的诸原理的第一层的根基。

人们却能够从判断力的本性里——它的正确的运用是这样必然地和普遍地需要着,因而在健全理智的名义下正意味着这个能力——容易知道,寻找出一个这样的原理是伴着许多巨大困难的。(因为它必须含有任何一个先验的东西在自身内,否则它作为一特殊认识能力将甚至于受到最普通意味的批判。)这就是说它必须不是从先验诸概念里导引出来的。这些先验诸概念是隶属于悟性,而判断力却只从事于运用它们。所以判断力应自己提供一个概念,通过这概念却绝不是某一物被认识,而只是服务于它自己作为一法规,但又不是成为一个客观的法规,以便它的判断能适应这个法规,因为这样又将需要另一个判断力,来判别这场合是不是这法规能应用的场合了。

这种由于一个原理所感到的困惑(不管它是主观的还是客观的),主要是存在人们所称为审美的,涉及自然界或艺术里的优美与崇高的审美诸判断里面。因而在它里面批判地研究判断力的原理是这对于该种能力的批判中最关重要的部分。

因为尽管它们自身单独不能对于认识有所贡献,它们仍然只是隶属于认识能力而证明着这个能力对于愉快及不快情绪的直接关系,按照着任何一个先验原理,而不和那能成为欲求机能的规定基础相混合,因为后者的先验原理是存在诸概念里面的。

至于涉及对于自然的逻辑的判断,却因经验在事物中提示一种规律性,理解或说明这种规律性是感性里的一般悟性概念所不能达到的,而判断力能够从自己自身获致一个原理,即自然事物和那不可认识的超感性界的关系的原理。但这原理它也必须只为自己的企图在对自然的认识里使用着。这样一个先验原理固然能够和必须运用于对世界本体的认识,并且同时开示着对于实践理性有利的展望,但是它不具有对愉快及不快情绪的直接关系,而这却正是判断力原理中的谜样的东西。这东西必然构成了对于这项判断力的批判里一个特殊的部分,因为按照着诸概念(从这些概念永不能引申出一个对于愉快及不快情绪的直接结论来)的逻辑评判固然能够系属于哲学的理论的部门;带着对于它的批判性的限制。

对于鉴赏能力作为审美判断力,在这里不是以培养和精炼审美趣味为目的——因为它没有这些探究工作也能照样进行,像迄今所做的——而我只是在先验哲学的企图里。所以我希望,我的研究纵然缺乏该项目标,应仍可获得人们宽容的评判。

在先验哲学的意图里,它必须准备受到极严格的检验。但是就在那里,由于自然界问题异常复杂,解决它时不可避免地将遇到一些暧昧之处。这种巨大的艰难可以使人原谅我仅仅正确地指出了原理,而未能明确地把它表述出来。固然,把判断力的现象从那里面导引出来,人们不能要求全面的明确像人们要求于概念认识那样,关于这一点,我相信,在本书的第二部分里我已经做到了。

我以此结束我的全部的批判工作。我将不耽搁地走向理论的阐述以便我能在渐入衰年的时候尽可能地尚能获得有利的时间。

自然，在理论的阐述里，对于判断力是没留有特殊的部门的。因为它（判断力）是服务于批判的工作代替着理论的建立。而按照着哲学分别为理论的和实践的，纯粹哲学分别为自然的和道德的形而上学，它们将是构成理论建设的全部工作的。

导 论

一 哲学的分类

如果人们把哲学，就其在通过概念包含着事物的理性认识的诸原理的限度内（不仅仅像逻辑那样包含着思想一般的形式的诸原理而没有对象的区别），像通常那样，区分为理论的和实践的，那么人们是做得完全正确的。但是，这样一来，对于理性认识诸原理指定的属于它们的对象的诸概念就必须是显然互异的，否则，它们将没有资格来从事分类。这分类经常是以理性认识中属于一门科学不同部分的诸原理的相互对立为前提的。

但是这里只有两种概念容许有一批关于对象可能性的各异的原理，这就是：自然概念和自由概念。但前者是使理论认识按照先验原理成为可能，后者与此相反，已经在它的概念里自身带着消极的原理（只是反命题的），而在另一方面，对于意志的规定性，它建立着扩大意志活动的基本法则，这法则正是因为这个原故才唤做实践的。哲学于是有理由分别为原理完全不同的两个部分，即理论的，叫做自然哲学，和实践的，叫做道德哲学（因为理性按照自由概念对实践的立法是这样命名的。）但是迄今为止，应用这些术语来对待不同原理的分类并和它们一起来对待哲学的分类时，盛行着一种大大的误用，即人们把按照着自然概念的实践和按照着道德概念的实践混淆不分,并且就在同一理论哲学和实践哲学的名称之下做了一种分类,通过这种分类,事实上并没有做出什么分类(因为彼此之间有相同的原理)。

意志,作为欲求的机能,正是世界上许多自然动因之一,它是按照概念而作用着的。一切被认为通过意志才可能的(或必然的)事物叫做实践地可能的(或必然的)以便和物理学的可能性或必然性区别开来,在后者中,原因不是通过概念(而是像在无生命的物质那里通过机械和在动物那里通过本能)的规定来完成因果作用的。现在,在实践关系上未加确定的问题是很清楚的:那给予意志的因果作用以规则的概念究竟是一个自然的概念还是一个自由的概念呢?

后一种区分是主要的。因为如果规定因果关系的概念是一个自然的概念,那么这些原理就是技术地实践的;如果它是一个自由的概念,那么这些原理就是道德地实践的。又因为理性科学的分类完全是基于对象之间歧异性,对于这种歧异性的认识是需要不同的原理的,所以前者属于理论哲学(作为自然的理论),后者就完全单独成为第二部分,即(作为道德理论的)实践哲学。

一切技术地实践的规则(就是那些艺术的和一般技巧的规则,甚至是作深谋远虑的思考的规则,例如,作为一种对于人及其意志发生影响的技巧等),在它们的原理是基于概念的范围内,必须只算作理论哲学的引申。因为它们只涉及按照自然概念的事物的可能性,不仅包括自然界里为此目的所能得到的一切手段,就是意志本身(作为欲求,因而作为自然的机能)在它通过自然的动机遵守那些规则而被规定的范围也包括在内。但这类实践的规则不唤做规律(像物理学的规律那样),而只是诸指示,因为意志不单是立于自然概念之下,也立于自由概念之下,在对后者的关系里,它的原理唤做规律,并且和它们的推论单独地构成哲学的第二部分,即实践的部分。

就像纯粹几何学的问题解答不能算是隶属于它的特殊部分,或者测量技术没有资格获得实践几何学的称号以别于纯粹几何学并作为一般几何学的第二部分一样:实验里或观察里的机械的或化学的技术也不能算是自然理论的实践部分,最后,家庭的、地方的和国家的经济、社交艺术、饮食规范,或是一般的幸福学,甚至那对癖好的克服和对嗜欲的控制等等都不能算到实践哲学里去或把它们构成哲学一般的第二部分。因为在上述的它们全体之中,只包含着技能的法则(因而它们只是技术地实践的),因为技能是按照因果的自然概念产生出可能的效果的。由于这些自然概念隶属于理论哲学,它们仅作为理论哲学(即自然科学)的引申而服从于那些指示的,因此不能要求在任何特殊的、唤做实践的哲学里得到任一位置。与此相反,道德地实践的诸指示完全建立在自由概念上面,完全让意志不受自然动因的规定,从而是一类完全不同的指示:它们也像自然所遵守的诸规则一样,可以径直地叫做法则,但不是像后者那样基于感性条件,而是基于超感性的原理,在哲学的理论部分之旁,在实践哲学名号之下,为自己单独要求着另一部分。

人们从这里可以看出,哲学所给的实践指示的总和,不是因为它们是实践的,就可以在哲学的理论部分之旁构成一个特殊的部分——因为它们可以是实践的,即使它们的诸原理完全是从自然的理论认识中取来的(作为技术地实践的法则);而是因为它们的原理绝不是从自然概念——这是经常感性地制约着的——借取来的,因而是基于超感性的,它只是自由概念借助形式规律使人得到认识。所以它们是道德地实践的,这就是说,它们不仅仅是这个或那个企图中的指示和规则,而是不以目的和企图为条件的规律。

二 哲学的一般的领域

先验概念的运用范围,也就是我们的认识能力按照诸原理和哲学的使用范围。

但那些概念所联系到的并尽可能地成立对之认识的一切对象的总和,是能够按照我们的能力对此企图的能否完成而区分着。

一些概念,当它们联系到对象上时,不管对于这些对象的认识是否可能,这些概念具有它们的领域,这领域完全是按照着它们的对象对我们的全部认识能力所具有的关系而规定着的。这领域中的对我们而言认识是可能的那个部分,就是这些概念和为此所必需的认识能力的地盘(territorium)。这个地盘的一个部分,即这些概念立法于其上的部分,就是这些概念和隶属于它们的诸认识能力的领域(ditio)。经验的诸概念固然在自然界里——作为感官对象的总和——有它们的地盘,但没有领域(只有它们的居住地,domicilium),因为它们虽是依照规律构成的,但自身不是立法的,在它们上面所建立的诸法则只是经验的,因而是偶然的。

我们全部的认识能力有两个领域,即自然概念的和自由概念的两个领域,因为它是通过这两者提供先验法则的。哲学现在也顺应着这个分类而区分为理论的和实践的两个部分。但是它的领域所依以树立的和它的立法权力所执行的基地却永远限于一切可能经验的对象的总和,即不超过现象的范围,因为若不是这样,悟性在这方面的立法就是不能思维的。

凭借自然的概念来立法的是由悟性来做并且它是理论的。

17

凭借自由的概念来立法的是由理性执行着并且它只能是实践的。理性只能在实践范围内立法；对于（自然的）理论认识，它只能（作为由悟性的媒介而知晓规律）从给定的规律里引申出逻辑结论来，而这仍然永远只是停留在自然界里，但与此相反，在法则是属于实践性质的地方，理性并不因此就立刻是立法的，因为这些法则也可以是技术地实践的。

所以悟性和理性在一个而且是同一个的经验基地之上具有两种不同的立法，而不会相互侵犯。因为自然概念不影响通过自由概念的立法正如后者不干扰自然界的立法一样。两种立法及其专用的诸能力在同一个主体内并存着，被认为没有矛盾，这种可能性至少在《纯粹理性批判》中已经作了证明，因为它通过揭示矛盾的辩证的假象而摧毁了反对面的意见。

然而，这两个不同的领域，固然不在它们的立法中，但却在它们关于感觉界的诸效用中不断地相互掣肘，不构成一个领域，原因是：自然概念固然在直观里表述它的对象，但不是作为物自体，而是作为单纯的现象；与此相反，自由概念固然在它的对象里表述一个物自体，却不能使它在直观里表现出来，所以两者中任何一个都不能从它的客体里（甚至于从思维着的主体里）获得一个作为物自身的理论认识，或者，如物自身那样，成为超感性的理论认识，人们固然必须安置这观念作为一切经验对象的可能性的基础，却不能把这观念自身提高和扩大成为知识。

因此对于我们全部认识能力而言，存在着一个没有界限的但也无法接近的地区，即超感觉的地区，我们在那里面找不到一块地盘，即既不能为悟性诸概念也不能为理性诸概念在它上面据有理论认识的领域。这一个地区，我们固然必须为了理性的理论运用一如为了理性的实践运用拿诸观念来占领它，但是，对于这些观念在联系到自由概念诸规律时，我们除了实践的实在性以外不能提供别的。因此,我们的理论认识决不能通过这个扩张到超感觉界去。

现在,在自然概念的领域,作为感觉界,和自由概念的领域,作为超感觉界之间虽然固定存在着一个不可逾越的鸿沟,以致从前者到后者(即以理性的理论运用为媒介)不可能有过渡,好像是那样分开的两个世界,前者对后者绝不能施加影响;但后者却应该对前者具有影响,这就是说,自由概念应该把它的规律所赋予的目的在感性世界里实现出来。因此,自然界必须能够这样地被思考着:它的形式的合规律性至少对于那些按照自由规律在自然中实现目的的可能性是互相协应的。因此,我们就必须有一个作为自然界基础的超感觉界和在实践方面包含于自由概念中的那些东西的统一体的根基。虽然我们对于根基的概念既非理论地、也非实践地得到认识的,它自己没有独特的领域,但它仍使按照这一方面原理的思想形式和按照那一方面原理的思想形式的过渡成为可能。

三 判断力批判作为使哲学的两部分成为整体的结合手段

就诸认识能力能够先验地工作着这一方面而言,它们的批判在客体方面实际上没有领域,因为它自己不是一个教理,而只是具有从事检查我们诸能力的性质,看它是否以及如何使一个教理通过它而后可能。它的地区延伸到一切它们要求达到的地方,以便把这些要求安置在它的正当的权能范围以内。但是,凡是不能进入哲学分类中的,仍可以作为一个主要部分进入纯粹认识能力的一般批判中,如果它包含着自身既不能用于理论,也不能用于实践的诸原理的话。

自然诸概念包含着一切先验的理论认识的根基,同时建基于悟性的立法。自由概念包含着一切感性地无制约的先验的实践的诸准则的根基,同时建基于理性的立法。因此,两种能力除按照逻辑形式应用于不管来源为何的诸原理外,还按照内容而应用到它自身的每一立法上,而且在这些立法之上不再有其他(先验的)立法,因此,这就证明了把哲学分为理论和实践两部分的分类法是正当的。

　　但是,在高级认识诸能力的家庭内,在悟性和理性之间,仍有一个中间分子,这就是判断力。人们有理由按照类比来猜测它,纵然它不具有自己的立法,仍然具有一个自己独特的原理,据此可以找到诸规律,虽然它只是主观的、先验的原理。这原理,即便在对象方面没有一个地区作为它的领域,仍然能有着具有某种特性的某一地盘,而对于这个地盘,恰巧只是那个原则有效。

　　对于上述的考察,还有进一步的(按照类比来判断的)根据,把判断力和我们的表象诸能力的另一种秩序联结起来,这似乎比它和认识诸能力这个家庭所具有的亲属关系更为重要。因为心灵的一切机能或能力可以归结为下列三种,它们不能从一个共同的基础再作进一步的引申了,这三种就是:认识机能、愉快及不愉快的情感和欲求的机能。① 对于认识机能,只是悟性立法着,如果它(像应该做的那样,不和欲求机能混杂着,只从它自己角度来观察)作为一个理论认识的机能联系到自然界,对于这自然界(作为现象)我们只能通过先验的自然概念,实际上即是纯粹的悟性概念而赋予诸规律。——对于欲求机能,作为一个按照自由概念而活动的高级机能,仅仅是理性在先验地立法着(只在理性里面这概念存在着)。——愉快的情绪介于认识和欲求机能之间,像判断力介于悟性和理性之间一样。所以目前至少

---

① 对于人们作为诸经验原理来运用的概念,我们有理由猜想它们和先验的纯粹认识的机能极为密切的关系,试图考察这个关系时,值得我们给出一个超验的定义,就是说,一个通过诸纯粹范畴乃至于范畴自身而适当地指出当前概念和其他概念的区别的定义。在这里,我们以数学家为典范,他让所考虑的问题中的经验数据暂时处于未决状态,只把它们的关系按照纯粹算学的概念进行纯粹的综合,由是推广了他的答案。我曾经努力采取一个类似的手续(《实践理性批判》。V.序言第 16 页[第 5 册第 111 页])而人们曾经指摘我关于欲求机能的定义,即作为一个机能,它是借助它的诸表象而成为这些表象的对象的现实性的原因,因为单纯的愿望也是欲求,而每个人对此却克制着自己,知道单单由于愿望不能产生出他的对象来。但是这却不外乎证明着:在人的内部有欲求,由于这个,他自己和自己矛盾,当他想单独通过表象产生出他的对象时,他不可能希望有结果的,因为他自己知道,他的机械的力量(如果我能这样称呼这非心理的力量的话)必须受表象的规定,这或者不等于由它直接产生出对象(因而是间接地),或者简直是不可能产生的,就如把已做了的事使它没有做过(O mili praete-ritos, etc)一样,或者在不耐烦的心情中希望能够取消达到目的所必须等待的时间。对于在幻想式的欲求里,这类不能达到或根本不能实现的表象或者甚至是这些表象的琐碎部分,不管我们是否那样地意识到它们是它们对象的原因,仍然在每个欲望里面联系着作为原因的同样的关系,因而就是它的因果性的表象,并且完全可以识别的,如果这欲望是热情,例如渴望。因为由丁下列情况可以得到证明,即这种热情使心脏膨胀及萎颓从而使它的各种力量衰竭下来,心脏的各种力量由于诸表象的存在而一再保持紧张状态,但当心灵回想到不可能性时又不断地恢复原状而衰颓下去。甚至于希望避免巨大的、眼见不可避免的灾祸的祈祷以及用一些迷信的方法企图达到实际上不可能达到的目的等,也证明了诸表象和它们对象的因果关联。这种因果关联甚至在意识到它们的企图的不可能性时也制止不住它的倾向。为什么在我们的天性里安置着这种自知为空洞欲望的倾向呢?这是人类学的一个目的论的问题。这好像是:在我们确知我们具有实现一个目的的能力以前,如果我们不去使用这些力量,它们将大部分变成无用的。因为一般地讲来,只在我们试用我们的力量时,才认识到我们的力量。所以这类空洞欲望的幻觉只是我们天赋里一种有利倾向的后果。(按:这段注释是康德在第二版里才加入的。)

可以推测:判断力同样地在自身包含着一个先验的原理,并且又因愉快和不快的感情必然地和欲求机能结合着(它或是和低级欲求一起先行于上述的原理,或是和高级欲求一起只是从道德规律引申出它的规定),它将做成一个从纯粹认识机能的过渡,这就是说,从自然诸概念的领域达到自由概念的领域的过渡,正如在它的逻辑运用中它使从悟性到理性的过渡成为可能。

所以尽管哲学只能分别为两个主要部分,即理论的和实践的两个主要部分。尽管我们对判断力自身的一切原理所能谈论的,在哲学里都必须算作理论部分,这就是说,对于按照自然诸概念的理性认识,纯粹理性批判——它是我们在从事上述体系之前为了提供它的可能性而必须解决一切问题的批判——却是从三部分构成的,即:纯粹悟性的批判、纯粹判断力的批判和纯粹理性的批判,这些机能之所以被称为纯粹,因为它们是先验地立法着的。

四 判断力作为一个先验地立法着的机能

判断力一般是把特殊包含在普遍之下来思维的机能。如果那普遍的(法则、原理、规律)给定了,那么把特殊的归纳在它的下面的判断力就是规定着的(即使它作为超验的判断力而规定着那些先验条件使得只有一致于这些条件时才能归纳到普遍下面)。但是,假使给定的只是特殊的并要为了它而去寻找那普遍的,那么这判断力就是反省着的了。

规定着的判断力在悟性所提供的普遍的超验的规律之下只是归纳着;那规律对于它已经先验地预示了,它无需为自己去思维一个规律从而把自然界的特殊归纳到普遍之下。——但是自然界有那么多的形式,亦即有那么多的关于普遍的超验的自然概念的变形,它们是不被上述的纯粹先验悟性给定的规律所规定的,因为这些规律只涉及一个自然物(作为感官的一个对象)的一般可能性,因此,对于前者也必须有规律。这些规律,作为经验的规律,按照我们悟性的见地是偶然性的,但是它们既然应该称做规律(如同自然概念所要求的一样),那就仍然必须把它看做一个多样统一的必然的原理,尽管它是我们所不知的。反省着的判断力的任务是从自然中的特殊上升到普遍,所以需要一个原理,这原理不能从经验中借来,因为它正应当建立一个一切经验原理在高一级的虽然它是经验的诸原理之下的统一,并且由此建立系中上下级之间的隶属关系的可能性。所以,这样一个超验原理,只能是反省着的判断力自己给自己作为规律的东西,它不能从别处取来(因为否则它将是规定着的判断力了)。它也不能对自然提供规律,因为对于自然规律的反省是以自然为依归的,而自然不是以那些我们据之以求的自然概念——一个从自然角度看来完全是偶然性的概念——的条件为依归的。

现在,这个原理只能是:因为普遍的诸自然规律在我们悟性中有它们的基础,悟性把这些规律提供给自然(虽然只是按照它的作为自然的普遍概念),而那些特殊的经验规律就其未被那些普遍规律所规定的部分看来,必须看做是这样一个统一体,好似有一个悟性(纵然不是我们的这个悟性),为了使我们的认识机能构成一个——按照特殊的自然规律——可能的经验体系而把这统一体赋予了我们。这并不意味着必须真正假定有这样一个悟性(因为这只是反省着的判断力,它使观念作为原理是为了从事反省而不是为了从事规定)。但是,这个机能通过这一举动只是给自己而不是给自然一个规律。

一个关于对象的概念在它同时包含着这个对象的现实性的基础时唤做目的,而一个物体和诸物的只是按照目的而可能的品质相一致时,唤做该物的形式的合目的性,所以判断力的原理,在涉及一般经验规律下的自然界诸物的形式时,唤做在自然界的多样性中的自然界的合目的性。这就是说,自然通过这个概念如此这般地表述出来,好像悟性包含着自然诸经验规律的多样统一的基础。

所以,自然的合目的性是一个特殊的先验概念,它只在反省着的判断力里有它的根源。因为人们不能把任何东西附加在自然的成品上当做自然在它们中的目的,人们只能运用这个概念在涉及自然诸现象的联系时按照经验诸规律来对它反省。进一步说,这个概念和实践的合目的性(在人类的艺术甚至道德中)完全不同,虽然它无疑地是依据类比被思维着的。

五 自然的形式的合目的性原理是判断力的一个超验原理

超验原理就是通过普遍条件而先验地表述出来的原理,只在这样条件下,事物才能一般地成为我们的认识对象。与此相反,一个原理唤做形而上学的原理,如果它先验地表述条件,只在这样条件之下,经验地被给定其概念的对象可以进一步成为先验地规定的。所以,诸物体作为诸实体和作为可变的诸实体时,其认识原理是超验的,如果这个论断是说,它们的交易必须有一个原因,但它是形而上学的,如果它断言它们的变易必须有一个外在的原因:因为在第一个场合里,这物体只需要通过本体论的宾词(纯悟性概念),例如,作为实体被思维着,从而先验地认识这个命题;在第二个场合里,一个物体(作为空间的一个能动的物体)的经验概念必须用作命题的基础,但是,一旦这样做了之后,物体获得了宾词(只是由于外在原因而运动的),那么,命题完全可以先验地被认识了。所以,像我立刻要指出的,自然的合目的性的原理(在它的经验诸规律的多样性中)是一个超验的原理。因为这些对象的概念,处在这个原理之下,只是可能的一般经验认识的对象的纯粹概念,不含任何经验的东西在内。与此相反,那包含在自由意志的规定性的观念中的实践的合目的性原理却是形而上学的原理,因为一个欲求机能的概念,作为意志的概念,仍然必须经验地给定的(不隶属于超验的诸宾词之内)。但是这两个原理仍然不是经验的,而是先验的原理;因为把宾词和判断主体的经验概念综合时,不再需更多的经验,这综合是完全先验地取得的。

隶属于超验原理的自然的合目的性概念可以从人们在自然的研究中先验地信赖的判断力的诸原则里充分地看出来,这些原则只涉及经验的可能性,因而只涉及对自然认识的可能性,但不仅是一般而言的对自然的认识,而是通过诸特殊规律的多样性所规定的认识。它们是形而上学智慧的箴言,是在某些其必然性不能用概念来证明的法则中出现的,这些原则常常在这科学的历程中充分地出现,但却是散在的。"自然采取最短的路程(lex parsimoniae),它既不在它的变易的序列里,也不在显然不同的形式的结合里飞跃(lex continui in natura,自然中的连续性)。总之,在诸经验规律里,它的在少数原理下的多样变化有其统一性(principia praeter necessitatem non multiplicanda)",等等。

假使人们想指出这些基本原则的根源并试图从心理学途径进行研究,那就同它们的意义完全相反了。因为它们没有说出什么事情发生了,也就是说,没有说出我们的认识诸力实际上按照什么规律活动和怎样做出判断,而是告诉我们应该怎样判断。在这里,逻辑的客观必然性是找不到的,如果诸原理仅是经验的话。所以自然的合目的性对于我们的认识诸机能及其运用是诸判断的一个超验原理，而自然的合目的性从诸机能的运用中得以明了地显现出来。因而还需要一个超验的演绎，通过演绎，判断的依据必须从先验的诸认识源泉里寻找出来。

我们在经验可能性的根据里首先看到的当然是某些必然性的东西。这就是普遍的规律，没有它们，自然一般（作为感官的对象）是不能被思维的；而这些规律是以诸范畴为基础，并作用于对我们可能的一切直观的诸形式条件中，因而它们也是先验地被给予的。判断力在这些规律下规定着，因为它能做的就是归属到这些规律下面，例如，悟性说：一切变动有它的原因（普遍的自然律），所以超验的判断力能做的就是指出那包括在当前所提供的在悟性概念下面的先验条件；这就是同一物诸规定的前后相继。对于自然一般（作为可能经验的对象），那个规律是被理解为绝对必然的。但是，除了形式的时间条件外，经验认识的对象还在一些样式里被规定着，或者，可以像人们所能先验地判断的那样多地被规定着，所以，特殊地区别开来的诸自然物，除去它们共同具有的属于自然一般的东西以外，还能够在无限多的样式里成为原因；并且，每一种这类样式必须（按照一个一般原因的概念）具有它的规则，这规则是规律，因此，它自身带着必然性，尽管按照我们认识机能的性质和局限性，我们完全不能洞察这个必然性。所以，我们必须在自然界里从它的单纯经验规律方面考虑到一个无限多样的经验规律的可能性，而这些规律对于我们的洞察却是偶然的（即不能先验地认识）；而在这些观点中，我们按照诸经验规律和经验统一性的可能性（作为按照诸经验规律的一个体系）而判定这个自然统一性是偶然的。但是，因为这样一个统一性必然地要作为前提肯定着和假定着。否则就不能在经验全体中出现一个诸经验认识的彻底的结合，自然的诸普遍规律固然在诸物里按照它们的种类赋予我们一个这样的结合,作为诸自然物一般,却不是各别地作为这样特殊的自然物,所以判断力必须为了它自身的用途接受它作为先验的原理,从而在自然诸特殊的(经验的)规律中,对于人的洞察力是偶然的东西仍然在它的多样性综合为一个自身可能的经验中包含着一个对于我们固然不能根究但却可思维的规律的统一性,结果,在我们按照一个必然的目的(悟性的一个需要)但同时其自身仍作为偶然的而被认识的一个综合里的规律的统一性是被表述为诸对象(此处是自然的诸对象)的合目的性。于是,着眼在可能的(尚待去发现的)诸经验规律之下的诸物时,这判断力仅是反省着的,从这个角度来考察时,对于我们的认识机能而言,自然必须被看做是按照一个目的性的原理的,这个原理就在上述的判断力的诸原则里被表达出来。这个自然的合目的性的超验概念既不是一个自然的概念,也不是一个自由的概念,因为它没有赋予对象(自然)以任何东西,而仅是以惟一的样式来表述我们在关于自然对象的反省里取得一个相互联系的经验整体时必须怎样地进行,结果是判断力的一个主观的原理(原则),所以我们也就会高兴(实际只是摆脱了一个需要),好像那是一个有助于我们企图的好机会,我们在那些单是经验的规律里碰到这样一个系统化的统一性:纵然我们一定必然地承认在这样一个统一性面前我们是没有能力把握和证明它的存在的。

为了便于我们领悟当前这个概念的演绎的正确性和假定它作为超验认识原理的必要性,人们只要考虑这个任务的重大就行了:把一个包含着诸经验规律的无限多样性的自然所给定的诸知觉构成一个联系着的经验,这个任务是先验地存在于我们的悟性里。悟性固然先验地据有自然的诸普遍规律,没有它,自然就不能成为经验的对象。除此以外,它需要自然在其诸特殊法则里的某一秩序,这些特殊法则只能经验地认知,并且从它的角度看来它们是偶然的。没有这些法则,则从一个可能的经验一般的普遍类比达到一个特殊类比的进展是不能实现的,悟性必须把它们作为规律,即作为必然的来思维,因为否则它们将不构成一个自然秩序,虽然它不能认识或洞察它们的必然性。虽然它对这些(诸对象)不能先验地规定什么,它却必须为了探究这些经验的所谓的规律而安放一个先验原理作为对它们的一切反思的基础,从而按照着它们,一个可认识的自然秩序才是可能的。这一个原理表示为下面的诸命题:即在它(自然)里面,有一个我们能把握的类和种的层次,诸类又按照一个共同的原理相互接近,于是从一类到另一类的过渡和由此达到上一级的类成为可能。对于自然诸行动的种类不一,假定有同样数目的各异的因果律,对于我们的悟性似乎从开始就是不可避免的事,但它们仍可归属于我们所要寻找的少数的原理之下,等等。判断力为了按照诸经验规律对自然界反思而先验地假定自然界适合于我们的认识机能,悟性同时客观地承认它是偶然的而仅仅是判断力把它作为先验的合目的性(对于主体的认识机能)附加于自然,因为如果我们不以此为前提,就不能有按照着诸经验规律的自然秩序,因而,就不能有一个指导线索使一个经验在一切多样性中和诸经验规律联系起来或对它们进行考查。

因为我们可以设想:完全撇开按照普遍规律的自然诸物的一律性——没有这个,一般的经验知识的形式将是完全不能实现的——自然的诸经验规律和它们的结果之间的种别差异仍会那样大,以致我们的悟性不可能在自然里面发现一个可把握的秩序,把它的诸成品区分为类和种,以便运用对于一方的说明和理解的诸原理来对另一方作说明和理解,并从一个对于我们那样混乱(其实只是无穷的多样形式不适合于我们的把握能力)的材料里构成一个相互联系着的经验。

因此,为了自然的可能性,判断力也有一个先验原理,但仅在主观方面,借助它提供规律以指导对自然的反思,这规律不是给予自然的(作为自律的 als Autonomie),而是给予它自己的(作为再归自律的 als Heautonomie),人们可以相对于自然的诸经验规律而称这个规律为自然的特殊化规律,这规律不能在自然中先验地识知,而是为了我们悟性能认识的自然秩序,在判断力构成自然诸普遍规律的分类中,当它要把特殊规律的多样性归属于诸普遍规律时,而采用了它。所以,如果人们说:自然为了我们的认识机能,亦即为了人类的悟性和它的必然的作用——为知觉所提供的特殊而寻找普遍的,又对各异的(当然对于各个种又是普遍的)寻找在原理的统一中的联系——相适应,把它的普遍规律按照着合目的性的原理来特殊化。这样,人们既不由此给自然提供一个规律,也不是通过观察从自然学习到一个规律(虽然那原则能通过它得到证实)。因为这不是规定着的而仅是反省着的判断力的一个原理。人们想望的只是:不管自然是怎样按照着它的诸普遍规律来组成的,人必须按照那原理来全面研究诸经验规律和建筑在它之上的诸原则,因为我们只在那原理所达到的范围内使用我们的悟性才能在经验里前进和获得知识。

六 愉快的情绪和自然的合目的性
的概念的联结

我们所思维的自然在其诸特殊规律的多样性中和我们按照自己洞察力所及为它寻找诸原理的普遍性的要求相和谐必须判定为偶然性的,但它更为悟性的需要所不可缺少的,因而也为自然是按照我们目的这一合目的性所不可缺少的,虽然这仅是指着认识而言的。悟性的诸普遍规律同时是自然的诸规律,虽然源出于自发性，它们对于自然是那么必要就像诸运动规律应用于物质那样；并且它们产生不以任何关于我们认识机能为前提，因为我们只是借助它们才获得关于诸物的（自然的）知识的任何概念，并且它们必然地应用于作为我们认识一般的对象——自然。但是，在自然的诸特殊规律连同超越我们一切把握能力的，至少是它们的可能的多样性和不同性中，自然的秩序，如我们所看到的，事实上和这些把握能力相称，这却是偶然的；寻找出这个秩序是悟性的工作，这工作的进行带着一个它自己必然的目的，即是把原理的统一性移入自然里去。因此，判断力必须把这目的安置于自然里，因为悟性在这里不能对自然提供规律。

一切意图的达成都和快乐的情绪结合着；这意图的达成有一个先验表象为其条件，像在这里对于所有反思着的判断力有一个原理一样，快乐的情绪也是被一个先验的和对每个人都有效的根据所规定，并且也仅仅是由客体联系到认识机能，合目的性的概念在这里毫没有涉及欲求的机能，它和自然界的一切实践的合目的性完全区别开来。

事实上，一方面，诸知觉和按照自然的诸普遍概念（诸范畴）的规律相合时，我们在我们内心没有也不能找到对愉快情绪的些微影响，因为悟性在此情形中必然顺着本性的方向进行而无隐蔽的目的；另一方面，当发现两个或数个不同的自然的经验规律结合在一个包括着它们两方的原理之下时是一个很大快感的基础，常常甚至是一个惊叹的基础，而这惊叹在人们和这对象充分熟识时也常不停息。诚然，在自然的可把握性中和它的区分为类及种的统一性中——没有这，按照自然的特殊规律给我们以知识的诸经验概念便不可能，所以，我们不再觉察任何确定的快感，但这快感在相应过程中出现过，这也是真实的，并且只是因为没有它，最普通的经验也是不可能的，所以它逐渐地和单纯经验混合在一起，而不再特别引起注意了。所以，我们的悟性在判定自然时，使人注意到它的合目的性，有些东西是需要的，这就是尽可能地把自然的不同等的规律纳进较高级的尽管永远仍是经验的规律中，以便当成功时，我们对于它们和我们的认识机能相一致感到愉快，这种相一致我们看做纯粹偶然的。与此相反，自然的一个表象使我们极不满意时，人们将通过这表象预先指出，在我们的研究稍稍超过最普通的经验后，我们将碰到自然诸规律的一种异质性（Heterogereität），而这异质性使自然诸特殊规律统一在普遍的诸经验规律之下对于我们的悟性成为不可能；因为这是违反自然在它的诸类里的主观合目的性的特殊化原理和我们在这个企图里的反省着的判断力的。

但是，对我们的认识机能而言，自然的那种理想的合目的性应该扩张到怎样范围呢？判断力在这上面的预想是这样的不确定，以致如果人们对我们这样说：一个由观察得来的更深入或更广泛的自然的认识必定最后要碰到规律的多样性，这种多样性人类的悟性不能够把它还原为一个原理。我对此也能感到满足，虽然我们也乐于听到别人对我们提供这种希望：我们对自然的秘密认识得愈多，或者我们能够把它和外在的、我们目前尚未认识的诸部分比较得愈好，我们的经验愈加丰富，我们将会发现它在它的诸原理里愈显得单纯，并且在它的诸经验规律的显明的差异性里愈加协调。因为那是我们的判断力命令我们按照着自然对我们认识机能相适应的原理来进行的，不管它有没有界限或何处是它的限度（因为这里不是规定着的判断力给我们提供法则的）；因为当涉及我们认识机能的合理使用时，界限是能够明确地规定的，而在经验领域中，这种界限的规定是不可能的。

七 自然的合目的性的美学表象

一个客体的表象的美学性质是纯粹主观方面的东西,这就是说,构成这种性质的是和主体而不是客体有关;另一方面,在它身上能够供作或用于对象的规定的(为了认识)则是它的逻辑的有效性。在一个感官对象的认识里,这双层关系同时出现。在外物的感性表象里,我们在其中直观着事物的空间的性质只是我们关于事物表象的主观方面的东西(通过这个,作为客体自身的究竟是什么,仍然是没有决定的),由于这种关系,对象被直观于空间中也只是作为现象被思维着的。但尽管空间是主观性质,它仍是作为现象的事物的知识的一个组成部分。感觉(这里是指外在的)也一样只表示了我们关于外物表象的主观方面,但实际上是表象的素材(实在)(通过它,才给出某一存在),就像空间仅仅是直观外物的可能性的先验形式一样,感觉也是被用在对外物的认识上。

但是一个表象的主观方面完全不能成为认识要素的就是和它结合在一起的愉快或不快,因为通过它,我在表象的对象上完全不能有所认识,虽然它很可以是这个或那个认识的作用的结果。一物的合目的性,乃至于它在我们知觉里被表象着,也不是客体自身的性质(因为这样一种性质不能被知觉),虽然它可以从物的认识里推断出来。所以,合目的性是先行于对客体的认识的,甚至于为了认识的目的而不用它的表象时,它仍然直接和它结合着,它是表象的主观方面的东西,完全不能成为知识的组成部分。所以对象之被称为合目的性,只是由于它的表象直接和愉快及不快结合着,而这个表象自身是一个合目的性的美学表象。问题只是:是否有这样一个合目的性的表象呢?

如果愉快和直观对象的纯粹形式的把握(apprehensio)结合

着,而不联系到一个为了一定认识的目的的概念,那么,表象就不联系到客体,而只联系到主体。在这样情况下,愉快就只是客体对于诸认识机能的一致。这些认识机能就在反省着的判断力中产生活动乃至于在这里面继续活动着,所以它们只是客体的主观形式的合目的性。因为在想像力中诸形式的把握若没有反省着的判断力,将永远不能实现,即便它无意这样做,它至少也把诸形式和它的联结直观和概念的机能作了比较。如果现在在这比较里,想像力(作为先验诸直观的机能)通过一个给定的表象,无意识地和悟性(作为概念机能)协合一致,并且由此唤醒愉快的情绪,那么,这对象就将被视为对于反省着的判断力是合乎目的的。一个这样的判断是一个关于客体的合目的性的审美判断,这判断不基于对象的现存的任何概念,并且它也不供应任何一个概念。当对象的形式(不是作为它的表象的素材,而是作为感觉),在单纯对它反省的行为里,被判定作为在这个客体的表象中一个愉快的根据(不企图从这对象获致概念)时,这愉快也将被判定为和它的表象必然地结合在一起,不单是对于把握这形式的主体有效,也对于各个评判者一般有效。这对象因而唤做美;而那通过这样一个愉快来进行判断的机能(从而也是普遍有效的)唤做鉴赏。因为既然愉快的根据仅仅被安置在一般反省中的对象的形式里面,从而不在对象的任何感觉里面,并且也不对任何有意图的概念有任何联系,那么在主体的判断力一般(即想像力和悟性的统一)的经验运用中的规律就只跟在诸先验条件普遍有效的反省中的客体的表象相合致。既然对象和主体诸机能的相合致是偶然的,那么,它就生起了主体诸认识机能的关于对象的合目的性一种表象。

这里是一种愉快,像一切的愉快和不快一样,不是经由自由概念的作用而引起的(这就是说经由高级欲求机能借助于纯粹理性而先行规定的)永不能把概念看做和对象的表象必然地联系着,而是必须只通过反省的知觉经常被认识到是和这个表象相联结着,从而像一切经验判断一样,它不能宣示客观的必然性或要求先验的有效性。但是鉴赏判断只是像每个其他经验判断那样,提出对于各个人有效的要求而不顾它的可能的内在偶然性。令人惊异的和产生分歧的地方就在于它不是一个经验概念,而是一个愉快的情感(因而完全不是概念),但它却通过鉴赏判断使每个人都承认它,好像它是一个和客体的认识相结合的宾词,并且它应该和它的表象联结着。

　　单个的经验判断,例如某人在一水晶里见到一滴流动的水珠,他有权利要求每个人必须同样见到,因为他是按照规定着的判断力的诸普遍条件,在可能经验的诸规律之下来形成这个判断的。同样,人在对象的形式的单纯反思中,心中不也有任何概念而感觉到愉快时,尽管这判断是经验性的并且是单一的判断,也有权利要求每个人的同意,因为这个愉快的根基是存在于普遍的、固然是主观的、反省的判断的条件里面,亦即是存在于一个对象(不管是自然的或艺术的产物)和每一经验里所必需的诸认识机能(想像力和悟性)相互关系的合目的性的谐和里。所以,这愉快在鉴赏判断里固然依赖于一个经验表象并且不能先验地和任何概念结合(人们不能先验地规定某一对象符合或不符合鉴赏趣味,人们必须去试验)。但这愉快只是这判断的规定着的根基,于是我们意识这愉快只是基于反思及其与客体认识一般相合致的普遍的、固然只是主观的条件,客体的形式对于这个是合目的的。

　　这正是为什么那些鉴赏判断按照它们的可能性服从于一个批判的原因,因这可能性是以一个先验原理为前提的,尽管这个原理既不是对悟性的认识原理,也不是对意志的实践原理,因而完全不能先验地从事于规定的。

从事物的(自然的及艺术的)诸形式的反味里出现的关于愉快的感受性不仅表示着客体方面联系到主体中按照自然概念而反味着的判断力时的合目的性,而且,反过来,表示着主体方面按照自由概念联系到对象的形式乃至无形式的对象时的合目的性。结果是:审美的判断,作为鉴赏的判断,不仅联系到优美,而且作为从高级精神的情感里发生的,也联系到壮美,所以审美判断力的批判必须与此相应地区分为两个主要部分。

八　自然的合目的性的逻辑表象

合目的性能在一个经验给予的对象中以两种方法表述出来:或是出于纯粹主观方面的,在此情况下,对象的形式是被作为存在于一切概念之前的把握(apprehensio)里的,它和认识诸机能协合一致,从而把直观和诸概念结合起来提升为知识一般并被表述为对象形式的合目的性;或是出于客观方面的,在此情况下,它的形式,按照一个先行于它的并包含着这形式的根据的概念而和物自身的可能性协合一致。我们已经见到:第一种合目的性的表象是建基于单纯对对象形式的反省中而直接感到的愉快上面。而第二种的合目的性的表象却和对于物的愉快情绪毫无关系,因为物体的形式不是和主体在对物的把握中的认识机能相联系,而是在给定概念下和对象的特定认识相联系,和对物判定的悟性相联系。如果物的概念已经给定,那么,判断力的机能,在它运用那概念以从事认识中,就建立在表述(exlibitio)里,这就是说,在概念之旁放置一个与之相符的直观:或是通过我们自己的想像力来进行,像在艺术里那样,我们把一个从对象预想到的概念作为我们的目的来实现;或是通过自然在它自身的技术里(像在有机体里)来进行,如果我们在评判它的成果时把我们的目的概念作为根据。在这一场合,不仅是自然在物的形式里的合目的性,而且它的作为自然目的的成果都被表述出来。固然我们的关于自然在它的形式里按照经验规律的主观合目的的概念绝不是从客体获致的概念,而仅是判断力的一个原理以便自己在自然的大规模的多样性里获得概念(以便能在这里面不迷失方向);那么,我们通过这个就好像在自然里面对于我们认识的机能安置下一个类似目的的东西。并且这样一来,我们就能把自然的美作为形式(仅是主观的)的合目的性的概念来表述,而自然的目的则作为概念的一个实在的(客观的)合目的性来表述。前一种我们通过鉴赏来判定(审美地借助于愉快情绪)后一种通过悟性和理性(逻辑地按照诸概念)来判定。

判断力批判区分为审美的和目的论的判断是建基在这上面的:前者我们了解为通过愉快或不快的情感来判定形式的合目的性(也被称为主观的合目的性)的机能,后者是通过悟性和理性来判定自然的实在的(客观的)合目的性的机能。

在一个判断力的批判里,包含审美判断的部分是本质地隶属于它的,因为只有它包含着判断力完全先验地作为它对自然反省的基础的一个原理,这就是自然按照它的特殊的(经验的)诸规律对于我们认识机能的形式合目的性的原理。没有这个形式的合目的性,悟性在自然里面不能安顿自己。至于那必须有自然的客观目的的,亦即只作为自然的目的才有可能的事物,是完全不能提供先验根据的,甚至于不能从自然的概念,不论是作为在一般里或作为在特殊里的经验对象,来阐明它的可能性。而只是那自身不包含先验原理的判断力在(某些成果)出现的场合里包含着法则,以便帮助理性来运用目的的概念,当上述的超验原理已经替悟性把目的的概念(至少是关于它的形式)运用到自然上去作了准备以后。

但是由于超验原理,自然的合目的性在它的主观方面联系到我们的认识机能时,是在物的形式上被表述作评定这形式的原理的,而超验原理完全不规定我们在何处和在什么场合,按照一个合目的性的原理而不仅是按照普遍的自然诸规律,来从事关于对象的作为一个成果的评定。它让审美的判断力在鉴赏里决定这成果(在它的形式中)对我的认识诸机能的一致性(这些机能不是通过和概念的一致,而是通过情感来决定的)。与此相反,那使用于目的论的判断力明确地指出那些条件,在这些条件下对某物(例如,一个有机的躯体)依照自然的一个目的的观念来评定;但它却不能从自然作为经验对象的概念里对下面的权能获致原则,即先验地把目的赋予自然甚至仅仅从实际经验中在这类成果上不确定地假定有这些目的,因此许多特殊的经验必须搜集起来并在它们的原理的统一性里被考察着,以便在某一对象上仅能经验地认识到客观的合目的性。所以审美判断力是一特殊的把诸事物按照一个规则而不是按照概念来判定的机能。目的论的判断力不是特殊的机能,而仅是一般反省着的判断力,如它常常按照着概念在理论认识中所做的那样,面对着自然的某些特定的对象,按照着诸特殊原理,即仅仅是反省着的而不是规定对象的判断力的诸特殊原理而进行的时候。所以,就它的运用来说,它是属于哲学的理论部分,并且由于那些不是对客体从事规定的如同属于一个教理中那样的特殊原理,它也必须同样地构成批判的一个特殊部分。另一方面,审美判断力对于它的对象的认识既然无所贡献,因此,必须把它隶属于判断主体和它的认识机能的批判里去,以便这机能可以具有先验原理,不管它们除此之外有什么用处(理论的或实践的)——这批判是一切哲学入门。

九 悟性的诸立法和理性通过判断力的结合

悟性对于作为诸感官的客体的自然是先验地立法着的,于是我们可以在可能的经验里有理论的认识。理性对于自由和它自身的作为主体里的超感性的因果性是先验地立法着的,于是我们可以有一个无制约的实践的认识。自然概念的领域在前一种立法之下,自由概念的领域在后一种立法之下的一切相应影响,即它们可以各个地(各个按照自己的规律)施加于对方的影响,由于有巨大的鸿沟分开那超感性的东西和诸现象而完全割断了。自由概念对于自然的理论认识不规定任何物;同样自然概念对于自由的实践规律丝毫无所规定:在这范围内,不可能从一个领域到另一领域搭起一座桥梁。但是,尽管那按照着自由概念(和它所含的实践规则)的因果性的根据不能在自然里指证出来,感性的东西不能规定主体里的超感性的东西,但反过来却是可能的(固然不是对于自然的知识,却是对于由超感性产生的并带有感性的后果),并且已经包含在通过自由的因果性这一个概念里了。因果性的作用可以通过自由并一致于自由的诸形式规律而在世界中产生结果。固然因这个词运用到超感性的方面时,只能意味着下面这根据,即规定自然诸物的因果性一致于它们自身的自然规律的一个结果,但同时也和理性诸规律的形式原理吻合。这根据的可能性固然不能洞察,它仍然可以完全清除提出的有关的矛盾①——按照自由的概念,结果就是最后的目的,这最后目的(或它在感性世界里的表现)是存在的,而它的可能性的诸条件是在自然里(即作为感性世界中一个存在物亦即作为人的主体的自然里)预先肯定它。判断力先验地和不顾实践地预先肯定它。判断力以其自然的合目的性的概念在自然诸概念和自由概念之间提供媒介的概念,它使纯粹理论的过渡到纯粹实践的,从按照前者的规律性过渡到按照后者的最后目的成为可能。因为通过这个,最后目的的可能性才被认识,只有这个最后目的才能在自然里以及在它和自然诸规律的谐合里成为现实。

悟性,通过它对自然供应先验诸规律的可能性,提供了一个证明:自然只是被我们作为现象来认识的,因此,它同时指出自然有一个超感性的基体,但这个基体却是完全非规定的。判断力,按照自然的可能的诸特殊规律,通过它的判定自然的先验原理,提供了对于超感性的基体(在我们之内一如在我们之外)通过知性能力来规定的可能性。但理性通过它的实践规律同样先验地给它以规定。这样一来,判断力就使从自然概念的领域到自由概念的领域的过渡成为可能。就一般的精神机能说来,在它们作为高级的即包含自律的机能来考察时,悟性对于认识机能(自然的理论知识)含有先验构成的原理。愉快和不快的情绪是判断力在

---

① 在自然因果性和自由因果性的全部区别里,人们设定的许多不同矛盾中的一个矛盾就表现在人们对它的提出的责难中:如果我们说自然对于按照自由诸规律(道德规律)的因果性安置下阻碍,或使它们得到促进,那我们就承认了前者对后者的一个影响了。但是,只要人们愿意理解这句话,误解就很容易防止。这阻碍或促进不是介于自然与自由之间,而是介于前者作为现象和后者的诸作用作为在感性世界里的诸现象之间,甚至于(纯粹理性和实践性的)自由的因果性是自然原因附属于自由的(即主体作为人,因此也即是作为现象的)因果性并且它的规定性的根据是可理解的。这种可理解性是在自由之下以不能进一步或作其他说明的态度来思考的(正如那可理解性构成自然的超感性基体的情况一样)。

独立于那些和欲求机能的规定性有联系的概念和感觉时所提供的,并且因而能够成为直接地实践的。欲求机能的先验构成的原理是理性,不需要来自任何地方的快乐为媒介,理性是实践的,并且作为最高的机能,它对欲求机能规定着最后目的,而这最后目的同时带着对于客体的纯粹知性的喜悦。除此以外,判断力的关于自然的合目的性的概念仍是隶属于自然诸概念,但只是作为认识诸机能的一个调节原理,尽管审美判断对于某些产生其概念的对象(自然的或艺术的)在涉及愉快或不快的情感时是一个构成原理。认识诸机能的协合一致包含着愉快的根据,在这些机能的活动中,它们的自发性构成在考虑中的概念,其结果是构成一个联系自然概念领域和自由概念领域的适当的媒介,而这又同时促进了心意对于道德情绪的感受性。下面的表可以便于通览一切上述的在它们系统的统一性中的诸机能①。

心意机能表:——　　　　　　　先验诸原理:——
　认识的机能　　　　　　　　　　规律性
　愉快或不快的情感机能　　　　　合目的性
　欲求的机能　　　　　　　　　　最后目的
认识的机能:——　　　　　　　应用:——
　悟性　　　　　　　　　　　　　自然
　判断力　　　　　　　　　　　　艺术
　理性　　　　　　　　　　　　　自由

----

① 人们曾经认为我在纯粹哲学里的分类常常使用三分法,是可以怀疑的。但这事的根据是存在于事实之中。如果一种分类要先验地进行,那么,或者它是按照矛盾律来分析的,这样,这分类就常常是二分法的(quodlibet ens est aut A aut non A)或者它是综合的。假使它在这场合的分类应是从诸先验概念(不是像在教学里那样从对应于概念的先验直观)导出的话,那么就应该按照一般的综合统一的需要,即:(1)条件,(2)被制约的,(3)从被制约的和它的条件的结合里产生的概念。这分类必然是三分法。

上卷　审美判断力的批判

第一部分　审美判断力的分析

第一章　美的分析

一　鉴赏判断①的第一个契机②，即按照质上来看的

第1节　鉴赏判断是审美的

为了判别某一对象是美或不美，我们不是把（它的）表象凭借悟性连系于客体以求得知识，而是凭借想像力（或者想像力和悟性相结合）连系于主体和它的快感和不快感。鉴赏判断因此不是知识判断，从而不是逻辑的，而是审美的。至于审美的规定根据，我们认为它只能是主观的，不可能是别的。但是一切表象间的关系，甚至于感觉间的关系，却能够是客观的（在这场合，这

---

① 这里作为根据的关于鉴赏的定义是：鉴赏乃是判断美的一种能力。判定一对象为美时所要求的是些什么呢，这必须从分析鉴赏判断才能发现。至于这种判断力在反省时所要注意的诸契机，我是遵从判断的逻辑功能的指导去寻求的（因为在鉴赏判断里永远含有它对于悟性的关系）。我首先探讨关于质的契机，因为对于美的审美判断，首先应该顾到质这方面。——原注

② Moment 字义是指关键性的，决定性的东西，推动的主体，亦即要点，现依旧译为契机。又 Kritik 现一般译作"批判"，但康德用此字义着重在"考察、分析、清理"。——译者注

种关系就意味着一个经验表象的实在体);但快感与不快感就不能是这样了,在这里完全没有表示着客体方面的东西,而只是这主体因表象的刺激而引起自觉罢了。

用自己的认识能力去了解一座合乎法则和合乎目的的建筑物(不管它是在清晰的或模糊的表象形态里),和对这个表象用愉快的感觉去意识它,这两者是完全不同的。在这里,这表象是完全连系于主体,并且是在快感或不快感的名义下连系于主体的生活情绪,这就建立了一种十分特殊的判别力和判断力,但并无助于认识,而只是在主体里使得一定的表象和那全部表象能力彼此对立着,使得心灵在情感里意识到它的状态。在一个判断里面一定的诸表象可能是从经验得来的(因此也是审美的),但是因此而下的那个判断若在判断时只是连系于客体,那么这个判断就是逻辑方面的了。与此相反,如果这些一定的表象尽管是属于纯理性的,而在一个判断里却只是连系于主体(它的情感),那么它们就因此在任何时候都是审美的了。

第2节 那规定鉴赏判断的快感是没有任何利害关系的

凡是我们把它和一个对象的存在之表象(译者按:即意识到该对象是实际存在着的事物)结合起来的快感,谓之利害关系。因此,这种利害感是常常同时和欲望能力有关的,或是作为它的规定根据,或是作为和它的规定根据必然地连结着的因素。现在,如果问题是某一对象是否美,我们就不欲知道这对象的存在与否对于我们或任何别人是否重要,或仅仅可能是重要,而是只要知道我们在纯粹的观照(直观或反省)里面怎样地去判断它。如果有人来问我,对于在眼面前看到的宫殿我是否发现它美,我固然可以说:我不爱这一类徒然为着人们瞠目惊奇的事物,或是,像那位伊诺开的沙赫姆①那样来答复,他在巴黎就没有感到比小食店使他更满意的东西;此外我还可以照卢骚的样子骂大人物们的虚荣浮华,不惜把人民的血汗浪费在这些无用的东西上面;最后我还可以很容易地理解,假使我在一个无人住的岛上没有重新回到人类社会里的希望,即使只要我一想念就会幻出一座美丽的宫殿,我也不愿为它耗费这种气力,假使我已经有了一个住得舒适的茅屋。人们能够对我承认和赞许这一切,但现在不是谈这问题。人只想知道:是否单纯事物的表象在我心里就夹杂着快感,尽管我对于这里所表象的事物的存在绝不感兴趣。人们容易看出:若果说一个对象是美的,以此来证明我有鉴赏力,关键是系于我自己心里从这个表象看出什么来,而不是系于这事物的存在。每个人必须承认,一个关于美的判断,只要夹杂着极少的利害感在里面,就会有偏爱而不是纯粹的欣赏判断了。人必须完全不对这事物的存在存有偏爱,而是在这方面纯然淡漠,以便在欣赏中,能够做个评判者。

我们对这个很重要的命题不能有更好的说明,除非我们把那和利害感联结着的快感来和这鉴赏判断中纯粹的、无利害②关系的快感相对立:首先如果我们同时能够确定,除掉现在所应指出的那种利害关系的以外,就没有别种关系了。

第3节 对于快适的愉快是和利益兴趣结合着的

在感觉里面使诸官能满意,这就是快适。关于通常对感觉这一词可能发生的双重意义的混淆,这里就有着一个机会来加

---

① 美洲土人酋长。——译者注

② 一个对于愉快的对象所下的判断,可能是完全无利害感,但却可以很有兴趣,那就是说,它不建立于任何利害感之上而却产生出一个兴趣。一切纯粹的道德判断就是这一类。但鉴赏判断本身也并不建立任何利害兴趣,只是在社会里具有鉴赏力是有兴趣的事,这理由将在后面指出。——原注

以指摘和唤起对它的注意了。一切的愉快（人们说的或想的）本身就是一个（快乐的）感觉。于是凡是令人满意的东西，正是因为令人满意，就是快适的（并且依照着各种程度或和其他快适感觉的关系，如：优美、可爱、有趣、愉快，等等），承认了这一点，那么，规定着倾向性的诸感官的印象，规定着意志的理性诸原则，或规定着判断力的单纯的反省的直观诸形式，有关情感上的快乐的效果，这一切便是全然同一的了。因为这是它的状况的感觉里面的快适，又因为最后我们的一切能力的使用毕竟是为着实践的，而且必须在这里面结合为它们的目的，所以人们就不能期待他们对事物及其价值的品评，除了依凭它们所许的愉快以外还有别的什么。至于以怎样的方式来达到这一点，到底是完全无关重要的。再则，只有方法的选择在这里能有所区分，所以人们能够相互指摘愚蠢和无知而不能指斥卑鄙和凶恶，因为究竟个人照着自己的方式观看事物，都是奔赴一个目的，这对于每人是一种快乐。

如果快乐及不快的情绪的一个规定被称为感觉，那么这个称号是和我把一件事物的表象（经由感官，作为隶属于认识的感受性）命名为感觉是完全两回事。因为在后一个场合表象是连系于客体，而在第一个场合只是连系于主体，而且完全不是服务于认识，也不是服务于使主体所赖以自觉的这种认识。

但是我们在上面的解说里把感觉这名词了解为感官的客观表象；并且，为了避免陷于常误解的危险，我们愿意把那时必须只是纯粹主观的而且根本不能成为一种事物的表象的感觉，用通常惯用的情感一词来称呼它。草地的绿色是属于客观的感觉，作为对于感官对象的觉知；而这绿色的快适却是属于主观的感觉，它并不表示什么事物，这就是说它是隶属于情感，借赖它，事物被看做愉快的对象（而不是对于它的认识）。

当我对一对象的判断表白了我把它认为快适时,这里也就表现了我对于它感到有兴趣。这从下面事实可以看出来,那就是经由感觉激起一种趋向这个对象的欲求,说明这种愉快不仅仅是对这对象的判断而且是假定着当我受着这样一个对象的刺激时它的存在对我的状况的关系,因此对于快适,人们不仅是说它使我满意,而是说它使我快乐。我献给它的不仅仅是一个赞许,而是对于它发生了爱好;至于极其泼辣的快适,就不再容有何等批判它的客体性质的余地,专一从事寻找享受的人们(享受这一词指说快乐的内心化),是乐于放弃一切批判的。

第4节 对于善的愉快是和利益兴趣结合着的

善是依着理性通过单纯的概念使人满意的。我们称呼某一些东西对于什么好(那有用的),它只是作为工具(媒介)而给人满意;另一些东西却是本身好,它自身令人满意。在两种里面都含有一个目的的概念,这就是理性对于意欲(至少是可能的)的关系,因此是对于一个客体或一个行为的存在的一种愉快,这也就是一种利害关系。去发现某一对象的善,我必须时时知道,这个对象是怎样一个东西,这就是说,从它获得一个概念。去发现它的美,我就不需要这样做。花,自由的素描,无任何意图地相互缠绕着的、被人称做簇叶饰的纹线,它们并不意味着什么,并不依据任何一定的概念,但却令人愉快满意。对于善的愉快必须依据着关于一个事物的反省,这反省导致任何一个(不确定哪一个)概念,并且由此把它自身和那建立于感觉上面的快适区别开来。

固然那快适好像和善在许多场合是一致的。人们通常说着:一切(主要是那经久性的)快乐本身就是善的;这就仿佛是说,作为经久性的快乐或作为善,这是一样的东西。但人们不久便觉察到,这只是一种错误的字义的换置,而隶属于这字上面的概念是不能相互交换的。那快适,本身就表示事物对官能的关系,固然必须通过一个目的的概念而放在理性的原则之下,以致把它作为意欲的对象而称做善。但这对于愉快却完全是另一种关系,如果我把使我快适的东西同时唤做善,从这里可以看出,在善那里永远有这问题,即是否仅是间接的善还是直接的善(是有益还是本身好);而在快适这里就根本不能有这问题,因为这个字时时意味着那直接使人满意的东西(正因这样它是和我所称为美的相接近)。就在最通常的言谈里人们也把快适同善区分开来。对于一种由于香料和其他作料而提高了口味的菜肴,人们毫不踌躇地说,它是令人快适的,并且同时也承认,它并不是善;因为它直接地能使官能享受,但间接地通过理性而考虑它的后果,它就不使人满意了。甚至于在判断健康时,人们也觉察到这种区别。每个健康的人,他是直接感到快适的(至少是消极地远离了一切身体的痛苦)。但是要说出健康是善,人们必须通过理性而注意到目的,那就是说,健康是一种状态,它能叫我们对于一切事物兴致勃勃。关于幸福,那就人人相信,生活里的最大总数的(就量和持久来说)快适,可以称唤为真实的、甚至最高的善。但是对于这一层,理性还是抗议的。快适是享受。如果仅只是为了享受,那么对于达到目的的手段而有所踌躇,就是愚蠢的了。不论这手段是被动地接受大自然的恩赐,或是经由自动的和我们自己的作用而获得它。至于一个人,只是为了享受而生活着(在这目的之下他那么忙碌着),甚至于他对一切只以享受为生活目的的别人,也作为手段来竭力帮助的,因为他在同情中也同他们享得一切快乐,这种人的生存自身也可能有一种价值。然而理性对这个也不让自己被说服的。只有人不顾到享受而行动着,在完全的自由里不管大自然会消极地给予他什么,这才赋予他作为一个人格的生存的存在以一绝对的价值;而幸福和着它的快适的全部丰富性还远不是绝对的善。①

但不管快适和善中间这一切的区别,双方在一点上却是相一致的:那就是它们时时总是和一个对于它们的对象的利害结合着,不仅是那快适(第3节),和那间接的善(有益的),它是作为达到任何一个快适的手段而令人满意的,并且还有那根本的在任何目标里的善,这就是那道德的善,它在自身里面带着最高的利害关系。因为善是意欲的对象(这就是一个通过理性规定着的欲求能力的对象)。欲求一个事物和对于它的存在怀着愉快之情,就是说,对它感着利害兴趣,这两者是一回事。

第5节 三种不同特性的愉快之比较

快适和善二者对于欲求能力都有关系,并且前者本身就带着一种受感性制约的(因刺激而生的)愉快,后者带着一种纯粹的实践的愉快,而这不单是受事物的表象,而同时是受主体和对象存在的表象关系所决定。不单是这对象而也是它的存在能令人满意。与此相反,鉴赏判断仅仅是静观的,这就是这样的一种判断:它对对象的存在是淡漠的,只把它的性质和快感及不快感结合起来。然而,静观本身不是对着概念的,因为鉴赏判断并不是知识判断(既不是理论的,也不是实践的),因此既不是以概念为其基础也不是以概念为其目的。

快适、美、善,这三者表示表象对于快感及不快感的三种不同的关系,在这些关系里我们可以看到其对象或表现都彼此不同,而且表示这三种愉快的各个适当名词也是各不相同的。快

---

① 一个对于享乐的义务是显然地不合理。同样一个对一切以享受为目的诸行为的所谓义务也必是不合理的:尽管人们如何愿意把它设想或粉饰为什么精神性的东西,以及设想它也是一种神秘的、所谓天上的享乐。——原注

适,是使人快乐的;美,不过是使他满意;善,就是被他珍贵的、赞许的,这就是说,他在它里面肯定一种客观价值。快适也适用于无理性的动物。美只适用于人类,换句话说,适用于动物性的又具有理性的生灵——因为人不仅是有理性(就是说,有灵魂)的,但同时也是一种动物。善却是一般地适用于一切有理性的动物,这个命题要留待下文才能予以充分的证实和说明。人可以说:在这三种愉快里只有对于美的欣赏的愉快是惟一无利害关系的和自由的愉快;因为既没有官能方面的利害感,也没理性方面的利害感来强迫我们去赞许。因此人们关于这三种愉快可以说:在上述三种场合里,愉快是与偏爱,或与惠爱,或与尊重有关系。而惠爱是惟一的自由的愉快。一个偏爱的对象或一个受理性规律驱使我们去欲求的对象,是不给我们以自由的,不让我们自己从任何方面造出一件快乐的对象来的。一切利害关系是以需要为前提,或带给我们一种需要;而它作为赞许的规定根据是不让我们对于一个对象的判断有自由的。

  关于快适方面的偏爱心,每个人会说:饥饿是最好的美食,对具有健康食欲的人们一切都有味,只要是能吃的东西;因此一个这样的愉快是不能证明它的选择是照着鉴赏力的。只有在需要满足后,人才能在许多人里面分辨出谁人有鉴赏力,谁没有鉴赏力来①。同样也有无道德的风俗行为、无善意的礼貌、无真诚的绅士风度,等等。因为在照风俗的规则而行的场合,客观上对于举止就不让人有自由选择的余地;而在满足时(或在评判别人的满足时)表示你的鉴赏力(口味),和表示你的道德的思想态度,这两者是完全不同的:因为表示后者是包含着一个命令和产生一个需要,而与此相反,道德的鉴赏却仅仅是玩弄着愉快的对

---

① 鉴赏力或可译口味。——译者注

象而已,而并不粘着于任何一个对象。

从第一个契机总结出来的对美的说明

鉴赏是凭借完全无利害观念的快感和不快感对某一对象或其表现方法的一种判断力。

二　鉴赏判断的第二个契机,即按照量上来看的

第6节　美是不依赖概念而作为一个普遍愉快的对象被表现出来的

这个关于美的说明是能从前面的说明引申出来:即美是无一切利害关系的愉快的对象。因为人自觉到对那愉快的对象在他是无任何利害关系时,他就不能不判定这对象必具有使每个人愉快的根据。因为它既然不是植根于主体的任何偏爱(也不是基于任何其他一种经过考虑的利害感),而是判断者在他对于这对象愉快时,感到自己是完全自由的。于是他就不能找到私人的只和他的主体有关的条件作为这愉快的根据,因此必须认为这种愉快是根据他所设想人人共有的东西。结果他必须相信他有理由设想每个人都同感到此愉快。他将会这样谈到美,好像美是对象的一种性质而他的判断是逻辑的(凭借概念以构成的对于对象的知识),虽然这判断只是审美的,并且仅仅包含着对象对于主体的一种关系,然而因为它究竟和逻辑的判断相似,人们能够设定它适用于每个人。但是从概念也不能产生这普遍性来。因为从概念是不能过渡到快感及不快感的(除非在纯粹的实践诸规律里面,而这却自身伴着一种利害关系,这又是和纯粹的鉴赏判断无关)。所以鉴赏的判断,既然意识到在它内部并没有任何的利害关系,它就必然只要求对于每个人都能适用,而

并不要求客体具有普遍性,这就是说,它只是和主观普遍性的要求连结着的。

第7节 依上述的特征比较美和快适及善

关于快适,每个人只须知道他的判断只是依据着他个人感觉,并且当他说某一对象令他满意时,也只是局限于他个人范围内,那就够了。所以当他说:康拉列酒是快适的,这时若有别人改正他的说法,说他应该说:这酒对于我是快适的,他一定是会满意的;这不仅是对于舌、颚、咽喉是这样,对于眼和耳等所感的快适也是这样。对于一种人紫色是温和可爱,对另一种人是无光彩和无生气的。有人爱吹乐,有人爱弦乐。在这方面争辩,把别人和我不同的判断认为是不正确,说它是背反逻辑而加以斥责,这真是蠢事。关于快适,下面这一原则是妥当的,即:每一个人有他独自的(感官的)鉴赏。

在美这方面,那是完全两回事了,如果某人,自满于他自己的鉴赏力,他以下面的话想来替自己辩解:这个对象(我们看着的这建筑,那个人穿的衣裳,我们倾听着的乐奏,正在提供评赏的诗)对于我是美的。这是可笑的。如果那些对象单使他满意,他就不能称呼它为美。许多事物可能使他觉得可爱和快适,这是没有别人管的事;但是如果他把某一事物称做美,这时他就假定别人也同样感到这种愉快:他不仅仅是为自己这样判断着,他也是为每个人这样判断着,并且他谈及美时,好像它(这美)是事物的一个属性。他因此说:这事物是美,并且不是因为他见到别人多次和他的意见相同,而把别人的同意也计算进他的关于愉快的判断之内,反过来他是要求着别人与他同意。如果他们的判断不相同,他会斥责他们而认为他们没有鉴赏力,而他是要求着他们应该具有鉴赏力的。因此人们不能说:各个人具有他的特殊的鉴赏力,这就等于说:完全没有所谓鉴赏力,那就是说,审美判断是没有权利要求人人都同意的。

但是就在关于快适方面的判断也能在人们里面见到意见的一致,在这意义下人们否认某些人有鉴赏力,肯定另一些人有鉴赏力,并且不是就官能感觉来说,是就关于一般快适的评定能力来说。所以人可以称说某人有鉴赏力,知道怎样拿许多快适的事(各种官能的享受)来款待他的客人们,而使他们全都满意。但是在这里这普遍性也只是从比较里得来的;并且只有一般普通的(像一切经验性的)而不是普遍性的规律,而关于美的鉴赏判断却是从事于和要求着这种普遍性规律的。就善的方面而言判断固然也有理由要求着对于每个人的有效性,但是善只经由概念作为一普遍的愉快的对象被表示出来的,在快适和美的场合却都不是这样。

第8节 在一鉴赏判断里愉快的普遍性只作为主观的被表象出来的

在鉴赏判断里所能见到的直感判断之普遍性的特殊规定,是一件难解之事,这固然不是对于逻辑家而是对于先验哲学家而言,它要求着他付出不少辛劳去发现它的源泉,但是也因此说明了我们认识能力里的一个特性,这种特性若果不经过细密的分析恐怕是终于难以觉察的。

首先我们必须完全相信:人们通过(对美的)鉴赏判断来断定每个人对于这一对象都感到愉快时,却不是依据着一个概念(要这样那就是善了)。一个宣称某一事物为美的判断,本质地包含着这种普遍性的要求。没有人运用这一名词时不想到这一点的,一切不依赖概念而使人愉快的东西便算做快适,而关于快适,每人头脑里可以有他自己的一套看法,不须期待别人同意他的鉴赏判断,在对于美的鉴赏判断里却时时必须这样做。我把第一种称做感官的鉴赏,第二种称做反省的鉴赏:第一种仅是个人的判断,第二种却主张普遍的有效性,而两者都是直观的(不是实践的)判断,是对一个对象仅仅就其表象对于快感及不快感的关系所下的判断。现在却使人诧异的是,关于感官鉴赏,不但是经验表示着它的判断(对于某一事物的快感及不快感)不是普遍有效的,而是每个人自己那样谦虚,不期待别人和他取得一致(尽管事实上在这些判断里常常会有很广泛的一致性)。在反省的鉴赏里,如经验所示,其(审美)判断对每个人的普遍性的要求仍往往会被拒绝,尽管它觉得自己能够提出(事实他也是这样做)要求别人与之一致的判断,并且事实上也期待它的每一个鉴赏判断都博得别人的同意,而那些评判的人们不因这种要求的可能性而争吵,只是在特殊场合对于这判断能力的正确运用可能是不一致的。

在这里首先要指出:凡是不基于对事物的概念(哪怕仅是经验概念)的普遍性,绝不是逻辑的,而是审美的,那就是说,它不含有判断的客观的量,而只是含着主观的量,对于这种量我用共同有效性(Gemeingueltigkeit)这一词来称它,这名词不是指表象对认识能力的关系,而是指表象对每个主体的快感及不快感的关系。(人们也可以运用这一个词来指判断的逻辑性的量,只要人们加以说明这是"客观的"普遍有效性,以别于仅仅是主观的普遍有效性,而后者总只是审美的。)

但一个具有客观的普遍有效性的判断也往往是在主观上有效而已,那就是说,假使这判断对于包含在某一概念里的一切是有效的,那么它对于每个用这概念来表示一个对象的人也是有效的。然而,从一个主观的普遍有效性,那就是说,审美的、不基于任何概念的普遍有效性,是不能引申出逻辑的普遍有效性的:

因为那种判断完全不涉及客体。正因为这样,这赋予一判断的审美的普遍性,必须是特殊样式的普遍性,因为它①不是把美的宾词同客体的概念(就这概念的全部逻辑范围来观察)连结起来,但是它仍然涉及评判的人们的全部范围。

就逻辑的量的范畴方面来看,一切鉴赏判断都是单个的判断。因为由于我必须把对象直接保持在我的快感或不快感上,而且不是通过概念,于是那些判断就不能有像客观普遍有效性的判断的那样的量,尽管,如果这鉴赏判断的对象的单个表象依据规定着这鉴赏判断的条件,通过比较,这单个表象转换为一个概念,也会从这里成功一个逻辑的普遍判断。譬如,我眼前看着这玫瑰,我通过鉴赏判断称它为美。与此相反,那通过比较许多单个判断产生出来的判断:玫瑰花一般地是美的,这就不仅是作为审美的,而且是作为一个基础于审美判断之上的逻辑判断而说出来的了。现在那判断:玫瑰是(在香味上)快适的,固然也是审美的和单个的判断,但不是鉴赏判断,而是官能的判断。它在这点上和第一种判断有区别:鉴赏判断本身就带有审美的量的普遍性,那就是说,它对每个人都是有效的,而关于快适的判断却不能这样说。只是关于善的判断,它虽然也规定着对一个对象的快感,却具有逻辑的、不仅是审美的普遍性,因为它是涉及客体的,作为对它的知识的,而因此对每个人都有效。

如果人只依概念来判断对象,那么美的一切表象都消失了。那么也不会有法则可依据来强迫别人承认某一事物为美。至于一件衣服,一座房屋,一朵花是不是美,就不能用理由或原则来说服别人改变他的评判了。人要用自己眼睛来看那对象,好像他的愉快只系于感觉。但是,当人称这对象为美时,他又相信他

---

① 指普遍性。——译者注

自己会获得普遍赞同并且对每个人提出同意的要求；与此相反，每一个人的感觉却只靠这位欣赏者和他的快感来决定了。

从这里可以看出，在鉴赏判断里除掉这不经概念媒介的愉快方面的这种普遍赞同以外，就不设定着什么，这就是一个审美判断的可能性，能视为同时对于每个人都有效。鉴赏判断本身并不假定每个人的同意（只有逻辑的普遍判断才能这样做，因它能举出理由来）；鉴赏判断只设想每个人的同意，照它所期望的常例来说，这不是以概念来确定，而是期待别人赞同。这普遍的赞同所以只是一个观念（它基于什么，这里还不加研究）①。至于那个自以为下了鉴赏判断的人，事实上是否符合这个观念而下判断那是不能断定的。但是他仍然把它联系到这观念上面来，认为他的判断应该是一个鉴赏判断，他以美这词语来表示着。对于他自己，他只须意识到他已经把属于快适和善的东西从剩下的愉快分离开来，那他就会确知的②。使他自信能获得每个人的赞同的就是这一切：在这些条件下他有权利提出这个要求，只要他不常常违反了这些条件以致下了一个错误的鉴赏判断。

第9节 研究这问题：在鉴赏判断里是否快乐的情感先于对对象的判定还是判定先于前者

这个问题的解决是鉴赏判断的关键，因此值得十分注意。如果对于某一物象的快感业先出现了，但是当对此物象下鉴赏判断时却仅仅承认它的普遍传达性，这样的说法就自相矛盾了。因为这样的快感除掉单是官能感觉里的快适而外不是别的，并且因此依照它的本质来说只能具有个人有效性。因为它直接系于对象所由呈现的表象。

---

① 观念 Idee，亦可译理念或理想目标。——译者注
② 确定他的判断是鉴赏判断。——译者注

所以某一表象里面的心意状态的普遍传达能力,作为鉴赏判断的主观条件来说,必然是最基本的,并且其结果就必然对这对象发生快感。但是除知识及属于知识的表象而外,是没有东西能够被普遍传达的。因为只有知识才是客观的,并且以此具有着普遍的对证点,由这对证点一切人的表象能力不得不彼此一致。如果现在我们断定这种表象的普遍传达性的规定根据,仅仅是主观的,即不依存于对象的任何概念的,那么这种规定根据除心意状态外不能是别的了。这心意状态是在各表象能力的相互关系间见到的,在这诸表象能力把一个一定的表象连系到一般认识的限度内。

这表象所牵涉的各种认识能力,便取得了自由活动之余地,因为没有何等一定的概念把它局限在一个特殊的认识规律里。在这个表象里的心意状态所以必须是诸表象能力在一定的表象上向着一般认识的自由活动的情绪。但是一个表象,如果某对象是赖它而被认识的,那就是说,赖它而达到一般认识——这个表象就必须具有想像力,以便把多样的直观集合起来,也必须具有悟性,以便由概念的统一性把诸表象统一起来。这个认识能力的自由活动的状态,在一个对象所赖以被认识的表象里,必须使自己能普遍传达,因为认识作为客体的规定,那些一定的表象(不论在哪个主体里面)必须与之协调的,这才是惟一一种的对于每个人都有效的表象。

在一个鉴赏判断里,表象样式的主观的普遍传达性,因为它是没有一定的概念为前提也可能成立,所以它,除掉作为在想像能力的自由活动里和悟性里(在它们相互协调、以达到一般认识的需要范围内)的心意状态外,不能有别的,而我们知道:这种对于一般认识适当的主观关系,必须是对于每个人都有效的,并且因此必须能够普遍传达,就像一切一定的知识,究系常常依据着那项作为主观条件的关系。

这种对于对象或它所凭借的表象只是主观的（直观的）判断，是先于快感而生的，并且它是对诸认识能力之谐和性的快乐的根源，但是，和我们称之为美的对象的表象相结合着的愉快的普遍主观有效性，只是建筑在判定对象时的主观条件的普遍性上面。

至于人们能够把心意状态传达出来，纵然只是关于诸认识能力的这一点上，这种能力本身就带有快乐，这一层可以从人类爱交际的天然倾向（经验的和心理学的）来说明。但是这对于我们的企图是不够的。我们所感到的快乐，我们就推断它在每个别人的鉴赏判断里必然具有，好像当我们称为美时，就把它看做是对象的一种属性，这属性是依照诸概念来决定它具有的。因为美若没有着对于主体的情感的关系，它本身就一无所有。但是这问题的说明，我们要留待下列问题解答以后，即：先验的审美判断是否以及怎样可能。

我们现在还是从事于较次的问题，即：我们在鉴赏判断中是怎样觉察诸认识能力彼此之间的主观的协和，是否直感地通过内在感官和感觉，或是知性地通过我们的有计划的活动的意识，依靠这活动把那些诸认识能力推动起来呢？

假使那引起鉴赏判断的一定表象是这样一个概念：它在判断对象时把悟性和想像力结合起来使之成为关于对象的一个认识，那么这种关系的意识将是知性的（像在纯粹理性批判里判断力的客观图式论中所述）。但是这样所下的判断将不是在和快感及不快感的关系中的判断了，因此不是鉴赏判断。然而鉴赏判断在愉快及美的称谓的关系里规定客体时是与概念无涉的。因此那关系的主观统一性只能经由感觉表示出来。两种能力（想像力和悟性）之所以成为不确定的，但经由一定表象的机缘的媒介成为调协的活动,而这活动隶属于认识一般,其推动力是感觉,这感觉的普遍传达性要求着鉴赏判断。一个客观的关系固然只可以被设想,但是,在按照它的条件是主观的这范围内,它①仍将在对于心意的影响中被知觉察到;并且在一种不以概念做基础的关系(像表象诸力对一般认识力的关系)里也是除掉因感到下述影响:即在通过相互调协推动着的心意诸力(想像力和知性)的活泼的活动中的影响以外,是没有别项的对于它的意识的。一个表象,它作为单个的及没有和别的比较仍然有着对构成悟性一般的事业的诸条件的一种协合,它把认识诸能力带进比例适合的调协,这种调协是我们要求于一切认识,并且因此对于每个人有效,而每个人是必须结合悟性和感官去判断的。

从第二个契机总结出来的对美的说明

美是那不凭借概念而普遍令人愉快的。

三 鉴赏判断的第三个契机按照在它们里面观察到的目的的关系

第10节 论合目的性一般

如果人们按照目的的先验的诸规定来解说一个目的是什么(而不以经验的或快乐的情感等为前提),那么在概念被视为目的的原因(它的可能性的现实根据)的范围内,目的就是一个概念的对象;一个概念的因果性就它的对象来看就是合目的性(Forma finalis)。所以当不单是一个对象的认识,而是这对象本身(它的形式或存在)只有作为效果,即通过对它的概念才有可

---

① 指客观关系。——译者注

能想像时,这时人们自己便在思维着一个目的。效果的表象在这里是效果的原因的规定根据,并且是先于原因的。意识到一个表象对于主体的状态的因果性,企图把它保留在后者里面,于此就可以一般地指出人们所称为快乐这东西;与此相反,不快感是那种表象:它的根据在于把诸表象的状态规定到它们的自己的反对面去(阻止它们或除去它们)。

欲求能力,在它只通过概念来决定,即符合一个目的的表象而发生作用时,它就是意志。可是,一个对象,或心意状态甚或一个行为,尽管它们的可能性不是必要地以一个目的的表象为前提,也唤做合目的,仅仅因为它们的可能性能够被我们说明和理解,当我们假定着它的根据是依照目的的因果性,这就是说,一个意志,按照着某一定规则的表象来安排它。

要是我们不把这种形式的原因放在一个意志里面,合目的性因此可能没有目的,但是关于它的可能性的解释,又只在我们把它说明是出自一个意志的时候,才能使我们理解。再则,我们对于我们所观察的东西不是常常必要通过理性(依照它的可能性)来领悟的。所以我们对于一个形式上的合目的性,尽管我们对它不设想一个目的(作为目的关系的素质)作为它的根柢,仍至少能够观察到并在一些对象上见到,虽然这只是通过反省。

第11节 鉴赏判断除掉以一对象的(或它的表象样式的)合目的性的形式作为根据外没有别的

一切被视作愉快的根据的目的,总是在本身带着一种利害感,作为判定快乐对象的规定根据。所以对于鉴赏判断不能有主观的目的作为根据。但也没有一个客观的目的表象,这就是说,对象本身依照其目的之联系原则的可能性,能够规定鉴赏判断,从而善的概念也不能来规定它,因为它是一审美的而不是认识的判断。所以,这判断不涉及对象的关于性质的概念和内在的或外在的可能性,无论是经由此或彼原因,而仅是涉及表象诸力当其被一个表象规定时的相互关系。

规定一个对象为美时的这种关系,现在是和快感结合着的;而鉴赏判断却声明这种快乐是对于每个人都有效。所以绝不是一个伴着表象的快适,也不是对于这对象的完美的表象,也不是善的概念所含有的那种规定根据。所以除掉在一个对象的表象里的主观的合目的性而无任何目的(既无客观的也无主观的目的)以外,没有别的了。因此当我们觉知一定对象的表象时,这表象中合目的性的单纯形式,那个我们判定为不依赖概念而具有普遍传达性的愉快,就构成鉴赏判断的规定根据。

第12节 鉴赏判断基于先验的根据

把快感或不快感当做是和任何一个作为它的先验原因的表象(感觉或概念)相结合的结果,是决不可能的,因为这样就会是一种因果关系,而这因果关系(在经验的事物内)只能时时是后天的和凭借经验才能被认识的。固然我们在实践理性批判里实际上曾把敬的感情从先验的普遍道德概念导引出来(这敬的感情作为情感的一个特殊的和独特的情感样式,既不和我们从经验对象得来的快感也不和不快感真正彼此一致)。但是甚至在这里我们也能够超越经验的界限并且把一个筑基在主体的超感性的性质上面的因果性,即自由的性质,导引出来。但是就在这里我们实际上不是把这种感情而只是把意志的规定从道德的观念导引出来作为它的原因的。一个从任何方面规定着的意志的心意状态,本身却已经是快乐情感并且和它同一,所以不是作为结果从它导引出来:后者只能被假定着。假使道德的概念作为一个善的概念通过规律先于意志而被规定,那么,和这概念联结着的快乐就不可能从它仅只作为一个认识而导引出来。

在审美判断里对于快乐也在类似情况中：只是它在这里仅只是静观的，并且不是对于对象发生一种利害感，而在道德判断里却是实践的。

对于主体里诸认识能力的活动中仅是形式的合目的性的意识，在一定的对象的表象上，就是快乐本身，因为在一个审美判断里，它具有一个有关于主体诸认识能力之激动的主体活动的规定根据，从而是具有那有关于一般认识而不是局限于某一种认识的内在因果性（即合目的的因果性），而因此仅具有表象的主观目的性的形式。这种快乐也绝非在任何样式里是实践的，既不像是由于快适的、感官的理由，也不像是由于所代表的善的理智的理由。但这快乐本身仍含有因果性，即维持着表象本身的状态及诸认识能力的活动而无其他意图。在观察美之时我们依依不舍留恋着，因为这种观察不断地自行加强并且反复再现，就类似当对象的表象中的一种[物质的]魅力的刺激反复地唤醒着注意时使你留恋那样，这时你的心情却是被动的。

第13节　纯粹鉴赏判断是不依存于刺激和感动

一切的利害感都败坏着鉴赏判断并且剥夺了它的无偏颇性，尤其是当它不是像理性的利害观念把合目的性安放在快乐的情感之前，而是把它筑基于后者之上，这种情况常常在审美判断涉及一事物给予我们以快感或痛苦的场合时出现。因此这样被刺激起来的判断完全不能要求或仅能要求那么多的普遍有效性；这要看有若干此类感情混在鉴赏的规定根据之内。当鉴赏为了愉快、仍需要刺激与感动的混合时，甚至于以此作为赞美的尺度时，这种鉴赏仍然是很粗俗的。

魅力的刺激往往不仅作为协助审美时的普遍的愉快而计算

在美之内（美却实际上只应涉及形式），它本身还会被认做美，即愉快的素材被认做形式。这是一种误解，像许多其他的误解一样，常常具有一些真理做根据，而经过细致地分析了这些概念才可以把它们消除。

当刺激和感动没有影响着一个鉴赏判断（尽管它们仍然和这对于美的愉快结合着），后者仅以形式的合目的性作为规定根据时，这才是一个纯粹的鉴赏判断。

第14节 通过引例来说明

审美判断恰好像论理的（逻辑的）判断那样，可以分为经验的和纯粹的两类。第一类说明什么是快适及不快适。第二类说明一个对象或它的表象是怎样的美。前者是感官的判断（质料的审美的［或译直感的］判断），惟独后者（形式的判断）是在固有意义里的鉴赏判断。

一个鉴赏判断所以仅在下述限度里是纯粹的，即当没有单纯经验的愉快混合在它的规定根据里面的时候。如果在一个声明某事物为美的判断里有着魅力的刺激或情感参加其间，这时候混合的情况就发生了。

此处有种种反对意见提了出来，它们表示魅力的刺激毕竟不仅是作为美的必然的成分，而且本身已足够称为美。

一种单纯的颜色，譬如一块草地的绿色，一个单纯的音调（别于音响及噪音），譬如一种提琴的音，被大多数人认为它们本身就是美的；尽管二者仅仅是以表现的资料，即只是以感觉为其基础，并且因此只合称为快适。但是人们仍将同时注意到，颜色和音调的感觉只在下述限度内才能够正当地称为美，即二者是纯粹的。这已经是一个涉及形式的规定，并且也是从这些表象里惟一能够确定地普遍传达的。因为不能设想：感觉本身的性质能够对于一切主体里是彼此一致的,或者说,一种颜色的快适超过别一种,或一种乐器的声音的快适超过另一种乐器,凡此判断都能够同样适合于每个人。

如果人们同意倭拉尔①所说(我对此仍很怀疑着),颜色是以太的等时相续的振动(脉搏),音响里的声音是波动着的空气,并且,主要的是,心意不仅是由于通过感觉使器官昂进,而且是由于通过反省而达到印象的有规律的活动(因此在不同的诸表象的结合形式)。所以颜色及声音不单是感觉而已,而且,是感觉的多样统一在形式上的规定,并因此本身也能算入美之内。

但是单纯的感觉样式的纯粹性,意味着这感觉样式的同形性不被别样的感觉扰乱和中断,并且仅是属于形式方面,因为人们在此只能够从那感觉样式的性质概括出来(不论那感觉样式是否能表象和表象着何种颜色及音调)。因此,一切单纯的颜色,在它们的纯粹的范围内,被视为美。混合的颜色就没有这优点,正因它们不是单纯的,人们没有评定它们应否称为纯粹或不纯粹的标准。

至于一个对象由于它的形式而具有的那种美,当人们以为凭借魅力的刺激能够提高它,这种想法是一个庸俗的错误,是对于真正的、纯洁的、有根据的鉴赏力很有害的谬误。固然除了美外仍可以加上魅力的刺激,使心意通过对象的表象除了空洞的愉快以外还感到兴趣,鼓励着鉴赏和培养趣味,尤其是当鉴赏还是粗俗和未精炼之时。可是,它们实际上破坏了鉴赏,假使它们吸引了注意而以之作为美的判定根据。因它们远不能对此有所贡献,除非在它们不骚扰那美的形式而且当趣味还微弱和未精炼时——它们是被当做异分子而宽大地被容纳而已。

---

① 倭拉尔,Euler,1707—1783,德国天才的数学家。——译者注

在绘画、雕刻艺术，以至一切造型艺术中，在建筑、庭园艺术，在它们作为美术这范围内，素描是十分重要的。在素描里，对于鉴赏重要的不是感觉的快感，而是单纯经由它的形式给人的愉快。渲染着轮廓的色彩是属于刺激的，它们固然能使对象本身给感觉以活泼印象，却不能使它值得观照和美。它们往往受美的形式的要求所限制，就是在刺激被容纳的地方，也仅是由于形式而提高着它的品格。（译者按：康德深受着18世纪古典主义美术观的影响。）

一切感官对象的形式（外在的感官的及间接的内在感官的）不是形象便是表演，在后一场合是形象的表演（在空间里的模拟及舞蹈），或单纯是感觉（在时间里）的表演。色彩的魅力或乐器的使人快适的音响能参加进来，但在前一场合的素描和在后者的构图形式是构成纯粹鉴赏判断的本然的对象。若果说颜色和音响的纯粹性，或者它们的多样性及其彼此对照，似乎对于美有所增添，那并不意味着：因为它们本身是快适的，所以就仿佛在形式方面同样也增添了愉快，反之，所以如此，却是因为它们使得形式更精细些，更精确些、明确些、完整些。并且此外由刺激而使表象生动，唤起和保持着对于对象本身的注意。

就是人们所称做装饰的东西，那就是说，它非内在地属于对象的全体表象作为其组成要素，而只是外在地作为增添物以增加欣赏的快感，它之增加快感仍只是凭借其形式：像画幅的框子，或雕像上的衣饰，或华屋的柱廊。假使装饰本身不是建立在美的形式中，而是像金边框子，拿它的刺激来把画幅推荐给人们去赞赏，这时它就叫做"虚饰"而破坏了真正的美。

感动，这是一种感觉，当快适只由于瞬间的阻碍和接着来的生活力更蓬勃的迸发所引出的，它完全不属于美。

崇高（感动的情绪和它结合着），却要求着另一种和鉴赏所引以为依据的不同的判定标准,所以一个纯粹的鉴赏判断是既不以魅力的刺激,也不以感动,一句话说来,不以作为审美判断的质料的感觉为规定根据。

第15节　鉴赏判断完全不系于完满性的概念

客观的合目的性只能经由多样性对于一定目的的关系,所以只能经由概念而被认识,单从这点就可以明了:美,它的判定只以一单纯形式的合目的性,即一无目的的合目的性为根据的;那就是说,是完全不系于善的概念,因为后者是以一客观的合目的性,即一对象对于一目的的关系为前提。

客观的合目的性是或为外在的,即有用性,或为内在的,即对象的完满性。我们从上面两章(美的第一及第二契机)可以看到:我们对于一对象所感到的愉快,我们因之称为美的,不能基于它的有用性的表象;因为那样就会不是一直接对于这对象的愉快,而这却是关于美的判断的主要条件。但一客观的内在的合目的性,即完满性,却已接近着美的称谓,因此也被有名的哲学家①视为就是美,却附带声明着:在这完满性不是清楚地被思维着的场合。在一个鉴赏批判里确定美是否真正能归入完满性这概念里,这是极端重要的事。

评定客观的合目的性总是需要一目的的概念和一内在目的的概念(如果那合目的性不是外在的[有用性],而是内在的话),这内在目的包含着对象的内在的可能性的根据。目的一般就是:它的概念能被视作对象的可能性的根据,所以若果我们想在一事物上表出客观的合目的性,那就必须先有一个指明这事物应成为什么的概念。而在这事物里其多样性与概念的协调(这

---

① 指鲍姆加登。——译者注

概念赋予它结合的规则)正是一事物的质的完满性。至于量的完满性,它乃是一事物在它的种类里的完整,所以和它完全不同,这是单纯量的概念(全量性)。在这里,事物应该成为什么是已经是作为预先规定了的,问题只在什么是达到目的所需要的东西。一个事物的表象里的形式方面,即它(不定它是什么)的多样性与一物的协调,它本身完全不给我们看出它的客观的合目的性。因为,若把这一事物作为目的抽象掉了,那么,留在观照者心意中除掉表象的主观合目的性以外,便没有剩下别的。这种诸表象的主观的合目的性固然指示出在主体内一定的表象状态的合目的性,并且在这主体里把它的一种快适性赖想像力把握到这一定的形式,但是没有指出任何一对象的完满性,这对象在这里不是经由一目的的概念被思维着的。

譬如,我在森林里遇到一块草场,周围树木环立着,而我在此并不想着一个目的,以为这草场可以用做郊外舞蹈场,这就绝少会由于单纯形式而获得完满性的概念。去设想一个形式的客观的合目的性而没有目的,即一个完满性的单纯形式(没有一切质料及使之协调的概念,哪怕仅仅是一个合一般规律的观念),这是一个真正的矛盾。

但是鉴赏判断是审美判断,这就是说,它基于主观的根据,它的规定根据不可能是概念,因此也不能是一定目的的概念。因此若果把美作为一个形式的主观的合目的性,就绝不能设想一对象的完满性作为假定形式的但仍然是客观的合目的性。美与善的概念中间的区别,若以为只是按逻辑的形式区分着,前者只是一个混乱的而后者却是一个清晰的关于完满的概念,此外按内容和起源来说却是同一的,这话是全无意义的:因为这样它们之间就没有特殊的区别了,而鉴赏判断就会是认识判断,也是用它来指出某事物为善的判断了。就像一个普通人,如果他说道：欺骗是不对的，他的判断的根据是模糊的，而哲学家的根据却是清晰的，但是两者都是基于同一的理性原则之上。可是，我已经讲过，一个审美判断是判断中独特的一种，并且绝不提供我们对于一对象的认识（哪怕是一模糊的认识），只有逻辑的判断才能提供认识。与此相反，审美的判断只把一个对象的表象连系于主体，并且不让我们注意到对象的性质，而只让我们注意到那决定与对象有关的表象诸能力的合目的的形式。这种判断正因为这原故被叫做审美的判断，因为它的规定根据不是一个概念，而是那在心意诸能力的活动中的协调一致的情感（内在感官的），在它们能被感觉着的限度内。与此相反，假使人们愿意把模糊的概念及以这些概念作为根据的客观判断唤做审美判断，那么，人们必须有凭感性来判断的悟性，或凭概念来表象其对象的感觉，而这两者是相互矛盾的。概念的一种功能是悟性，不管它是模糊的或清晰的。并且纵使审美判断（像一切判断那样）也含有悟性，可是悟性参与在这里面究竟不是作为对于一个对象的认识的功能，而是作为这判断和它的表象（不依赖概念）的规定的功能，依照着这表象对主体的关系和主体的内在情绪，并且在这个判断按照普遍法则而有可能的限度内。

第 16 节　若果在一定的概念的制约下一对象被认为美，这个鉴赏判断是不纯粹的

有两种美，即：自由美（Pulchritudo vaga）和附庸美（Pulchritudo adhaerens）。第一种不以对象的概念为前提，说该对象应该是什么。第二种却以这样的一个概念并以按照这概念的对象的完满性为前提。第一种唤做此物或彼物的（为自身而存的）美；第二种是作为附属于一个概念的（有条件的美），而归于那些隶属一个特殊目的的概念之下的对象。

花是自由的自然美。一朵花究竟是什么，除掉植物学家很难有人知道。就是这位知道花是植物的生殖器的人，当他对之作鉴赏判断时，他也不顾到这种自然的目的。这个判断的根据就不是任何一个种的完满性，不是内在的多样之总和的合目的性，许多鸟类（鹦鹉、蜂鸟、极乐鸟），许多海产贝类本身是美的，这美绝不属于依照着概念按它的目的而规定的对象，而是自由地自身给人以愉快的。所以希腊风格的描绘、框缘或壁纸上的簇叶饰等本身并无意义：它们并不表示什么，不是在一定的概念下的客体——而是自由的美。人们也可以把音乐里的无标题的幻想曲，以至缺歌词的一切音乐都算到这一类里。

在判断自由美（单纯依形式而判断）时，那鉴赏判断是纯粹的。这里没有假定任何一目的的概念作为前提，使多样的服务于这一定的客体并且表明这客体是什么，以静观一个形象而自娱的想像力之自由因此受到限制。

一个人的美（即男子或女子或孩儿的美），一匹马或一建筑物（教堂、宫殿、兵器厂、园亭）的美，是以一个目的的概念为前提的，这概念规定这物应该是什么，即它的完满性的概念，因此仅是附庸的美。就像快适（感觉的）和美的结合（美本来只涉及形式）妨碍鉴赏判断的纯粹性那样，善（即多样性，它对于物本身按照它的目的是好的）和美的结合破坏着它的纯粹性。

人们会把在观照里直接悦目的东西装置到一个建筑上去，假使那不是一所教堂。人们会把一些螺状线和轻快而合规则的线状将一个形体美化起来，像新西兰岛人的文身，假使那不是一个人。而这个人可能具有优美得多些和悦人的温柔的面容轮廓，假使这不是表象着一个男子，更不是一个战士。

对于一物的多样性所感到的愉快，和规定它的可能性的内在目的，这两者之间的关系，是筑基于一个概念上的愉快。然而对于美的愉快却是不以概念为前提的,而是和对象所赖以表示的表象直接地(不是通过思想)相结合着的。假使关于后者的审美判断却被做成系于前者的目的而作为理性判断从而被约制着,那么,这一鉴赏判断便不再是一自由的和纯粹的判断了。

固然鉴赏因审美的愉快和理智的愉快相结合而有所增益,因为它变成固定的了;固然它不是普遍的,可是对一定有目的地规定的客体来说,就能给它指示出法则。但这些法则也不是鉴赏的法则,而仅仅是鉴赏和理性的统一而已,即美和善的统一,通过这统一就能够被运用为后者的企图的工具,使这自己持续着和具有主观普遍有效性的心意情调从属于下述的思想方式,这种思想方式只能经由努力的决心被持续着,但却是普遍有效的。本来完满性并不由于美而有所增益,美也不由于完满性而有所增益。但是如果我把一对象所赖以表示的表象和这客体通过一概念来比较(说它应成为什么),我们就不免要把它们同时跟主体的感觉一起予以考虑,那么,如果两方心意状态协调的话,想像力的全部能力就有所获益。

一个关于具有一定内在目的的对象之鉴赏判断,只有在下列情况才是纯粹的,即判定者或是对于这目的毫无概念,或是在他的判断里把它抽象掉。但是这个人,虽然当他把这对象判定为自由美时是下了一个正确的鉴赏判断,他却会被别人谴责,指摘他的鉴赏力是谬误,因为后者把那对象的美作为附庸的属性来看待(从对象的目的来看)虽然这两个人在他们的判断里都是正确的:一个人是依照着他眼前的东西,另一个人是依照着在他思想里面的东西。经过这种区分人们可以消除鉴赏评判者们中间关于美的争吵,人们可以指出:这个人是抓住了自由美,那个人抓住了附庸美,前者下了一个纯粹的,后者下了一个应用的鉴赏判断。

第17节 论美的理想

凭借概念来判定什么是美的客观的鉴赏法则是不能有的。因为一切从下面这个源泉来的判断才是审美的,那就是说,是主体的情感而不是客体的概念成为它的规定根据。寻找一个能以一定概念提出美的普遍标准的鉴赏原则,是毫无结果的辛劳,因为所寻找的东西是不可能的,而且自相矛盾的。感觉(愉快或不快的)的普遍传达性,不依赖概念的帮助,亦即不顾一切时代及一切民族关于一定对象的表象这种感觉的尽可能的一致性。这是经验的,虽然微弱地仅能达到盖然程度的评判标准,即从诸事例中证实了的鉴赏之评判标准,这鉴赏是来源于深藏着的、在判定诸对象所赖以表现的形式时,一切人们都取得一致的共同基础。

所以人们把鉴赏的某一些产物看做范例,但并不是人们模仿着别人就似乎可能获得鉴赏力。因为鉴赏必须是自己固有的能力。一个人模仿了一个范本而成功,这表示了他的技巧,但是只有在他能够评判这范本的限度内他才表示了他的鉴赏力①。

从这里得出结论:最高的范本,鉴赏的原型,只是一个观念,这必须每人在自己的内心里产生出来,而一切鉴赏的对象、一切鉴赏判断范例,以及每个人的鉴赏,都是必须依照着它来评定的。观念本来意味着一个理性概念,而理想本来意味着一个符合观念的个体的表象。因此那鉴赏的原型(它自然是筑基于理性能在最大限量所具有的不确定的观念,但不能经由概念,只能在个别的表现里被表象着)更适宜于称为美的理想。类乎此,我

---

① 关于语言艺术的鉴赏的范本,必须在一种已不通用的和艰深的语言里去寻找:第一,可以不须遭受变化,这是活的语言不可避免要碰到的,高尚的成了平凡,通常的陈旧了,新造的只通行一短时期;第二,它具有一定的语法,这种语法不因流行风尚而任意转变,但具有它的不变的法则。——原注

们纵然没有占有了它,仍能努力在我们心内把它产生出来。但这仅能是想像力的一个理想,正因为它不是基于概念,而是基于表现,而表现的能力是想像力。现在我们是怎样达到一个这样的美的理想的?先验地还是经验地?同样:哪一种的美能成为一个理想呢?

首先应注意的是:美,若果要给它找得一个理想,就必须不是空洞的,而是被一个具有客观合目的性的概念固定下来的美,因此不隶属于一个完全纯粹的,而是属于部分地理智方面的鉴赏判断的客体。这就是说,不论一个理想是在何种评判的根据里,必须有一个理性的观念依照着一定的概念做根据。这观念先验地规定着目的,而对象的内在的可能性就奠基在它上面。

美的花朵、美的家具、美的风景等的理想(典范)是不可想像的。但是一个附庸于一定目的的美,譬如一座美的住宅、一棵美的树、美丽的花园等也无理想可以表象;大概是因为其目的没有充分经由它们的概念规定着和固定着,因此那合目的性几乎是那么松散自由地像在空洞的美那里一样。

只有人,他本身就具有他的生存目的,他凭借理性规定着自己的目的,或,在他必须从外界知觉里取得目的的场合,他仍然能比较一下本质的和普遍的目的,并且直感地(审美地)判定这两者的符合:所以只有"人"才独能具有美的理想,像人类尽在他的人格里面那样,他作为睿智,能在世界一切事物中独具完满性的理想。

这里有二点:第一,是审美的规范观念,这是一个个别的直观(想像力的)代表着我们[对人]的判定标准,像判定一个特殊种类的动物那样;第二,理性观念,它把人类的不能感性地被表象出来的诸目的作为判定人类的形象的原则,诸目的通过这形象作为它们的现象而被启示出来。一个特殊种类的动物的形象的规范观念必须从经验中吸取成分,但是这形象结构的最大的合目的性,能够成为这个种类的每个个体的审美判定的普遍标准,它是大自然这巨匠的意图的图像,只有种类在全体中而不是任何个体能符合它——这图像只存在于评定者的观念里,但是它能和它的诸比例作为审美的观念在一个模范图像里具体地表现出来。

为了能多少理解这个过程(谁能从自然完全诱出它的秘密来呢),我们试作一心理学的说明。

应该注意的是:想像力在一种我们完全不了解的方式内不仅是能够把许久以前的概念的符号偶然地召唤回来,而且从各种的或同一种的难以计数的对象中把对象的形象和形态再生产出来。甚至于,如果心意着重在比较,很有可能是实际地纵使还未达到自觉地把一形象合到另一形象上去,因此从同一种类的多数形象的契合获得一平均率标准,这平均率就成为对一切的共同的尺度。人都曾经见到过成千的成人男子。如果他要判定用比较的方法以测算的规范的尺寸,那么(照我的意见)想像力让一个大数目的(大概每一千人)形象相互消长,如果允许我在此地运用视觉的表现来类推,在那大多数形象集合的空间里和在那最强色彩涂抹的轮廓线之内,这里就会显示出平均的大小,它在高和阔的方面是和最大的及最小的形体的两极端具有同样的距离,这是对于一个美男子的形体。(人们因此能机械地把它计算出,如果人们测量每一千人,把他们的高和阔[和厚]各自加起后,各把总数用千来除。但是想像力做这事却是凭借一种力学的效果,这效果是由这诸形态的复合的印象对于内在感觉器官生出来的。)如果我们现在以同样的方法对于这个平均的人寻找平均的头,对于那个平均的人寻找平均的鼻,那么这样的形体,就可以作为我们进行比较的这个国度的美男子的这个规范观念之基础。一个黑人在这些经验的条件下较之白人必然具有另一种的规范观念。一个中国人比欧洲人也具有另一种。关于一匹美马或狗（一定的种类的）的模范也是这样。这规范观念不是从那自经验取得的诸比例作为规定的规律导引出来的；而是依照它（按：指规范观念）评定的规律才属可能。它是从人人不同的直观体会中浮沉出来的整个种族的形象，大自然把这形象作为原始形象在这种族中做生产的根据，但没有任何个体似乎完全达到它。它绝不是这种族里美的全部原始形象，而只是构成一切美所不可忽略的条件的形式；所以只是表现这种族时的正确性。它是规则准绳，像人们称呼波里克勒的持戈者那样（米龙的牝牛在他的种类里也可做例子）。正因为这样，它也不能具含着何等种别的特性的东西，否则它就不是对于这种类的规范观念了。它的表现也不是由于美令人愉快，只是因它不和那条件相矛盾，这种类中的一物只在这条件之下才能是美的。这表现只是合规格而已。①

必须把美的规范观念和美的理想加以区别。美的理想，由于上述的理由，我们只能期待于人的形体。在人的形体上理想是在于表现道德，没有这个这对象将不普遍地且又积极地（不单是消极地在一个合规格的表现里）令人愉快。内在地支配着人的道德观念的可看见的表现固然只能从经验获得；但是它和一切我们的理性与道德的善在最高合目的性的联系中相结合着，即那心灵的温良，或纯洁或坚强或静穆等在身体的表现（作为内

---

① 人们将见到，一个完全合规则的脸，画家请他坐着做模特儿的，通常是无所表现的。因为这脸不具有特性，亦即较之个体的特殊点更多地表达着种的观念。这种的特性夸张过分，便破坏了标准观念（种的合目的性），这就唤做漫画。经验也指出，那完全合规则的脸在内心里也通常暴露着一个平庸的人，我猜想（如果假定自然界是在外表表现着内在的诸比例）是由于这原因；因为，假使从心意诸禀赋里没有一种突出所必需的比例，这只能构成一个没有毛病的人，而不能从他期待人所唤做天才的那东西，在天才里自然界好像从心意诸能力的通常的关系中趋向惟一一种能力的优势。——原注

部的影响)中使它表现出来:谁想判定这,甚至于谁想表现它,在他身上必须结合着理性的纯粹观念及想像力的巨大力量。一个这样的美的理想的正确性是这样得到证实的,那就是:自己不允许任何官能刺激混和到他对于对象所感到的愉快里去,但却仍然对它(译者按:指对象)有巨大的兴趣,这却证明着,按照这样的标准的评判绝不能是纯粹审美的,按照一个美的理想的评判不单单是鉴赏的判断了。

从第三个契机总结出的对美的说明

美是一对象的合目的性的形式,在它不具有一个目的的表象而在对象身上被知觉时。①

四 鉴赏判断的第四个契机,即按照对于对象
所感到的愉快的情状上来看的

第18节 一个鉴赏判断的情状是什么?

从每一个表象我可以说:它(作为认识)是和快乐结合着,这至少是可能的。关于我所称之为快适的表象,我说,它在我内心里产生着真实的快乐。至于美,我们却认为,它是对于愉快具有着必然的关系。这种必然性是属于特殊的种类:不是一个理论性的客观的必然性,在那里能够先验地认为每个人将感到对于

---

① 人们可以反对这个说明而引来作根据说:在那里是有诸物,人在它们身上见到一个合目的性的形式而不能在他们身上见到一个目的,例如常常从古老坟地里掘出来的石器,上面具有一个为了扎捆用的洞,这些石器固然在其形状里明显地暴露出一种合目的性,而人们不知道这目的,因此而不被认为美。但是,人把它们看做一件艺术品,这就已经足够使人必须承认它们的形状是与一些企图和一定的目的有关。因此在对它们直观之时也完全没有直接的欣赏。与此相反,一朵花,例如一朵郁金香,将被视为美,因为觉察它具有一定的合目的性,而当我们判定这合目的性时,却不能联系到任何目的。——原注

这个被我称为美的对象的这种愉快;也不是一个实践的,在这里,经由一个纯粹的理性意志的诸概念,这理性意志对于自由行为的存在者是作为规则的——这愉快是客观规律的必然结果,并且除掉意味着人们应该(没有其他意图)在一定的方式内行动外没有别的。审美判断里所指的必然性却只能被称为范式,这就是说,它是一切人对于一个判断的赞同的必然性,这个判断便被视为我们所不能指明的一普遍规则的适用例证,因为审美判断不是客观的和知识的判断,所以这必然性不是从一定的概念引申出来的,从而也不是定言的判断。它更不能从经验的普遍性(对某一对象的美的诸判断的彻底一致)推论出来。因为不仅是经验很难提供足够的多量的证据,在经验诸判断的基础上不容建立这些判断的必然性的概念。

第19节 我们所赋予鉴赏判断的主观的必然性是受制约的

鉴赏判断期望着每个人的赞同;谁说某一物为美时,他是要求每个人赞美这当前的对象并且应该说该物为美。所以,在审美判断里的应该是依照一切为了评判所必需的资料论据而说的,可是仍然仅能是有条件的。人们争取着每个人的同意,因为人们要为它找出人人所共同的根据;人们也能够期待这种同意,只要人们常常确知当前的场合是正确地包含在那个作为赞同的规则的根据之下。

第20节 一个鉴赏判断所要求的必然性的条件是共通感的观念

假使鉴赏判断(像知识判断那样)具有一个一定的客观原理,那么谁要是依据这原理下了判断,他将会宣称他的判断具有无条件的必然性。假使鉴赏判断没有任何原理,像单纯感官的**趣味**的判断,那么人们就完全不会想到它们的必然性。所以鉴赏判断必须具有一个主观性的原理,这原理只通过情感而不是通过概念,但仍然普遍有效地规定着何物令人愉快,何物令人不愉快。一个这样的原理却只能被视为一共通感,这共同感是和人们至今也称做共通感(Sensus Communis)的一般理解本质上有区别:后者(一般理解)是不按照情感,而是时时按照概念,固然通常只按照不明了地表示的原理判断着。

所以只在这个前提下,即有一个共通感(不是理解为外在的感觉,而是从我们的认识诸能力的自由活动来的结果),只在一个这样的共通感的前提下,我说,才能下鉴赏判断。

第21节 人们能不能有根据假定共通感?

知识与判断,连同那伴着它们的确信一起,必须能够普遍传达,否则它们与客体之间便不能一致:它们结合起来将仅仅是表象诸能力的主观的活动,正像怀疑论所要求的。但如果知识能够传达,那么那心意状态必须能够普遍传达,那就是说,认识能力与一般认识之间的一致,以及为了可以从其中获得认识而适合于(对象所赖以表现的)表象的这两者之比例,是必须能够普遍传达的。因为没有这个作为认识的主观条件便不能产生作为结果的知识。这种情形实际上随时实现着,如果一定的对象凭借感官把想像力推动去集合多样的东西,而想像力又把理智推动去统一这多样的东西使之成为概念。但是这认识诸能力的调协依照已知的客体的各异性而具有不同的比例。

但仍然必须有一个比例,以便两种心意力量所赖以彼此推动的这种内在关系,就(一定对象的)认识来说,对于这两种心意力量总是最有利的;而这调协只能经由情感(而不是依照概念)

被规定着。

然而现在这调协本身必须能够普遍传达,从而我们对它的情感(在一定的表象里)也必须能够普遍传达;一种情感的普遍传达性却以一种共通感为前提,所以这共通感是有理由被假定的,而且不是根据心理的观察,而仅仅是作为我们知识的普遍传达性的必要条件,这是在每一种逻辑和每一非怀疑论的知识原则里必须作为前提被肯定着的。

第 22 节 在鉴赏判断里假设的普遍赞同的必然性是一种主观的必然性,它在共通感的前提下作为客观的东西被表象着

在一切我们称某一事物为美的判断里,我们不容许任何人有异议,而我们并非把我们的判断放在概念之上,而只是根据情感:我们根据这种情感不是作为私人的情感,而是作为一种共同的情感。因此而假设的共通感,就不能建立在经验的基础上,因为它将赋予此类判断以权利,即其内部含有一个应该:它不是说,每个人都将要同意我们的判断,而是应该对它同意。所以共通感,根据它的判断而提出我的鉴赏判断作为一个例子,并且因此我赋予它范例的有效性,它是一理想的规范,在它的前提下人们就能够把一个与它协合的判断和在这判断里表示出对一对象的愉快颇有理由地对每个人构成法则,因为那原理固然是主观的,却仍然被设想为主观而普遍的(对每个人必然的观念),它涉及不同的诸判断者的一致性,就像对于一客观的判断一样,能够要求普遍的赞同,只要人确信它是正确地包含在那原理之下。

我们确实是设想一个共通感,这种不确定的规范为前提的:我们之敢于下鉴赏判断就证明了这一点。至于实际上是否有一个这样的共通感作为经验的可能性的构成原理,或是有更高级

的理性的原理把它对我们仅仅做成节制的原理,以便在我们内部产生一个为了更高目的的共通感;鉴赏力是否原始的和自然的,抑或单是一种获得的和人为的能力的观念,以致鉴赏判断,连同它的普遍赞同的要求,事实上仅是一种理性要求,是一种要求产生感性形式的一致性,而那"应该",就是说,每个人的情感和每个别人的个别的情感彼此符合的客观必然性只意味着彼此一致的可能性,而鉴赏判断只是这个原理的应用之一个实例:关于这些我们在此尚不愿也不能加以研究,而我们现在只从事于分解鉴赏能力直到它的成分和最后把诸成分统一于一个共通感的观念中。

从第四个契机总结出来的对美的说明

美是不依赖概念而被当作一种必然的愉快的对象。

对于分析论第一章的总注

从以上的分析引申出来的总结,可以见到一切都归宿于鉴赏的概念:鉴赏是关联着想像力的自由的合规律性的对于对象的判定能力。如果现在在鉴赏判断里想像力必须在它的自由性里被考察着的话,那么它将首先不被视为再现,像它服从着联想律时那样,而是被视为创造性的和自发的(作为可能的直观的任意的诸形式的创造者)。固然它在把握眼前某一对象时是被束缚于这客体的一定的形式,而且在这限度内没有自由活动之余地(像在做诗里),而我们仍然可理解:对象正是能给予它这样一个形式,这形式含有多样的统一,正像想像力在自由活动时,在和悟性的合规律性一般协调中可能设想出来的一样。但是说想像力是自由的却又是本身具有规律的,这就是说,它是自主的,这是一个矛盾。惟独悟性能提供规律。如果想像力却被迫按照一定的规律去进行,那么它的成果将在形式方面被概念规定着,照它所应该的那样。但是这样一来我们上面所述的那种愉快却不是对于美,而是对于善(对于完满性,自然只是形式方面的)的愉快,而这判断不是通过鉴赏的判断了。这将就成为一个没有规律的合规律性和想像力对悟性的主观性的协调一致而并非有客观性的(协调一致),因表象是对于一对象的一定的概念联结着,将能和悟性的自由的合规律性(这也被称为没有目的的合目的性)及和一个鉴赏判断的特异性单独地共同存在着。

几何学合规则的形象,一个圆形、正方形、正六面体,等等,被鉴赏评判家们通常引来作为美的最单纯的和毫无疑问的例证。但是它们之所以被称为合规则,正因为它们除了这样不能用别的方法表象出来,亦即它们被视为是一个概念的单纯表现,这概念给那形象指定了规律(惟有依这规律它才有可能)。所以在这里必有一方面是错误的;或是那些鉴赏评判家的判断,赋予所设想的形象以美,或是我们的判断,认为美必须要不依赖概念的合目的性。

没有人能够轻易地下一个判断,说一个具有鉴赏力的人在一个正圆形上较之在一个歪曲的轮廓上,在一个等边等角正方形上较之在一倾斜的、不等边的,即歪曲的四方形上获得更多的愉快,因为对于这只要常识而不需要任何鉴赏力。在企图判定例如一个场所的广大,或明白各部分相互间及对全体的关系时,那就只需要合规律的形象并且要其中最简单的种类;而愉快不是直接基于形象的观照上,而是基于形象对于各项目的有用性之上。一个房间,它的墙壁构成斜角,一个同样的庭园场子,以至一切破坏了形象对称的,如在动物(譬如独眼)中,在建筑或花床,是令人不愉快的,因为它违反目的,不仅是实践地在这些动物的一定的应用里,而且也对于在一切可能意图中的评判里;在鉴赏判断的场合就不是这样了,当鉴赏判断是纯粹的时,愉快或不愉快是不顾及用途或目的的,而是直接地和对象的单纯观照接合着。

导向一个对象的概念的合规则性,是不可缺少的条件,来把这对象掌握在一个单一的表象里并将多样性在这表象的形式里来规定。这个规定就认识来说是个目的,在这个关系里它也时时和愉快结合着(这愉快伴随着每一纵然只是可疑的意图的实现)。这却单是对于满足了一个课题的解决的赞许,而不是心意诸力和我们称之为美的东西的一个自由的无规定而合目的性的娱乐,在这里悟性对想像力而不是想像力对悟性服务。

在一个只通过意图才有可能的物件,在一个建筑,甚至于在一个动物,那建立于对称里的合法则性必须表现出观照的统一性来。这观照的统一性伴着目的的概念而同样隶属于认识。但是在一个仅是表象诸能力的自由活动(却在这样的条件下,即悟性在此不受到打击)被持续着的场合,在娱乐园里、室内装饰里、一些有趣味的家具里,等等,强制的合规则性便尽可能地避免掉;关于庭园的英国趣味,对于家具的巴洛克趣味竟驱使想像力的自由达到光怪陆离的程度,而在这摆脱一切规则的强制中恰好肯定着这场合,在这场合里鉴赏力在想像力的诸设计中能够表示它的最大的完满性。

一切僵硬的合规则性(接近数学的合规则性)本身就含有那违反趣味的成分:它不能给予观照它时持久的乐趣;而是当它若不是显著的以认识或一个一定的实践目的为意图时令人厌倦。与此相反的是,那能使想像力自在地和有目的地活动的东西,它对我们是时时新颖的,人们不会疲于欣赏它。马尔斯顿在他关于苏门答腊的描绘曾指出,在那里大自然的自由的美处处包围了观者,而因此对他不再具有多少吸引力;与此相反,一个胡椒园,藤萝蔓绕的枝干在其中构成两条平行的林阴路,当他在森林中忽然碰见这胡椒园时,这对于他便具有很多的魅力。他由此得出结论:野生的、在现象上看是不规则的美,只对于看饱了合规则性的美的人以其变化而引起愉快感。但是只要他做一个试验,一整天停留在他的胡椒园里,使他内心感到,如果悟性经由合规则性把自己置于他处处所需要的秩序井然的情调里,那对象将不会长久地令他感到有趣,甚至于对他的想像力加上了可厌的强制。与此相反,那富于多样性到了豪奢程度的大自然,它不服从于任何人为的规则,却能对他的鉴赏不断地提供粮食。甚至于我们不能纳进任何音乐规则的鸟鸣,好像含有更多的自由,并因此比起人类的歌声来是更加有趣,而歌声是按照音乐艺术的一切规则来演唱的。因为这后者,如果多次并长时间重复着,早就会令人深深厌倦。但是此地我们恐怕是把对于一个可爱的小动物的欢乐的同情和它的歌的美互易了。它的歌,如果被人们完全准确地模仿出来(像今日对于夜莺的鸣声所做的那样),这对于我们的耳朵将是十分没趣的。

  还要区别美的对象和对于对象的美的眺望(这对象常常因遥远的距离不再能认识得清晰)。在后者里面似乎鉴赏力不单是抓住想像力在这视野里所把握到的;而更多地是在于想像力有机会去做诗,那就是说它把握着真正的幻想;心意保持着这些幻想,当它经由冲击着眼帘的多样性连续地唤起来的时候,就像看见一个壁炉火焰的流动不停的或一小溪潺流的形象,二者并不是美,但对于想像力却带来了一种魅力,因为它们保持着它们的自由的活动。

第二章 崇高的分析

第 23 节 从"美"的判定能力向"崇高"的判定能力的迁移

美和崇高在下列一点上是一致的,就是两者都是自身令人愉快的。再则两者的判断都不是感官的,也不是论理地规定着,而是以合乎反省判断为前提,因此那愉快既不系于一感觉,像快适那样,也不系于一个规定的概念,像对善的愉快那样,但是仍然关联到概念,尽管是不确定的任何概念。因此这愉快是连系在单纯的表现上或表现的能力上,而在一给定直观中的表现能力或想像力所作的表现是以悟性的或是理性的概念能力作为它的促进者,处于协合一致中。因此,两种判断(按:指美的判断和崇高的判断)都是单个的判断,但却自身对于每个主体具有普遍有效性,尽管它们仅能对快乐的情绪而不能对于对象的知识提出要求。

但是两种判断中间的差异也是显然的。自然界的美是建立于对象的形式,而这形式是成立于限制中。与此相反,崇高却是也能在对象的无形式中发现,当它身上无限或由于它(无形式的对象)的机缘无限被表象出来,而同时却又设想它是一个完整体;因此美好像被认为是一个不确定的悟性概念的,崇高却是一个理性概念的表现。于是在前者愉快是和质结合着,在后者却是和量结合着。并且后者的愉快就它的样式说也是和前者不同的:前者(美)直接在自身携带着一种促进生命的感觉,并且因此能够结合着一种活跃的游戏的想像力的魅力刺激;而后者(崇高的情绪)是一种仅能间接产生的愉快。那就是这样的,它经历着一个瞬间的生命力的阻滞,而立刻继之以生命力的因而更加强烈的喷射,崇高的感觉产生了。它的感动不是游戏,而好像是想像力活动中的严肃。所以崇高同媚人的魅力不能和合,而且心情不只是被吸引着,同时又不断地反复地被拒绝着。对于崇高的愉快不只是含着积极的快乐,更多地是惊叹或崇敬,这就可称做消极的快乐。

崇高和美的最重要的和内在的差异是这样的:如果我们在这里正当地把崇高就它在自然对象上来观察(艺术里的崇高常常是局限于和自然协合的条件之下),自然美(那独立性的)自身在它的形式里带着一种合目的性,对象由于这个对于我们的判断力好像预先被规定着了,而这样就自身构成一个愉快的对象;与此相反,在我们内心,不经过思维,只在观赏中激起崇高情绪的,就形式说来它固然和我们的判断力相抵触,不适合我们的表达机能,而因此好像对于想像力是强暴的,但却正因此可能更评赞为崇高。

人们立刻可以看出,如果我们称任何自然的对象为崇高,这一般是不正确的表达,尽管我们能够完全正确地把许多自然界对象称做美。因为一个本身被认做不符合目的的对象怎能用一个赞扬的名词来称谓它。我们只能这样说,这对象是适合于表达一个在我们心意里能够具有的崇高性,因为真正的崇高不能含在任何感性的形式里,而只涉及理性的观念。这些观念,虽然不可能有和它们恰正适合的表现形式,而正由于这种能被感性表出的不适合性,那些理性里的观念能被引动起来而召唤到情感的面前。所以广阔的,被风暴激怒的海洋不能称做崇高。它的景象只是可怕的。如果人们的心意要想通过这个景象达到一种崇高感,他们必须把心意预先装满着一些观念,心意离开了感性,让自己被鼓动着和那含有更高合目的性的观念相交涉着。

这独立的自然美使我们发现自然的一种技术，这技术把自然对我们表象为一个按照规律的体系，而这些规律的原则是在我们的整个悟性能力里不能见到的。这就是当我们运用判断力于诸现象时涉及一种合目的性，由于这个合目的性诸现象不仅仅隶属那在它的无目的性的机械主义中的自然，而是同时必须判定为隶属于类似艺术的东西。这自然美固然不曾真正地扩大我们对于自然对象的知识，但是仍然扩大了我们对自然的概念，这就是从自然作为单纯的机械性扩大到自然作为艺术的概念。而这就导引我们深入地研究这样一种形式的可能性。但是我们在自然中所通常称为崇高的现象里，却不具有任何东西导引我们到任何种特殊的客观原理和符合这原理的自然界的形式。它们（按：指自然里的崇高现象）却更多地是在它们的大混乱或极狂野、极不规则的无秩序和荒芜里激引起崇高的观念，只要它们同时让我们见到伟大和力量。从这里可以看出，自然界的崇高概念比起它里面的美的概念远远不那么重要和有丰富的引申。而它根本不指示出自然本身里的任何合目的性，而只是在自然直观的可能运用中在我们内心里激起完全不系属于自然界的合目的性的感觉。关于自然界的美我们必须在我们以外去寻找一个根据，关于崇高只须在我们内部和思想的样式里，这种思想样式把崇高性带进自然的表象里去。这是必须预先加以注意的一点。崇高的观念要和自然界的合目的性完全分开。关于崇高的理论只应成为对自然界的合目的性的审美评判的一个附录。因为通过它不曾表象出自然里任何特殊的形式，而只从自然的表象发展着想像力的一个合目的性的运用而已。

第24节 关于崇高感研究的区分

在区分崇高感的对象之审美评判的诸契机的场合，分析工作能按照那同样的原则进行，像在分解鉴赏判断那里所已进行的一样。因为，对于崇高和对于美的愉快都必须就量来说是普遍有效的，就质来说是无利害感的，就关系来说是主观合目的性的，就情况来说须表象为必然的。在这一点上方法是和前一章的很少差别。人们只计算到下列一层，那就是：在前章，审美判断是涉及对象的形式，所以从研究"质"开始，在这里，我们所称谓崇高的，却能够是无形式的，所以将从"量"开始，作为对于崇高之审美判断的第一个契机，理由可以从前节看出来。

但是对崇高的分析需要一种在美的分析那里可无须做的区分，即区分为数学的和力学的崇高。因为对美的鉴赏以心意的静观为前提，并须维持着它。

而崇高感觉评判对象时却在它自身结合着心意的运动，而这种运动应判定作为主观合目的性的（因崇高使人愉快）：这运动将经由想像力或是连系于认识能力，或是连系于意欲能力，在两种关系里那当前表象的合目的性却仅就这种能力的关系而加以判断（没有目的或利害感）：因依着第一种将把数学的情调，依第二种时将把力学的情调赋予对象，于是这对象将在所述的两种样式中作为崇高被表象着。

A 论数学的崇高

第25节 崇高的语义

我们所称呼为崇高的，就是全然伟大的东西。大和一个伟大的东西是完全两个不同的概念。与此相等，我们单纯地说：某物是大的，和我们说：它是全然（绝对地）伟大的，这是完全两回事。后者是说：它是无法较量的伟大的东西。而那个表白某物是大，或小，或平常，是意味着什么呢？它所指出的不是一个纯粹的悟性的概念；它更不是一个感官的直观；并且也不是一个理性概念，因它在自身完全不带有任何一认识的原理。所以它必须是判断力的一个概念，或是来源于这个而以——连系到判断力的——一个表象的主观合目的性为基础。某物是一个大小（量），这是可以从这物自身不经过和别物的比较而察看出来，假使它是多数同类的结合而构成一体。至于它多么大，就时时需要别一个具有大小（量）的东西作为衡量的尺度。但因为在量的判定中不仅仅系于多量（数），而且也系于（尺度）单位的大小，而后者的大小又需要某一别的作为衡量的尺度，我们于是见到：诸现象的量的规定根本不能从一个量提供一绝对的概念，而在一切时候只是一个比较概念。

假使我只是说，某物大，这就好似我心中完全没有比较的意思，至少没有用客观尺度，因为这话完全没有规定这物是多大。但这衡量的尺度尽管只是主观的，而这个判断并不减少它对于普遍同意的要求。判断：这个人美，和判断：他是大，这些判断并不限制自己于下判断的主体之内，而是像理论判断那样要求着每个人的同意。

因为在一个把某物一般地称为大的判断里，不单是要说这物具有一个量，而且将这大赋予它，超于一切其他同类之物，却又不确定地指出这个优越点：这样对于它固然是拿了一个尺度做基础，这个尺度是推断每个人能够接受的，但这个尺度只能运用在量的审美判断上，不能用在逻辑（数学规定）上面，因为它仅是一主观地在对于量的反省判断中作为基础的尺度。此外，它（这尺度）可能是经验中来的，例如我们熟识的人，某一种动物、树木、房屋、山，等等，或是先验赋予的尺度，由于判断主体的缺陷而被局限于在具体中表现时的主观条件。例如作为实践里某一品德的大小，或在一国土里公共自由及正义的量，或在理论中正确性的大小,或在一个观察或测量中不准确性的多寡,等等。

现在这里可注意的是:尽管我们对于对象没有利害感,这就是说对象的存在我们是不关心的,但单是这对象的大,纵然它被视作无形,能够引起愉快,而这个又是能普遍传达的,这就是包含着在我们认识能力的运用中主观合目的性的意识,但这愉快不是在对象那里(因它可以是无形式的)的一种愉快,而是在于想像力自身的扩大。在美那里,反省的判断力见到自己对于认识一般是合目的地协调着的。

如果我们(在上面的限制下)简单地说某物是大,这就不是一个数学规定着的,而仅是对于这物的表象的一个反省判断,这表象是主观地适合着我们认识能力在对于大的估量中一定的运用。并且结合这种表象时时有一种崇敬,而对于我们简单称呼为渺小的东西却是一种轻蔑。此外对于事物作大或小的评判是广泛地应用于一切事物的,连它们的一切性质都在内。因此连美都有大小,理由是:凡是我们依照判断力的指示在直观里所能表现的,(亦即审美地表象着的)都是现象,因而也都是量。

但是假使我们对某物不仅称为大,而全部地,绝对地,在任何角度(超越一切比较)称为大,这就是崇高。那么人们就可以看到:我们对于它是只允许在它内部,不得在它以外寻找适合的尺度。它是一种只能自身相等的大。由此得出结论:崇高不存在于自然的事物里,而只能在我们的观念里寻找。至于是在哪些观念里,就须保留到演绎部分了。

上面的说明也可以这样表达:崇高是一切和它较量的东西都是比它小的东西。人们在这里容易看到:在自然里不能有任何物,不管我们评它是多么大,在另一关系中观察它,不会降低到无穷小,而反过来,也不能有任何物那么小,在用更小的尺度比较时对我们的想像力中不扩大成为一个世界伟物。望远镜对于前者,显微镜对于后者给我们丰富的资料。所以,凡能成为感官对象的,在这个观点上,没有能够称做崇高的。但是正是因为:在我们的想像力里具有一个进展到无限的企图,而我们的理性里却要求着绝对的整体作为一个现实的观念,于是我们对感官世界诸物的量的估计能力的不适合性恰正在我们内部唤醒一个超感性能力的感觉。

判断力在自然的方式里运用某些事物使成为超感性能力的(感觉),这正是绝对的大,并不是那感官的对象,和它相比,每种别的运用是小。所以应该称做崇高的不是那个对象,而是那精神情调,通过某一个的使"反省判断力"活动起来的表象。

于是我们可以在上述崇高的诸解说公式以外增加下列的公式:崇高是:仅仅由于能够思维它,证实了一个超越任何感官尺度的心意能力。

第26节 达到崇高观念所必要的对自然事物的大的评量

通过数概念的评量(或是它的代数符号的)是数学的,而在单纯直观里(依据眼睛的估量)的却是审美的。我们固然能够通过数字(通过进向无限的诸数系列以接近着)对于多么宏大获得确定的概念,在这里数的单位即是尺度。在这范围内一切逻辑的对大的评量是数学的。但是因为在这里尺度的大小必须认为已经是共晓的。那么,如果这尺度的单位又只能通过数字来作数学的估量,而这数量的单位必须又是另一个尺度,我们永远不能具有一个最初的或基本的尺度,因而也不能从一个给予了的大具有确定的概念。所以对于基本尺度的大的估量只能建立于人们在直观里把它直接把握住并且能够经由想像力运用它来表现数概念!这就是:自然界事物的一切大小的估量最后是审美的(这就是说主观地,而不是客观地被规定着的)。

对于数学的估量固然是没有所谓最大的量,但对于审美的却有一个最大(限度)的量。对于这个量,我说,如果它已被判定为绝对的尺度,越过了它在主观上(即对于主体)不可能更大,那么它就在自身带有崇高的观念而引起那种感动,这感动是那通过数字的数学的估量所不能引起的,(除非那个审美的基本尺度同时也在构象力里生动地存留着)因为后者须永远是表现着那在和别的同类的比较中的相对的大,又在心情能在一个直观里所把握到的范围内。而前者却是表示着绝对的数量。

直观地把一个量吸收到构象力里来,使它能够用作尺度或用数来估量的单位,必须具有这个机能的两个行动,即把握(opprehensio)和总括(comprehensio aesthetica)。把握是没有困难的,因为它能无止境地进行着,但把握愈向前进时,综括却愈过愈困难,而不久就将达到它的最高点,即是审美地估量大的最饱和的尺度。因为如果把握过程已经走到那么远,即那构象力里起初在感觉直观里所把握的诸部分表象已经开始熄灭,由于这构象力向前把握着多量的表象:它在这一方面获得多少,就将在那一方面损失多少,在总括里将达到一个不能再逾越的量。

从这里我们可以解释沙法理(Savary)在他的埃及报告里所指出的:人们要想从金字塔的全面的大受到感动,不可走得太近,也不要离得太远。在后面这场合里被把握的各部分(相互积累的石块)只是模糊地被表象着,它们的表象对于主体的审美判断不产生影响了。但是在前面那场合里眼睛需要一些时间才能完成从基础到顶尖的把握,而当构象力尚未把握上面顶尖时,下层却又部分地消失掉了,全面的把握永远不能完成。但是这也足够解释人们第一步踏进圣彼得大教堂时所受到的震惊和一种惶惑,如人们所常述的。这里是一种感觉,感到自己的构象力不再能适合这大全体的观念,来把它表述出,构象力在这观念里达到它的顶点了,而在努力再把它扩张时就会回头沉落到自己里面,却因此陷进一种动人的愉快里。

现在我还不愿触到这种愉快的根源,这根源是连结着一个人们最不曾预期到的表象,它使我们觉察到这表象对于我们的判断力在估计量的大小中的不适应,因此也就是在主观方面不符合目的。我现在只是指出,如果审美判断是纯粹的(不和任何作为理性判断的目的性的判断混合着)并且在它上面给予我以一个完全符合审美判断力批判的模范,人们就应该把崇高(壮美)不是在艺术成品(如建筑、柱子等)里指出,在那里人类的目的规定着形式和大小,也不是在某某自然物,在这些自然物的概念里已经在自身带有一个规定的目的(如具有已被知悉的自然任务的动物等)而只是在粗糙的自然(并且在这里也只是当它自身没有魅力或由于实际危险的动人性)而仅仅是由于它具有着大。因为在这一类的表象里自然不含有所谓怪异(也不具含所谓华美或丑陋),这个被把握的大,无论它扩张到人们所愿意的多么远,只要它能够经由想像力概括成为一个整体。一个对象可称为过大(ungehuer),如果由于它的大,已消灭了它自身的目的,而这目的是构成这对象的概念的。但是奇大(kolossalich)却可称呼一个概念的表达,这概念几乎对于一切的表达都仍感太大(邻近到那相对的过大,因为由于这对象的直观对于我们的把握能力几乎太大了,这个概念表达的目的遇到困难)。一个纯粹的对于崇高的判断都必须完全没有对象的目的作为规定的根基,假使这判断应成为审美的而不与任何一个悟性或理性判断相混合。

因为一切对于单纯反省判断力产生愉快而无利害感的对

象,必须在它的表象里是主观性的,并且作为这个,它在自身带有普遍有效的合目的性,尽管在这里并没有这个对象的形式的合目的性来提供批判的根据,那么,我们要问:什么是这个主观的合目的性?并且由于什么它(指主观合目的性)被立为标准,以便在大的估计里把一个根基给予普遍有效的愉快。而且这大的估计会被推高到我们的想像能力在表达一个大的概念中不能再相应的程度。

想像力在表象大所需要的综合里没有任何阻碍时向前进展,自然趋向无限,但是悟性却用数的概念引导着它,那想像力必须对此提供图式:并且在这个属于逻辑性的对大的估量的手续里固然有某些按照一个目的的概念客观的合目的性存在着(如每一测量就是),但并没有某些对于审美判断力愉快的和合目的性的东西。就是在这个有意图的合目的性里也没有任何物逼迫着推动那尺度的量,即总括许多东西于一个直观里达到想像力机能的边界,并且推到那样远,如它在表达里仅能企及的场合。因为在那对于数学的大的悟性的估计中人们只能走那么远,如人们在单位的总括推到数字 10(在十进法里),或推到数字 4(在四进法里)。这以后的量(大小)的创构却是在集合里,或假使量在直观里被给予着,在把握时只是级进地进行着。无论你是选择着下面这方法:想像力总括着一个量成为单位,使它能在一眼里被把握到,例如一尺或一竿,或那一方法:想像力对一德国里,以至一地球直径,固然能把握着,却不能总合在想像力的直观里,悟性在这种量的估计里正是同样得到满足。在两个场合里逻辑的量的估计无阻碍地进向无限。

但是现在心情向自己内里听取理性的声音,理性对于一切的被给予的大甚至于就是那些永远不能要求着全整体地被把握,却(在感性的表象里)作为全体被判定着的,也要总括在一个直观里,并且要求对于一个进展着生长着的数的系列能有表达,无限(空间和流逝的时间)也不在例外,甚至于不避免把这个(在普通的理性的判断里)认为是全整地(按照着它的全体)被给予着。

无限却根本上是(不仅在比较上)大的。和它相比,一切别的和它同类中的量都小了。但是,最主要的是,能够把它作为一个整体来思想,这就已表示着心意的一种机能,这机能超越了感官的一切尺度。因为这需要一种总括,这总括提供一个尺度作为单位,这尺度须对于无限具有一个规定的、在数字中来表示的关系,而这却是不可能的。为了能够思想那给予的无限而不至有矛盾,在人的心情里需要有一种机能,这机能是超越着感性的。因为只有通过这个机能和它的一个物的真体(noumenon)的观念,感性世界里的无限才能在纯粹理知的大的估计中在一个概念之下总合起来,尽管在数学的估计中通过数的概念是永不能被思维的。那物的真体的观念自身不能被直观,但仍是替世界观作为单纯现象,赋予着基础的。自身是一种机能,它能够思维那超感性的(在它的理性的根底里)直观的无限性,作为被给予了的。它超越了一切感性的尺度并且是大到超过一切数学估量的机能。固然不是在理论的目的里便利于认识机能,但仍然是作为心情的扩张。这心情感觉着自己能够在另一目的(实践的目的)里超越过感性的局限。

所以自然界是崇高的,在那些现象里,这些现象的直观在自身带着它们的无限性的观念。后者只能在下列情况下实现,这就是经过我们的想像力,在对于一个对象的大的估量中,极尽最大努力仍不能和它相应。但是在数学的对大的估计里想像力是能适应每一对象的,以便为这估计赋予一个足够应用的尺度,因为悟性里的数的概念能够通过累进创造适应每一个被给予的大的尺度。所以在对于大的审美的估量里,它从事综括的努力超越着想像力的功能来把累进着的把握过程升入一个直观的总体,这必须在审美的估量里被感觉到,并且同时觉察到这种无限的累进的能力对于对象不能相应,把握住一个悟性费最少的努力适应于大的估计的基本尺度,而用来从事于大的估计。但自然界的实际不变动的基本尺度就是它的绝对的全体,这就是它作为现象总括起来的无限。这个基本尺度却是在自身是一矛盾的概念(因为一个级进的绝对全体而没有底止是不可能的),于是那自然对象的"大"——想像力在把它全部总括机能尽用在它上面而无结果——必然把自然概念引导到一个超感性的根基(作为自然和我们思维机能的基础)。这根基是超越一切感性尺度的大,因此它不仅使我们把这个对象,更多的是把那估计它时候的内心的情调评判为崇高。

所以,就像那审美的判断力在评定"美"时把想像力在它自由的活动中联系着悟性,以便和它(悟性)的一般概念(不规定着这些概念)相合致,它(审美的判断力)使这同一机能在评定一对象作为崇高时联系着理性,以便主观地和它(理性)的观念(不规定着何观念)相合致,这就是说产生出一种内心的情调,这情调符合着那一种情调并和它协调着,这就是一定的观念(实践的观念)对情绪发生影响时所产生出来的情调。

从这里人们也可以看出,真正的崇高只能在评判者的心情里寻找,不是在自然对象里。对于自然对象的评判引起了对于它的情调。谁会把杂乱无章的山岳群,它们的冰峰相互乱叠着,或阴惨的狂野的海洋唤做崇高呢?但是心情感到在它的欣赏里自己被提高了,当他在观照这些对象时不顾及它们的形式,而让自己放任着想像力和一种——虽然没有连结着一个固定目的——单是扩张着它们的理性,然而同时却又发现想像力的全部势力仍然不能应合它的诸观念。

自然界的数学的崇高的诸例子在单纯的观赏中,对我们提供了一切这些场合,在这场合里不是一个较大的数的概念而宁是一个大的单位作为尺度(为了缩短数的系列)赋予了想像力。我们按照人的高度估量的一棵树,固然可以对一个山提供估量的尺度,假使这个山有一公里高,它就能够用来做一个单位以表达地球直径的数字,使地球直径具体化。地球直径又可以用于我们知悉的行星体系。后者又可以用来估量星河体系。至于那类不可计量的星河体系,被称为星云群的,这星云群可能自身又构成一个这类的体系,使我们在此不能期望有止境。在审美地评赏这样一个不能测量的全体时这"崇高"不再是存于数量的大,而是存于我们愈向前进时就永远愈益碰到更大的单位。宇宙构造的系统区分提供了这一点,这使自然界的一切大物永远又显得渺小,实际上是表象我们的想像力在它的全部的无止境中,并且和它一起这大自然面对着理性的观念群时显得消失于无形,当它要想创造一个配得上这观念群的表达的时候。

第27节　评赏崇高中愉快的性质

我们感觉着我们的能力不能达到一个观念——这观念对于我们是规律——这个感觉就是崇敬。但是那观念,它总括每一个对我们可能给予的现象进入一全体的直观,这个观念就是这样一个观念,它是通过一理性的规律附加于我们的,这理性是除掉那绝对的全体外不承认任何别的规定着的,对任何人有效和不变的尺度的。但是我们的想像力却证明:即使用最大的努力,在它所企求的总括一个给予了的对象进入一直观的全体,(亦即表达理性观念的,对于观念作为一规律的时)见到它(想像力)的界限和不合致性,但是同时又见到实现这合致性是它的使命。

所以那对于自然界里的崇高的感觉就是对于自己本身的使命的崇敬,而经由某一种暗换赋予了一自然界的对象(把这对于主体里的人类观念的崇敬变换为对于客体),这样就像是把我们的认识机能里的理性使命对于感性里最大机能的优越性形象化地表达出来了。

所以崇高感是一种不愉快的感觉,由于想像力在对大的审美的估量中和那通过理性的估量不合致,然而在这里同时引起一种愉快感,正是由于下列评判:即最大的感性机能的不合致性正是和理性观念相应合。而这对于理性观念的企望和努力,对我们正是规律。这对我们就是(理性的)规律,并且属于我们的使命,一切在自然界里对我们作为大的对象,在和那理性的观念相比较时,将被估量为小。而这在我们心里所激起的超感性的使命的感觉,和那规律恰相应合着。但想像力在表达那估量大的单位时它的最大的企图是联系到某一绝对的大的东西,因此也就是对于理性的规律的一种关联;而单把这个承认作"大"的最高尺度。当我们的内心感觉着一切感性的尺度对于理性中的大的估量不合致时,这个内心里的(不合致的)感觉却正和理性的规律相应合,并且是一种不愉快,这不愉快是我们的超感性的使命的情感在我们内里激引起的。但按照着这超感性的使命发现感性界的每个尺度不适合理性里的观念,这却正是合目的,因此也就是愉快的。

心情在自然界的崇高的表象中感到自己受到激动;而在同样场合里对于"美"的审美判断中却是处于静观状态。这个激动(尤以在它开始时),能够和一种震撼相比拟,这就是这一对象对我们同时快速地交换着拒绝和吸引。那个对于想像力超绝的东西(想像力在把握直观时被驱至此)就好像是一深渊,想像力害怕自己迷失在它里面,但是它对于理性里关于超绝东西的观念却并不是超绝的,它导致想像力一种这样的企图是合规律的。因此它对单纯的感性在同等的分量里抗拒着又重新吸引着。那判断自身在这里却仍然是审美的,因为它仅是心情诸能力(想像力和理性)的主观活动通过它们的对立表象着和谐,而并无一个对于客体规定着的概念作为根基。因为像想像力和悟性在判定美里通过它们的一致性,想像力和理性却在此通过它们的对立性把心情诸能力的主观的合目的性引导出来。这就是一种下列情绪:感到我们有纯粹的、独立的理性,或具有一估量大的机能,这机能的优越性除掉通过下列的情况是不能使它明朗的:这就是通过那个机能的不足够性,这同一机能在(感性对象的)大的表达里,自身是没有限制的。

  对一空间的测量(作为把握它)同时就是描述它,所以即是在想像里的客观运动和一个进展,但总括多样性以入于统一性——不是思想里的而是直观里的——即是把连续地被把握的纳入一个瞬间,这却是一个退回,这一个退回把想像力里的进展的时间条件重复扬弃而使那同时存在形象化。所以测量是想像力的一个主观的活动,由于这活动它对内心意识施行强制。那想像力所纳入一个直观里的"量"愈大,这测量施行的强制必然愈使人感觉到。所以那企图,将一个对于大量的尺度吸收进一个单一的直观里来——把握它是要求着可觉察的时间的——这是一种表象形式,它从主观方面来看,是不合目的的,客观方面对于大的估量却是需求的,因此也是合目的的,但在这场合,这同一的强制势力,这个对于主体通过想像力施行着的,对于心情的全整的规定却将被判定为合目的性的。

  崇高情绪的质是:一种不愉快感,基于对一对象的审美评定机能,这不愉快感在这里面却同时是作为合目的的被表象着:这是因此而可能的,即那自己的"无能"发现着这同一主体意识到它自身的无限制的机能,而我们心情只能通过前者来审美地评判后者(译者按:即通过无能之感发现着自身的无限能力)。

在逻辑的对大的估量中我们认识到,那种不可能性是客观的,即通过空间时间中感性世界诸物测量的进展以达到绝对的全体。这就是一种不可能性,把无限作为给予了的东西来思维,而不仅仅是作为主观的,这就是作为无能力去把握,因为这里全然不是涉及把总括于一个直观里的程度作为尺度,而是一种归结于一个数概念。但是在一个审美的对大的估量中数概念必须去掉或变掉,而只有想像力达到把握一个尺度单位对于它是合目的性的(因此避免那关于相继地产生量概念的一个规律的概念)。假使一个量(一个大)已经几乎达到我们的总括于一直观能力的最高点,而想像力仍被要求通过数字的大小(我们自己知觉我们对此的能力是无限止的),以达到审美地总括于较大的单位,这样我们在心情中就感到我们审美地是包围在局限之内了。但是这个不愉快感究竟将作为合目的性而被表象着,这就是基于想像力必须扩张以企适应我们理性机能里的无限,亦即绝对适应那绝对全体的概念,也就是想像力机能的不合目的性对于理性诸观念和它们的呼唤终于仍表象为合目的性的。正由于这样,审美判断自身对于理性作为诸观念的源泉——这就是说,一个这样的知性的总括,对于它一切审美的事物是渺小的了——将成为主观地合目的性的。于是对象将作为崇高而用愉快来欣赏着,这愉快却是由不愉快的媒介才可能的。

B 关于自然界的力学的崇高

第28节 作为势力的自然

关于自然作为一种势力,乃是一种对于诸种大的障碍优越的机能。它叫做一种威力,假使它对于那自身具有力量的抵抗也是优越的。自然,在审美的评赏里看做力,而对我们不具有威力,这就是力学的崇高。

假使自然应该被我们评判为崇高,那么,它就必须作为激起恐惧的对象被表象着。(虽然不是反过来每个激起恐惧的对象在我们审美的判断里被看做崇高)因为在没有概念的审美的判定里,这对于诸障碍的优越性只能按抵抗的大小来判定。但现在我们所努力抵抗的对象是一灾祸。如果我们见到我们的力量对它不相应,它就是一个恐惧的对象了。所以对于审美的判断力自然只能在这范围内作为力量,亦即值得称做力学的崇高,当它被看做为恐惧的对象的时候。

但是人们能够把一对象看做可怕的,却不对它怕——这就是假使我们对它这样地判断着:我们仅是对自己设思这场合:我们愿意对它实行抵抗,而一切的抵抗都将是无效的。道德君子敬畏着上帝,而不对它害怕,因为反抗上帝和他的训条的想念这是他不必忧虑会有的事情。但是每个这样的场合他却承认是可怕的,这就是他设想这场合在自身并不是不可能有的。

谁害怕着,他就不能对自然的崇高下评判,就像谁被偏爱和食欲支配时,就同样不能对美下评判。前者避开向一个使他恐惧的对象眺望。对于一个叫人认真感到恐怖的东西,是不可能发生快感的。所以从一个重压里解放出来的轻松会是一种愉快。而这愉快,因为它是一个从危险的解脱,就会同时抱定主意,不再去冒那个险了啊,甚至于不愿再回想到它,更不必说再度去寻找机会了。

高耸而下垂威胁着人的断岩,天边层层堆叠的乌云里面挟着闪电与雷鸣,火山在狂暴肆虐之中,飓风带着它摧毁了的荒墟,无边无界的海洋,怒涛狂啸着,一个洪流的高瀑,诸如此类的景象,在和它们相较量里,我们对它们抵拒的能力显得太渺小了。但是假使发现我们自己却是在安全地带,那么,这景象越可怕,就越对我们有吸引力。我们称呼这些对象为崇高,因它们提高了我们的精神力量越过平常的尺度,而让我们在内心里发现另一种类的抵抗的能力,这赋予我们勇气来和自然界的全能威力的假象较量一下。

因为固然我们在自然界的不可度量性里,和在我们的能力不足以获得一个对它的领域作审美性的"大的"估量相适应的尺度中,发现我们的局限性,但是仍然在我们的理性能力里同时见到另一种非感性的尺度,这尺度把那无限自身作为单位来包括在它的下面,对于它,自然界中的一切是渺小的,因此在我们的心内发现一优越性超越那自身在不可度量中的自然界,所以它(自然在不可度量中)的威力之不可抵抗性虽然使我们作为自然物来看,认识到我们物理上的无力,但却同时发现一种能力,判定我们不屈属于它,并且有一种对自然的优越性,在这种优越性上面建立着另一种类的自我维护,这种自我维护是和那受着外面的自然界侵袭因而能陷入危险的自我维护是不同的。在这里人类在我们的人格里面不被降低,纵使人将失败在那强力之下。照这样,自然界在我们的审美判断里,不是在它引起我们恐怖的范围内被评为崇高,而是因为它在我们内心里唤起我们的力量(就这些角度来看我们固然是屈服在它们的下面的),对于我们和我们的人格仍然并不看做是下述这样的势力,即:当它牵涉到我们的最高原则,对这些最高原则维护或放弃的时候,我们将要屈服在它的下面。所以,自然界在这里称做崇高,只是因为它提升想像力达到表述那些场合,在那场合里心情能够使自己感觉到它的使命的自身的崇高性超越了自然。

这种自我推重并不因下列原因而有所损失,即我们必须看到我们是安全的，以便能感觉到这使人兴奋鼓舞的愉快，这就是不要因为危险不是认真的，我们精神机能的崇高性也同样好像不是认真的了。因为这个愉快在这里只是涉及在这个场合里所发现的我们和机能的使命在我们本质里具有着对此的禀赋，对于它的发挥和训练却是我们自己的事和任务。尽管人们，当他的反思达到此点的时候，意识着他当前的真实的无能，在这里面却是真理。

固然这个原理好像是拉得太远并牵强附会，故而对一审美的判断显得太过，但对于人的观察却证明它的反面，并能成为最通常的判断的根据，虽然人对于它不常常自觉到。因为什么才是甚至对于野蛮人成为一最大叹赏的对象呢？这就是一个人，他不震惊，不畏惧，不躲避危险，而同时带着充分的思考来有力地从事他的工作。就是在最文明最进步的社会里仍然存在着这种对战士的崇敬，不过人们还要求他们同时表示具有和平时期的一切德行，即温和、同情心，以及相当照顾到他自己人格风貌，正因为在这上面见到它的心情在危险中的不屈不挠性。所以人们尽管对于政治家和将军相比较谁更值得尊敬这一点上争论很多，审美的判断却肯定后者。甚至于战争，假使它用秩序和尊敬公民权利的神圣性进行着，它在自身也就具有崇高性，而同时使那用这方式进行战争的人民的思想风度愈益崇高，当它冒的危险愈多而在这里面愈益勇敢地维护着自己时。因为与此相反，一个长时期的和平会使单纯的商务精神低级的自利主义，胆怯和软弱占上风，使人民的思想风度趋于卑下。

反对我这种对崇高概念的解释——在把它隶属于力的范围内——人们会争论道：我们能够设想上帝在狂风暴雨里，在地震里，是他在震怒发威，而这时候我们若设想我们的精神对于这些影响是超越的，甚至于超过这威力的意图，这才是狂妄，同时是冒犯。在这里似乎没有对我们自己本性的崇高感,而基本情调更多的是拜倒,是颓丧和完全无能的感觉,这个基本情调才配合这一对象的表现,并且通常在这些自然现象前是结合着对这对象的观念的。在宗教里面,一般地似乎拜倒,垂头祈祷,带着悔恨和恐怖的面貌表情是在上帝面前惟一合式的姿态,因此大多数的民族采取了它并且至今保持着它。但是这种心意情调却远远不曾和一个宗教的崇高的观念和它的对象自身必然地结合着。一个人,当他真实地畏惧着,因他在自身里见到畏惧的原因,他自知拿他的可耻的意图来抗拒一种力量,而这力量的意志是不可抵抗又同时将是公正的,这时他是不能处在一种情调状态里去惊叹上帝的壮伟,这须要一个能够静观的情致和完全自由的批评力。只有在那场合,他自觉到他的真诚的意图是合乎上帝的意思的,这时那自然威力的作用才在他内心唤醒对于那对方的本质的崇高性的概念,他认识到一种与这对方的意志相配合的意图的崇高性在他自己身内,由于这个他克服了对自然界威力的畏惧,而把这些威力不看做上帝发怒的表现。甚至于恭谦作为他的缺点的不留情的自我批判,这类缺点是很能在自觉良善意图中容易拿人的本性里的脆弱性来掩饰的,这恭谦是一崇高的情调,是自己有意地屈服于自我责备的痛苦之下,以便逐步逐步地消灭那原因。只在这个样式里宗教内在地区别自己于迷信,迷信不是对于崇高的敬畏,而是对于威力超越的对象的惧怕与恐怖,骇倒的人基于内心情调看到自己屈服于对方的意志之下,却不是对它做高尚的估价,由于这,自然只会产生谄媚求恩以代替一个善行生活的宗教。

所以崇高不存于自然界的任何物内,而是内在于我们的心里,当我们能够自觉到我们是超越着心内的自然和外面的自然——当它影响着我们时。一切在我们内里引起这类情感的

（激动起我们的自然力量的威力属于这一类），因此唤做崇高（尽管不是在原本的意义里）。并且只是在那前提下，即那观念在我们内里和在对这观念的关联中，我们能够达到那对象的崇高性的观念，这就是：那对象不单是由于它在自然所表示的威力激动我们深心的崇敬，而且更多地是由于我们内部具有机能，无畏惧地去评判它，把我们的规定使命作为对它超越着来思维。

第29节　就情状来看对自然界的崇高的判断

美丽的自然有无数的事物，我们要求每个人同意我们对于它们的判断，并且我们期待着这种一致性而不常致于失错。但是关于自然里崇高的判断我们却不能期望那样容易获得一致。因为在这里，好像要求着的不仅是审美判断力并且也是认识能力的大大的修养，这是基础，以便人们能够对于自然对象的这项优越性下一个判断。

心意对于崇高的情调要求着心意有一对于诸观念的感受性。因为在自然对于观念的不相应性里正是建立着那对于感性可怕的对象——自然对于观念的不相应性是以观念为前提以及想像力的紧张努力，想把自然作为一个图式来容纳观念。这对象却同时又吸引着人，因为那是一种强力，理性把它施于感性，以便感性适应着它（理性）的本身的领域（即实践的领域）来扩大，并且让它眺望到那无限，这无限对于那感性是一无底深渊。事实上，若是没有道德诸观念的演进发展，那么，我们受过文化陶冶的人所称为崇高的对象，对于粗陋的人只显得可怖。他将在大自然在破坏中显示暴力的地方，在它的巨大规模的威力面前，他自己的力量消失于虚无时，他看到的将只是艰难、危险、困乏，包围着深陷在里面的人们。所以那好心肠的，此外却很懂事的沙福伊的农夫（如骚苏尔先生所记述的）毫不思虑地唤雪山的爱好者做傻子。谁能说他是完全没理的，假使那位观察者在这里冒危险，像大多数的旅行家常做的那样，只是由于爱好，或是为了将来能写一篇动人的描述。这一来他的目的，却是给予人们以教导，这教导里具有提高心灵的感觉，这正是这位好人在他的旅行里附带着给予他的读者们的。

但是对于大自然的崇高性的判断，虽然需要文化修养，（且超过对美的判断），却并不因此首先是由文化产生出来的和习俗性地导进社会的，而是它在人类的天性里有它的基础的。那就是对于（实践的）诸观念（即道德的诸观念）的情感是存在天赋里的。具有健康理性的人同时推断每人都禀具着，并且能对他要求着。

在这上面建立着赞同我们对崇高的审美判断的必然性，这种必然性是我们同时包含在这判断之内的。一个人对于我们认为美的自然事物淡漠，我们就怪他没有鉴赏力，这个人对于我们所判为崇高的无动于衷，我们就说他没有情感。但这二者我们要求于每个人，并且，假使他有一些文化的话，我们就设定他是具有着这些的；只是有这么一个差别，即：因为在前者里面（译者按：即对美的判断）判断力把想像力只是联系到作为概念的机能的悟性上面的，于是向每个人都要求着（赞同），在后者的场合（译者按：即对崇高的判断）却因为在里面想像力是联系到作为观念的机能的理性上面的，只在下面一个主观性的前提之下要求着（赞同），这就是人类内里的道德情绪，但是这个我们相信有权设定于每个人。

由于这样，我们对于这项审美的判断（译者按：即崇高判断）也赋予必然性。在审美判断的这个"情状"里，即在它要求着必然性的情状里，对于判断力的批判存在着一个主要的契机。因为它正在这些审美判断上使一个先验原理显示出来，而把它们从经验心理学里提升起来,在经验心理原是它们将埋葬于愉快与痛苦的诸情绪的下面,(只是带着一个无所说明的形容词:精微的情感而已)——以便由于它们的媒介把判断力放置进以先验原理为基础的一类里去,而作为这一类又把它拖进先验哲学里去。

关于审美反省判断力的解说的总注

在和愉快感情的关系中一个对象或是属于快适,或是属于美,或崇高,或善(绝对的)。(jucundum, pulchrum, sublime, hone stum)

快适作为欲求的动机一般是属于同一种类的,不管它是从哪里来的和这个表象(客观地看来,是感官的或感觉的表象)是怎样相异的种别。因此在评判它对于心情的影响时只顾到那些刺激的量(同时的和相继的)并且有几分只顾到快适感觉的大小,而这个却只能让自己作为量来了解。它也没有教养作用,只是属于单纯的享乐而已。

美却与此相反,它要求着对象的某种一定质的表象,这质是能够被了解的和能被还原于概念的,(即使在审美判断里并不引导到这上面去),并且由于它同时教人注意愉快情绪里的合目的性,因而也教养着人。

崇高只存在那个关系中,在那关系里感性的东西在自然的表象里被判定能够从事于可能的超感性的用途。

那绝对的善,主观方面,就它对情感发生的影响来评判(道德情感的对象)作为主体的诸能力的规定可能性通过一个绝对强制的规律的表象——它首先是通过一个基于先验的概念的必然性的情状来区别自己的,这必然性不但包含着要求每个人同意并且是命令,而它本身不是隶属于那对于审美的,而是对于纯粹智性的判断力。并且在一个不是单纯反省的,而是规定着的判断里它不是附与自然,而宁是附与自由。主体通过这个观念的规定可能性,并且这个主体也在感性上面遇到阻碍,同时却通过克服超越了他,能把这作为他的状况的变相来感觉,这就是道德的情绪,而这竟同审美的判断力和它的形式的诸条件在这范围内相近似,以至于它能够把那根据义务的行为之规律同时作为审美的,即作为崇高的或也作为美的来表象,而不损及它的纯洁性。但,假使人们要把它和快适的情感安放在自然的联系里去,那么,这就不会实现了。如果人们从以上对两种审美判断的解释引出结果,就会从那里得到以下的简短的说明:

美是那在单纯的(即不是依照悟性的一个概念以官能的感觉为媒介的)判定里令人愉快的。由此自身得出结论,即必须是没有一切的利害兴趣而令人愉快的。

壮美是那个通过它的对于官能的利益兴趣的反抗而令人愉快的。

这二者作为对审美的普遍有效性的判断的解释是归结于主观的根据,即:一方面是感性的根据,当它便利于悟性的静观时,另一方面与此相反,当这主观根据逆着这感性而协助实践理性的诸目的,但二者仍是结合于一个主体之内,在对道德情绪的关系中是合目的性的。美替我们准备着,对某一物,甚至于是自然界,爱好;壮美,(崇高)使我们在它反抗着我们的(感性的利害感时),崇敬它。

人们可以这样来描写崇高:它是(自然界的)一对象,它的表象规定着心意,认为自然是不能达到诸观念之表现的。

严格的讲,和逻辑地来考察,诸观念是不能表现出来的。但是如果我们为着直观自然界而扩张我们的经验性的表象能力(数学的或力学的),那么,理性就会不可避免地参加进来,它作为思维绝对总体的不受限制性的机能,而引起那心意的企图(尽管是无效的):使感官的表象去适合这个。(译者按:即适合这无限制的大全体)这个企图和那感觉——即感觉到通过想像力不能到达观念——自身是我们的心意里的主观地合目的性的表达,当我们为着心意的超感性的使命运用想像力并且迫使我们,主观地把自然自身在它的整体性里,作为某些"超越性的东西"的表现来思维,而不能做到使这个表现是客观性的。

因为我们不久就会觉到,在空间和时间里的自然界是全然没有那个"绝对无待的",因而也就没有绝对的大,而这却是被最普通的理性所要求着的。正由此,我们被提醒,我们只是和一个作为现象的自然界有交涉,而这个自然界本身却只被视为一个自然自体(这是理性在观念里所具有着的)的单纯表现。但这个"超感性的东西"的观念,我们固然不能进一步去规定它,因此对自然界作为这观念的表达不能来识知,而只能去思维,它(这观念)将通过一个事物对象在我们内心里唤醒,对于这对象的审美的评价迫着想像力达到它的极限,或是通过扩张(数学的),或是通过对心意的威力,这想像力基于情绪的一个使命的感觉(道德情绪),完全超越过自然的领域。根据这观点,对象的表象被评价为主观地合目的性的。

事实上一个对大自然崇高的感觉是不能令人思维的,假使不是把它和心情的一种类似道德的情调相结合着。虽然对于自然的美的直接快感也是以某一种思想样式的自由性为前提和培育着的,这就是说这快感对官能享乐的是有独立性的,但通过这个更多地是自由在活动多过于在一合规律性的事务之下所表象着的;这却是人类道德的真正的特质,在这里理性必须对感性施加威力,只是在对崇高的审美判断中这个威力是表象为通过想像力自身,作为理性的一个工具,来发挥着的。

105

因此对于自然的崇高的愉快只是消极性的,(与此相反,对美的愉快却是积极性的)即一种通过想像力自身,夺去了想像力的自由的感觉,由于不是按照经验的使用法则而是按照另一规律规定着的。通过这个,它(想像力)获得一种扩张和势力,这势力是大于它所牺牲掉的,这势力的根据是它自己所不识知的,代替着这个,它感觉着这牺牲或这剥夺,并且同时它自己所屈服着的原因。在观看高耸入云的山岳,无底的深渊,里面咆哮着激流,阴影深蔽着的,诱人忧郁冥思的荒原时,观看者被擒入一种状态,接近到受吓的惊呼,恐怖和神圣的战栗,却又知他自身是处在安全之中,不是真实的恐惧,只是一种企图,让我们用想像力达到那境界,以使感觉这同一个的机能的力量把那由此激起的心情的活动和心情的悠静结合在一起,以至于我们自己能对内在的和外在于我们的自然界超越,在它(自然)能影响我们的自觉幸福的范围以内因为依照着联想法则的想像力,那使我们的满意的状态是受着物理法则的支配,但正是它依照判断力的图式主义的诸原理(从而当它属于自由的支配的限度内)是理性和它的诸观念的工具。但是作为这个,它是一种势力,维持着我们对于自然诸影响的独立:把那按照前者是大的东西,作为小的来蔑视,并且这样把那绝对大的东西只在他自己本身的(主观的)使命里来安置。审美判断力的这种反省,升高自己达到对于理性的适合性,(却没有一个关于理性的规定的概念),表象着那对象自身由于想像力在它的对于理性(作为诸观念的机能)的最大限度的扩张中的客观的不适合性——却作为了主观的——合目的性。

人们在这里一般地应该注意,如上面所已提醒的,即是在判断力的先验的美学中必须只谈到纯粹的审美诸判断,因此不应从那些自然界的优美及崇高的诸对象里吸取例证,而这些都是以一目的的概念为前提的。因为这样它将或是目的论的,或是自身只是根基于对一对象的感觉(愉快和痛苦)的,因而在第一场合里不是审美的,在第二场合里不单单是形式的合目的性的。如果人们称呼星天的景象为崇高,那么,人们必须在评定它时,不是以诸世界的概念——这些世界被具有理性的东西居住着,我们眼睛所看见的在我们头上布满着空间的光亮的点点子是作为那些世界的诸太阳在很合目的性地为它们安置的圈圈里运动着——做根据,而单是,如人所见,作为一广阔的包罗一切的穹窿,而且我们必须只在这个表象之下安放崇高,这是一个纯粹审美判断赋予这对象的。正是如此,我们观看海洋时不是在用一些(非直接观照里所具有的)知识来丰富它的场合里去思维它,例如作为一个水族群居的广大的领域,作为大的水库以备蒸发,这些蒸发用云雾充塞空气以便丰饶陆地;或作为一种要素,它虽然使诸大陆隔离,却又使相互间的交通在它们里面成为可能,因为这只是一些目的论的判断。但人们必须把这海洋像诗人所做的那样,当他在静中观看时按照着眼前所显现的,看做一个清朗的水镜,仅只是被青天所界着。但是,如果它动荡了,就会像一吞噬一切的深渊,这就能够发现它的崇高雄伟。同样,我们也能谈人的形体里的崇高和优美,只是我们的判断的不是依据目的性的概念,寻问他的肢体各部是为了什么目的(这就不是纯粹的审美判断了),在我们的审美判断里不包括他们是否符合目的的问题,虽然它们也要不违反那些目的,这也是审美愉快的一个必要的条件。审美的合目的性是判断力在它的自由中的合规律性。对于对象的愉快是系属于那个关系,在这关系里是我们活跃着想像力的,只是它在自由的活动里自己为自身维持着这心意。设若与此相反,另一某事物,例如官能的感觉或悟性的概念规定着判断,那么,在这场合它固然是合规律性的,但却不是自由的判断力的判断了。

若果我们谈到知性的美或壮美,那么,第一点,这些术语是不完全正确的,因为它们是审美的表象样式。假使我们仅仅是纯粹的知性者(或我们只是在思想里把我们看做是这种性质),就会在我们的内心里根本碰不到它们。第二点,尽管两者(知性的美与壮美)作为一个知性的(道德性的)愉快的对象固然在以下范围内可以和审美的愉快结合着,即当它不是基于任何利害兴趣时,但它们在那里面究竟仍然很难同后者结合为一,因为它们应该激动起一种兴趣。这兴趣,如果那表达要和审美评赏里的愉快相适应,这兴趣在这里面除掉作为通过一感性的兴趣外是不能实现的。这感性的兴趣是人们把它结合在那表达里面的。但因此又损伤了知性的合目的性,使它混浊不纯了。

一个纯粹和无条件的知性愉快的对象是那"道德律在它的威势中",这威势是它在我们内部对于心意的一切和每个在它前面先行的动机所施加的,并且因为这个威势在本质上只能通过牺牲使自己显示为审美的,(这就是一种掠夺,虽然是为了内在的自由,却又与此相反,在我们内心揭出这超感性的机能的不可窥探的深度和它的伸延到无限制的后果)所以从审美方面来说,那愉快(在对感性的关系中)是消极性的,这就是说反抗着这利害感,但从知性方面来看,却是积极性的,并且和一种兴趣相结合着。由此得出结论:那知性的,在自身合目的性的(道德的)善,从审美角度来评判,必须表象为并不只是美,而更多的是崇高。因此它唤醒的是尊敬的情绪(这是轻视魅惑力的),更多过于爱与亲切的倾向。因为人的天性不是出乎自身,而是由于理性对感性所施的强迫来协应着"善"的。与此相反,我们在我们的外面或是也在我们内里(例如某些情操)所称呼为崇高的,只是表象为一种心意的力量,通过道德的原则克制了感性界的某些一定的阻碍,并且由此成为有趣味的。

对于后者我要再多谈一下,善的观念和情操结在一起唤做兴奋(enthusiam),这个心意状态似乎崇高到这样的情况,以致人们认为:没有它,伟大的事业不能完成。但是每一情操在它的选择目的里是盲昧的①,或是它虽是通过理性获得的,而在执行中是盲昧的,因为它是心意的那一运动,它使对原则的自由思考不可能,以便按照这些原则来规定。因此它不能在任何一种形式里值得理性的愉快。就审美观点上来说,"兴奋"是崇高的,因它是通过观念来奋发力量的,这给予心意以一种高扬,这种高扬是比较那个经由感性表象的推动是大大地增强了和更加持久。但是(这好像很奇怪)一个心意强调坚持它的原则时所表现的"漠然无情"也是崇高的,并且是在更加很优越的形式里,因为它同时具有纯粹理性的愉快在这方面。只有这样一种心意状态叫做高贵(这个名词以后也应用到别的事物上去,例如屋宇、衣服、书法、身体态度,等等)。如果这些事物不但引起惊异(超过了预期的新奇事物表象所引起的情操)并且引起惊赞(这是一种惊异,在新奇感消失后仍然存在着)。这一现象的出现,是当观念在它们的表达里无意地和无技巧地和审美的愉快相协应着。

每一属于敢作敢为性质的情操(即是激起我们的力量的意识,克服着每一障碍)是审美上的崇高,例如愤怒,甚至于如绝望(例如愤懑的,而不是失去信心的绝望)。但属于软弱的,溶解的那一类的情操(这情操使反抗的努力自身成为不快的对象),本

---

① 情操(affect)是和癖性(leidennchaften)在种别上相异。前者只关系到情感,后者是属于意欲能力,并是一切这样的倾向,它们使一切想通过诸原则来规定放肆的欲望发生困难或是不可能。前者是爆发的和无思虑的,后者是持续的和考虑过的;所以不快意作为愤怒是一情操,但是作为恨(仇恨)是一癖性了。后者永不能够以及在任何关系中被称做崇高。因为在情操里任何的自由固然被阻滞了,而在癖性里却是被取消掉了。——原注

身是没有任何的高贵,却能够算进心情态式的美里面去。因此那些能够强烈到成为情操的诸种感动也是很相差异的。人们有勇敢的,也有温柔的感动。后者,当他高升到情操时,是完全无用的,这一类的倾向唤做伤感的态度。一种对人同情的痛苦,它不愿意自己让人安慰,或者这痛苦是系于架空想像的不幸,以至于由空想达成错觉,仿佛成了真实的,如果我们让这样架空的痛苦来在我们心里,这就证明了和造成了一个温柔的,但同时是软弱的灵魂,这灵魂揭示着一个美的灵魂,这固然能称做空想的,却甚至于不能一次称做热情的。某些小说、哭哭啼啼的戏曲、肤浅的道德教条,它们玩弄着(但似是而非的)所谓高贵的意念,实际上使人心萎弱不振,对于严格的义务教条又失去感觉,使人对我们人格里人类庄严的一切尊敬,和人类的权利(这是和他们的幸福完全不同的东西),根本上一切坚固的诸原则,失去能力。又如一个宗教的说教,它宣传匍匐在地,卑鄙地求恩宠和胁肩谄媚,放弃一切对自己能力的信心,以对抗我们内部罪恶;代替雄壮的决心,来动员我们内部在一切的脆弱中仍然残留的诸力量,以期克服各倾向。假的谦虚,它在自我蔑视里伪善的啜泣的后悔里和一个只是忍苦的心情悲态里,安置那一样式,即人们怎样才能使那最高存在满意!种种这些,是很难和属于美的事物相共处的,更谈不上和那能够列入心意状态的崇高性了。

但即是那些强烈的诸心情感动,它们或是在教化的名义下和宗教的诸观念,或是作为只是属于文化而和包含一个社会利益的诸观念相结合着,即使它们扩张着想像力,也绝对不能够要求那个荣誉,说它是崇高性的表达,如果它们不留下一心意的情调,这心意的情调,虽然是间接地,却具有着对于那意识的影响,这意识就是那自觉到纯粹知性的合目的性在其自身所带有的——超感性的——东西的强度和决心的意识。因为一般地讲来,一切这类诸感动只是属于人们由于健康的原因而喜爱的运动。随着情绪活动的震荡后而来的舒适的疲倦,即是从我们内部一切生活精力重新恢复了平衡所产生的健康感的享受。归根结底,这种享乐是和那东方诸国的享乐家通过按摩他的身体,温和地压迫和屈折他的肌肉和关节所得的享受一样。只是在前者那动的原理大部分在我自身之内,而后者却与此相反,完全是从外面来的。所以有一些人自以为通过听一次讲说就树立了自己,其实这里面却丝毫没有什么东西(没有何等善的格律的体系)建立了起来,或者以为通过看一个悲剧改善了,其实他只是对于幸运地驱散了寂寞无聊而高兴。所以崇高必须和思想的样式关联着,这就是和诸格律关联着,以便赋予知性和理性诸观念以对于感性优胜的势力。

人们不必忧虑,对崇高的情绪会由于这一类的对感性完全消极性抽剥的表现方式会遭到减损;因为想像,尽管它在超越了感性的境地上见不到什么它能安顿自己的东西,却正是通过这些局限的祛除感到自己的无限制;并且那一游离孤独正是表现无限,这无限的表现固然因此除作为单纯消极的表现以外,不能有别的,它却仍然扩张了心灵。在犹太人的法典(《出埃及记》)里恐怕没有别处比下面的命令更为崇高的:"不可为自己雕刻偶像,也不可作什么形象来比拟上天、下地和地底下、水中的百物!"只有这个命令可以理解犹太民族在他的文明旺盛时期,当它把自己和别的民族相比较时,对它的宗教所感的热情,或穆罕默德教里注入自心内的那自尊心。同样,这情况也见于道德法则的表象和我们内心对于道德性的禀赋。那是一完全迷妄的忧虑,假使人们以为把道德性里的一切能赋予感性的东西全剥削掉了,这道德性就会只是冷酷的、无生气的赞许,并且在自身不能伴有鼓动力或感动。恰正与此相反,因为,在那里,当诸感官在自己面前不再见到任何物时,而那不可错认的和不可磨灭的道德的观念却仍然留剩下来,这时却更加需要把那无限制的想像力和高扬加以抑制,不让它昂进到激情,这种需要更胜过由于害怕这些诸观念的无力便替它们在形象和幼稚的道具里找帮助。所以许多政府也乐于允许宗教尽量备这一类附属品,用此试图夺去下属把他的精神力扩张到超出界限的努力和能力。这些界限是人任意地设定的,并且通过这个,人们能够对于他,作为被动的,容易对付了。

道德性的纯洁的高扬心灵的,单纯消极的表现与此相反,不带来何等狂谲幻想的危险,这狂谲幻想是一种迷妄,想超越感性的一切界限去看,这就是,依照诸原则去做梦(用理性来妄诞放肆),正是因为在它那里那个表现仅是消极的,因自由观念的不可究性割断了一切积极表现的道路。但在我们内心里的道德律是在它自身充足的,并且自本源地规定着,以至于绝不允许我们向它以外去找一个规定原理。如果热情能和迷妄,那么妄诞幻想就能和痴呆相比拟,后者(痴呆)是在一切东西里最不能和崇高相容的,为什么?因为它是穿凿可笑的。在作为情操的热情里想像力是无控制的。在作为妄诞的幻想里根深蒂固的偏执的癖性是无规则的。前者是一时的偶然,最健康的知性也会遇到。后者却是一个毁灭他的疾病。

朴素单纯,(无艺术的合目的性)就是自然界在崇高中的,也就是道德性在崇高中的样式,这道德性正是第二个(超感性的)自然,从它我们只知道那些诸规律,而不能通过直观来达到那在我们自己内心里的超感性的机能,这机能是涵蕴着这立法的根据的。

还要指出的是,对美的和对崇高的愉快不仅是由于普遍的可传达性从其他的审美性的诸判断中辨别出来,而且由于这社会性的本质(在社会里它能被传达)获得一兴趣,尽管从一切社会脱离能被视作某种崇高,如果这脱离是基于超越一切感官利益以上的诸观念的,自己满足,即不需求社会,而非不喜社交,逃避社会,这是接近于崇高的,就像那对一切欲求的超脱。与此相反,由于厌世,仇恨人类而逃避人类,或是因为他把人类当做他的仇敌来畏惧,而对人羞怯胆小,一部分是丑恶,一部分是可鄙。尽管这样,仍有一样(所谓非本质地的)厌世,在许多好心肠的人的禀赋里具有这倾向,和年龄俱深,他对人类的善意仍然是充分仁慈的,但由于长期的痛苦经验已经使他对人类的喜悦心大大丧失了。因此倾向于孤独避世,空想的愿望寄托于一个冷静的乡居,或者(在年轻的人们)梦想的幸福寄托于一个世人不知的孤岛,想在那里和他的小家庭共度一生。鲁滨孙式小说的作家和诗人正是那样善于利用这种人们心理的,这给我们提供了证据。在我们自己认为重要和伟大的目标的进行中间,人们相互给予一切能够想到的苦恼,是和那个观念:即他们能够是,假使他们意愿的话,正相矛盾,并且对那热烈的愿望,希望见到他们改善,那样地相反,因而,为了不恨他们——人是不能爱他们的——放弃一切社交的快乐,好像还是自己的一个小小的牺牲呢。这种不是对于命运所加于别人的不幸的悲哀(在这场合同情是原因),而是对于人们相互制造不幸(在这场合悲哀是根基于在原则意义里的反感),这悲哀是崇高的,因为它是根基于诸观念的,而前者(译者按:即基于同情对于别人不幸而悲哀)却只能看做是美的。上面所说的既有才气又富于学识的骚索尔(Saussure)在他的阿尔卑斯山旅行记里谈到一沙渥的山峰,"好人峰,"他说道,"在那里统治着某种无趣味的悲哀。"那么,他竟是认识到一种有趣味的悲哀了。荒寒寂寥的境界给予人们这种悲哀,人们能够设想自己身入此境,以便从此对世界不闻不问,这境界必须不是那样不可居,对人们只供应一个非常艰辛的活动场所。我指出这一点,用意在于提醒:悲痛之情(不是气力沮丧的悲哀)也能列入勇敢的情绪,如果它是在道德观念里具有它的根据,如果它是植基于同情心,并且在这场合也表现可爱,那它就是单隶属于融解着的情绪,指出这一点为了使人注意:只有在前一场合的情调才是崇高的。

用现在已经阐述了的,关于审美判断的先验的解释,也可以和布尔克(Burke)和我们中间许多思想敏锐的人士所做的生理学的解释作一比较了,看看对崇高和美的单纯的经验的解释将导向何处。布尔克①,在这一类的处理方法里也值得被看做最优越的作者,他在这方向里作出如下的论断:"崇高的情绪植根于自我保存的冲动和基于恐怖,这就是一种痛苦,这痛苦,因为它不致达到肉体部分的摧毁,就产生出一些活动,能够激起舒适的感觉,因它们从较细致的或较粗糙的脉络里净除了危险的和阻塞的涩滞物,固然不是产生了快乐,而是一种舒适的颤栗,一种和恐惧混合着的安心。"(原著第 223 页)②美,他认为它是基于爱,(他要把爱和嗜欲分别开来)他把它归结到身体诸纤维的软弱,弛缓和萎缩,也就是在快乐的面前的一种柔化、融解、疲惫,一种消沉、衰减、虚脱。(原著第 251—252 页)他继而证实这种解释方式不仅是通过那些场合,在这里面想像力在和知性,并且甚至于和官能感觉的结合中能够在我们心里激起对美和对崇高的情绪。这种对心意诸现象的分析作为心理学的记述是非常美好的,并且对于经验的人类学的人们最喜爱的探究提供丰富的

---

① 依照他的著作《关于我们的美和崇高的概念之起源的研究》,德译本。里加·哈蒂罗黑出版,1773 年。——原注

② Edmund Burke(1729—1797),英国政治家及经济学者,他的美学著作对康德、莱辛、赫尔德尔都发生过影响,得到他们的注意和谈论。——译者注

资料。不可否认,我们内心里的一切表象,不论它们是否客观上只是感性的,或完全理性的,在主观上是能够和快乐或痛苦结合在一起的,无论这二者将是怎样地不能觉察。(因为它们刺激着生活的情绪,并且它们中间任何一个,当它作为主体内的变态时,不能是漠然无感的);甚至于像伊比鸠派所主张的,快乐和痛苦最后总归是身体的,尽管它们可能是从想像,或竟然是从悟性的表象开始的,因为生活而不具有身体器官的感觉,那只是他自己的存在的意识,而不是舒适或不快的感觉,这就是促进或阻滞生活力的。因为心意单纯在它自身仅只是生活(生活原理自己)。而阻滞或促进必须在它自身以外又仍在人以内,这就是在和它身体的结合里去寻找。

如果人们把那对于对象的愉快完全只安放在以下这场合,即对象只是通过刺激或通过感动使我们快乐,那么,人们就不能期待别人对我们所下的审美判断同意。因为关于这点,每个人有理由只问问他私自的感觉。但在这场合一切关于鉴赏的检察都停止了。除非把别人由于他们的判断的偶然的吻合的范例,对我们做成赞许的规范。我们都很可能反对这原则而依靠着自然的权利,把那基于直接感情的判断服从着自身的而不是别人的感觉。

所以,如果那鉴赏判断不能被看做是个人私自的,而必然看做是多数人的,按照着它的内在性质,这就是由于自身,不是为了给予别人的鉴赏做标本。如果人们这样地评定它,它可以要求每个人必须对他同意,那么,对这鉴赏判断必须有任何一(无论是客观性的或主观性的)先验原理做根基,人们通过探索心意变化的经验的规律是达不到这先验原理的,因为这些经验规律,只使人们认识如何判断,而不下命令,"应该怎样判断",而且这命令是绝对的,同样,这命令并且以那种鉴赏判断为前提,即那愉快须直接地和一个表象相结合着。所以审美判断之经验的解释常常可以作为开始,把材料收集起来供给一个较高级的考察。这能力的先验的探讨仍然是可能的,并且是本质地属于鉴赏的批判。因为鉴赏若没有先验的原理,它就不可能评判别人的诸批判,并且对它们也只能是好像具有某些的权利来下赞否的判决。剩下的属于审美判断力方面的分析首先包含着以下的部分:

纯粹审美判断的演绎

第30节　对于自然界里诸对象的审美判断的演绎
不应指向着我们在它里面所称为崇高的东西,
而应该只是指向着那美的

一个审美判断对于每个主体关于普遍有效性的要求作为一个基于任何一先验原理的上面的判断,需要一个演绎(这就是审定它的要求的权利),这个演绎必须加入对于它的解说里面去,如果这是涉及对于一个客体的形式方面的愉快或不快。对于自然界的美的鉴赏判断也是这样。因为那合目的性究竟是在客体和它的形体里面有它的根据的,虽然这合目的性不标示这客体按照着概念(成为认识判断)对于别的对象的关系,而仅是涉及对它的形式的把握,当这形式在我们心意里表示着既适合着概念机能,也适合着对于它的表现(这就是和对它的把握是一事)的机能的时候。所以人们对于自然界里的美也可以提出一些问题,问问它的诸形式的合目的性的根源是什么?例如,人们怎样解释大自然为什么这样豪奢地处处散布着美,甚至于在大海洋的底层,人眼很少达到的地方,等等。(美只是对于人的眼睛才是合目的性呀!)

就是那自然界里的崇高美——当我们对他下一个审美判断时,这判断不和作为客观合目的性的完美性的概念混合着的——在这场合里它将会成为一个目的论的判断了——这自然界里崇高美可能看做没有形式,不成形体,却仍然被看做一个纯洁的愉快的对象,而且表示着那对我们给予的表象具主观合目的性。现在的问题是,对于这一类的审美判断,除掉解说了我们在它里面所思想的东西以外,能不能再对于它的普遍有效性的权利要求一个基于一(主观的)先验原理之上的演绎。

对于这一层我们的回答是:自然界里的崇高美只是非本质地的这样被称呼着,实际上只能把它归属于思想样式,或更妥当些,把它归于人类天性里的思想样式的根基里去。自觉到这一点,那么,对于一个无形式的和不合目的性的对象的把握仅仅是提供了动机,使这对象只是在这个方式里用做主观合目的性的,不是作为一在自身如此的对象,而只是依照它的形式来评定的。(gleichsam species finalis accepta non data 这就是只当做合目的性来受用,而不是事实)因此我们对自然界崇高美的解说同时也就是对它的演绎了。因为,如果我们分解它们(指解说)里面的判断力里的反省,那么,我就见到在它们里面一个认识诸机能的合目的性的关系。这关系必须作为(意志的)目的诸能力先验的基础,并且因此自身是先验的:这样它就立刻包含着这演绎,这就是解明了一个这一类的判断对于普遍必然有效性的要求是合法的。

我们现在来寻找鉴赏判断的演绎,这就是对于自然界事物的美的判断的演绎,我们这样就对全部审美判断力的全面任务给予一个满足。

第31节 关于鉴赏判断的演绎的方法

一种判断,当它提出了必然性的要求时,这时演绎的任务就出现了,这就是要证明它这要求的合法性来。如果它要求的主观普遍性,这就是说要求每个人的同意,那么,同样这场合也出现,但后者却不是认识判断,而只是对于一个被给予的对象的愉快感或不快感,也即是要求着一种一般地对于每个人有效的主观的合目的性。而这个主观合目的性不应是基于对这事物的概念,因为这里是一鉴赏判断呀!

在这一场合我们需要不是有一个认识的判断,既不是理论的判断,这是以通过悟性被赋予的自然一般的概念的基础的——也不是一(纯粹的)实践的判断——这是以通过理性作为先验地被赋予了的自由的观念做基础的——所以既不是表象一个事物的判断,也不是为了把这事物产生出来,我要去做一些工作,按照它的先验的有效性去辨明的。于是,一个单个的判断的普遍有效性,它只是表达出一个对象的形式的经验的表象之主观合目的性。把它对判断力一般来证明,解说这是如何可能的,即某一事物它单在评判里(没有感官感觉或概念)即能够令人愉快,并且,就好像一般认识判定一个对象时具有普遍的法则一样,个人的愉快对于其他各个人也能够宣称做为法则。这是如何可能的?

现在如果这个普遍有效性不是根据投票表决和向别人周遍询问他们是怎样感觉的,而是好像基于一个对于愉快感觉评判着的主体的自主权,这就是,基于他的自己的鉴赏力,但是又不应当是从概念中引申出来的;那么,一个这样的判断——像鉴赏判断确是这样的判断——是具有双重的,并且是逻辑的特性:即是这先验的普遍有效性,却不是按照着第一,诸概念的逻辑的普遍性,而是一个单个判断的普遍性;第二,这里是一个必然性(这是任何时必须基于先验的理由的),但它却不是系于任何一先验论证的根据,通过这些根据的表象来逼迫出这鉴赏判断所推断于每个人的赞同。

解释这鉴赏判断把它自己和一切认识判断区分出来的诸逻辑特异性就将能够达到这奇特机能的演绎,如果我们在此地开始时从它的一切内容,即愉快的感觉,舍象出,而只是把那审美上的形式和逻辑所规定的客观诸判断的形式相比较。所以我们要把鉴赏的这些特异的诸性质通过一些例证来说明它们。

第32节 鉴赏判断的第一特性

鉴赏判断规定的对象,在关涉到(作为美的)愉快中要求着每一个人的同意,好像那是客观地一样。

说:这花是美的,就等于说这么多,把她自身对每个人提出愉快的要求重复说一遍。对于她的香味的舒适,她却完全不提出这类要求。对这个人适意的香味,另一人会感到头晕。从这里面人们只能推想,美应该看做花自身的一个特性,不是依照着不同的头脑和那么多的感官,而是后者必须向着她看,如果他们要想评定她的话。但事实仍不是这样的。因为鉴赏判断正是建立在那里面,即它只是按照那一性质称呼一事物是美的,在这性质里这事物依照着我们吸取它的方式来呈现自己的。

此外我们要求于每个要证明主体的鉴赏力的判断的,就是主体在自己的判断里不需要到别人的判断里去摸索经验,去求教于他们的对于那同一对象的愉快或不快感,所以他的判断不应该作为模仿,依据着一个物件实际上普遍地令人满意的而是先验地说出来的。但是人们应当想,一个先验的判断必须包含一个来自对象的概念,这概念包含着关于对它认识的原理。而鉴赏判断却绝不基础于概念,并且处处不是认识工作而仅是一个审美的判断。

所以一个年轻的诗人不肯让公众的,也不让他的朋友们的判断,说他的诗美,来动摇他。假使他听从他们,那就不是因他现在另行评判了,而原因是在于他,纵使全部公众是具有着错误的鉴赏(至少在他的意见里),自己仍然愿去适应庸俗的妄见(甚至于违反着他的评判),以追求人们的赞赏。只有到后来,如果他的判断力由于训练更加锐敏了,他就自愿地放弃他以前的判断,像他完全根据于理性来掌握他的诸判断一样。鉴赏只对于自主性提出要求。把别人的判断来作自己判断的规定根据,这将是他主性了。

至于人们有理由赞美古代的作品推为模范,称呼它们的诸作家为典范,好像是作家里面某一种贵族,这个贵族通过他的行动给予人民以规律;好像指示出鉴赏的源泉是出自经验的,而驳斥着它在每个主体里的自主权的说法。若果这样,人们也将同样可以说:古代的数学家——他们是直到现在我们被视为综合方法具最高严密性和优美的不可缺的模范——也是证明了我们方面一种模仿的理性和这理性没有能力从自己内部用极大的直觉力通过概念的构成产生出严格的证明来。假使每个主体完全从他那自然素质的粗糙的根底开始,那么,就会完全没有对他的力量的运用,无论这是怎样地自由,甚至于对我们的理性(这理性,它的一切判断是从先验的共同源泉汲取来的),不陷入错误的诸试验里去,假使没有别人用他的试验走在他的前面,这并不是使后来继承者只成为他的模仿者,而是通过他自己的行动历程把别人带上路,以便他们能在自己内部找寻原理,并且这样找着他们自己的,常常是更好的道路。就是在宗教里面,在那里面每个人确是必须把他的行动的法则从他自己内部来获取,因为他对于这层将由自己负责,不能把他的过错的责任推诿到别人作为他的老师或先驱者的身上去,他却又是永远不能够通过一般的训示格言——这些训示格言或是从教士们,或哲学家们,或者也是从自己内部汲取来的——这样多的装备起来,像通过历史里树立起来的一个道德的或圣行的模范那样,而这模范并不使那从自己的和原始的先验的道德的观念置于无用,或把这些变成一种模仿的机械主义。一个示范者对于别人能够具有的一切影响,它的成就的最确当的称呼应是"继承 Nachfolgen",即对于一个行动的继承,而不是模仿。这称呼的意义就等于说:从那同一的源泉里来汲取,像那先进者自己所以汲取的,并且只学习先进者在汲取时是怎样做的。但是在一切机能和才能之中正是鉴赏最需要范例,即那些在文化的进展中获得赞扬最久的,免得不久又成为粗糙的,落回到那些初试验时的粗野状态。因为鉴赏的能力是不能由概念和训示来规定的。

第33节 鉴赏判断的第二个特性

鉴赏判断是完全不能通过论证根据来规定的,好像它只是主观的东西那样。

如果某人见不到一个建筑的、一个眺望的、一首诗的美,他内心里就不让千百口对它们的赞赏来勉强地应承。他固然可以假装满意,免得被人看做没有鉴赏力。他甚至于开始怀疑,他对他的鉴赏力是否已由于足够多的某一类对象的认识充分培养好了。(就像一个人在远距离中自以为认出了远处某些东西是一座森林,而别人却都说是一个城市,他就对自己的眼力怀疑了)。但这个他究竟看得很清楚:别人的赞赏对于美的评定绝不就提供了有效的证明。固然别人能够替他看和观察,如果许多人同样地看到,仍然是可以对他作为足够的证明来服务于理论的,即逻辑的根据,假使他以为他自己看到的是两样的话。但是使别人愉快的,却永不能就拿来作为一个审美判断的论据。对我们不利的别人的判断,固然有理由使我们对我们自己的引起考虑,却永不能就说出我们的不正确来。所以并不存在一个经验性的论证根据,能强制着别人的鉴赏判断。

第二点,更不能有一个依据着规定的法则的先验的证明来规定关于美的判断。如果某人对我宣读他的诗,或把我引进一个终于不符合我的趣味的戏剧。那么,尽管他引证巴托(Batteux)或莱辛,或更早些,更有名些的鉴赏的批评家和从他们设立的一切规律,来证明他的诗的美,或证明某些令我不愉快之点是和美的法则(像在那里所给予的并且普遍被肯定的)很协合着;我会把我的耳朵闭塞起,不听取任何理由和说教,并宁愿假定那些批评家的规律是错误的,或至少这里不是运用它们的场合。我宁不让我的判断由先验的论证根据来规定,因为这里应是鉴赏判断而不是悟性的或理性的判断。

这似乎正是人们为什么把这审美评判的能力恰恰命名为鉴赏的主要原因之一吧。因为人们可以在我面前把一盘菜的成分一一数说给我听,并且指出每一成分对我是适口的,而且又有理由称赞这食品的卫生,我将不听信这一些理由,却用舌和上颚去亲自尝尝,然后依据这个来下我的评判(不是依据一切的原理),事实上鉴赏判断永远总是作为一个对于对象的单独判断来下的。

悟性可以由于把这对象在它的赏心悦目这一点上和别人的判断相比较而下一普遍的判断,例如:一切郁金香是美的,但这样一来,却不是鉴赏判断,而是一逻辑判断了。这逻辑判断把一个对象对于鉴赏的关系作成了某一类事物的宾词了。

而那个判断,我由于它见到一个单个的郁金香是美的,也就是说,我见到我对于它的欣赏是普遍有效的,这里才是鉴赏判断。这鉴赏判断的诸特征建立在下面,即:虽然它仅仅是具有主观有效性的,却仍然对一切的主体有权提出那样的要求,这项要求的提出,是只能在下列情况常常实现的,即设定那是一个客观的判断,它基础于认识的根据而且能够通过证明来迫使人承认的。

第34节 鉴赏的一个客观原理是不可能的

人们所了解鉴赏的原理是这样一个原理,在它的条件下人们能够把一对象的观念包摄进去,然后导出一个推论,说它是美的。但这却是不可能的。因为我必须直接地在对象的表象上感觉到愉快,这是没有任何的论证能够对我游说的。像休谟所说的,纵使批评家好像比厨师们更能推理,却和他们具有同样的遭遇。他们的判断的规定根据不能期待于论证的力量,而仅能期待于主体对于他自己的状态(快适或不快适)的反思,排斥一切规定和规则。

至于批评家为了达到修正和扩大我们的诸鉴赏判断仍然能够和应该做的推理工作,这就不是在一普遍可用的公式里陈述出这类审美判断的规定根据,这是不可能的。而是要对于认识能力和它在这种判断里的任务做出探讨和把相互的主观合目的性,如前面所指出的,即它的形式在一给予的表象里,即是这表象的对象的美,在一些举例中来加以分解。所以鉴赏的批判(分析)自身只是主观地涉及那表象,由于这个表象,一个对象给予了我们,即:它是这艺术或科学,在一给予了的表象里把悟性和想像力的相互的关系(无有对先行的感觉或概念的关系),这就是把它们的合致或不合致纳入诸法则,并且就它们的诸条件来加以规定。它是艺术,如果它把这个只在例证里指出来;它是科学,如果它把一个这样的评定从这作为一般认识机能的天性里引申出来。我们在这里处处所从事的只是这后者,作为先验的批判。这先验的批判应当把鉴赏的原理,作为判断力的一个先验原理来展开和证实。批判作为技术仅是寻找生理学的(此地心理学的)亦即经验的法则,鉴赏实际上按照这些法则来进行(而不去思考它们的可能性),运用到对于它的对象的评判上去而评定着美术的诸产品;而前者(按:指先验的批判)却是从事于评判它们的机能自身。

第35节 鉴赏原理是判断力一般的主观的原理

鉴赏判断在下列一点上和逻辑区分着;逻辑判断把一个表象包摄到对象的概念之下,鉴赏判断却绝不这样,因为,若是这样,那个必然性的普遍的赞同将能由于论证来强迫执行了。但是它(指鉴赏判断)只在一点上和逻辑判断相似,即它也表示着普遍性和必然性,却不是依照着对象的诸概念,因此仅是一种主观的普遍性和必然性。但构成一个判断里的内容是诸概念,(即隶属于认识对象的),而鉴赏判断是不能由诸概念来规定的,所以它只是筑基于一个判断一般的主观的形式的条件。一切判断的主观的条件是从事判断的机能本身,或判断力。这判断力在运用一个对象所由给予我们的表象里,要求着二种表象力的协洽。即想像力的(为了直观和直观里多样性的组合)和悟性的(为了作为这个组合的统一性的表象)。现在因为这里没有对象的概念作为这判断依据,那么,它只能建立于想像力自身在一个表象那里,通过它,一对象被给予着,包摄到那悟性一般从直观达到概念的条件之下。由于想像在这里没有概念而型式化着,因而在这里建立着它的自由;于是鉴赏判断必须基础于一个感觉,在这感觉里想像力在它的自由里和悟性在它的规律性里相互激荡着。这就是基于一种情绪,这情绪使那对象按照着表象的合目的性——由于这表象,一个对象被给予着——对于诸认识机能在它们的自由活动里所给予的鼓动来评定。鉴赏判断作为主观的判断力含有一种包摄原则,但却不是诸直观摄于概念之下,而是诸直观的机能或(想像力的)表述摄在概念的机能(即悟性)之下,并且是在前者(按:即直观的机能)在它的自由里对于后者(按:即概念的机能)在它的规律性里相协调的范围内。

现在为了通过一个鉴赏判断的演绎来找出这合法根据,只有把这类判断的形式的诸特征——即只在它们身上考察其逻辑形式用来做我们的导引线索。

第36节 关于鉴赏诸判断的一个演绎的任务

和对于一个对象的觉知一起,对于一个客体一般的概念——从这概念那个觉知含着诸经验的宾词——能够直接结合成为一认识判断,并且经由这个产生出一经验判断。但直观里的多样性的综合统一的诸先验概念,以便把它(按:即经验判断)作为一客体的规定来思索的,却是那经验判断的基础。而这些概念、范畴,要求着一个演绎,这演绎工作曾在纯粹理性批判里做过了,通过它,下列任务的解决也能完成了,这就是:先验的综合的认识判断是如何可能的?这个任务是关涉着纯粹悟性和它的理论判断的先验诸原理的。

但是和一个觉知直接在一起也可以是一快乐(或不快)的情绪及满意结合着,这满意是伴随着客体的表象而对它当做宾词来服务的,这里就跳出一个审美判断而不是认识判断了。对于这样一个判断,如果它不仅是感觉的而且是一形式的反省的判断,它推断每个人必然的应有这愉快,必须在根基上具有某物作为先验的原理,这原理固然仅可能是一主观性的,(如果对这类判断一个客观性的原理是不可能的话),但是尽管作为这个,仍然也需要一个演绎(按:即论证),以便人们理解一个审美判断怎样能够提出必然性的要求来的。我们现在所从事的任务就植基在这里面；鉴赏（口味）判断是怎样可能的？这个任务就是关涉纯粹的判断力在这样的诸判断里，它（判断力）不是仅仅把它们归纳到客观的悟性的诸概念并且站立在一个规律之下（像在理论判断里那样），而且在那里，它自己对自身是主观性的对象，同时也是规律。这个任务所以可以这样来表象：

一个这样的判断是如何可能的呢？这判断仅仅是出于自身的对于对象的快乐的感觉，不受这对象的概念的羁绊，来对这快乐下评判，作为系属在每一个别主体里的这同一客体的表象，先验地，就是不需等待这个别主体的同意。

至于诸鉴赏判断是综合的，这是容易看出来的，因为它们走出了这客体的概念，甚至于它的直观的范围了，并且某一绝不再是知识，即快乐（或不快）的情绪对它作为宾词加了进来。但是至于它们，虽然宾词（那和表象结合着的情绪）是经验的，它们仍然是先验的判断，（在涉及对每个人要求着同意这方面）或须被这样来看待着，这已经包含在它们要求的词语里了。因此这判断力批判的任务是属于先验哲学的普遍问题之内，即：先验综合判断是怎样可能的？

第37节　在一个对于一对象的鉴赏判断里究竟是主张了什么？

至于来自一对象的表象是直接地和一种愉悦结合着，这只能内心里被觉知，并且，如果人们除此以外不再欲指示出什么来的话，那么这就只是一经验判断。因为我不能先验地把一规定的情绪（愉快或不快感）和任何一表象接合着，除非在那一场合，即一个规定着意志的原则先验地在理性里作为基础存在着。又因这里的愉快（在道德的情绪里）是从这场合引申出的结果，它就绝不能和那鉴赏里愉快相比较，因这种愉快（道德的愉快）要求着一个来自一规律的规定的概念。与此相反,前者(按:指出审美的愉快)却应该是和那先于一切概念的评判相结合着的。因此一切鉴赏判断也是单个的判断,因为它们把它们的愉快的宾词不和一概念而是和一给予了的单个的经验的表象结合着。

所以在一个鉴赏判断里所表象的不是愉快,而是这愉快的普遍有效性,这愉快的普遍有效性是被觉知为和那心意里一个对象的单纯评判相结合着,它先验地作为对于判断力的普遍例则,对每个人有效。我用愉快来觉知和评判一个对象,这是一经验的判断。但是,我若发现它美,这却是一先验的判断,我可以推想那个愉快是对每个必然的。

第38节 鉴赏诸判断的演绎

如果我们承认,在一纯粹的鉴赏判断里对于对象的愉快是和单纯地对于它的形式的评判结合着,那么,这就不是别的,这就只是它(按:指那形式)对于判断力的主观合目的性。我在心情里感觉它(这主观合目的性)和对象的表象结合着。但是判断力在评判中的形式的诸例则,没有任何质料(既无官能的感觉,也无概念),仅是能指向着判断力一般(这判断力一般既不局限于特殊的感官种类,也不局限于一个特殊的悟性概念)的运用中的主观的诸条件,因此指向着那主观性的东西,这个主观性的东西人们能在一切人里面设定着,(作为对于可能的认识一般所需要的),因此一个表象和这种判断力的诸条件的协合一致必须能够假定作为对每个人先验地有效。这就是我们应能有理由推断每个人会具有着那在评判一感性对象时,表象对于认识诸机能关系的主观合目的性或愉快。①

注　解

　　这个演绎之所以这样容易,是因为它无须论证一个概念的客观的实在性;因美不是客体的一个概念,而鉴赏判断不是知识判断。它只主张着：我们在任何人的场合里面普遍地肯定那判断力的主观诸条件为前提是正当的,这些主观诸条件是我们在自己内里见到的。关键只在于我们是把那给予了的客体正确地包摄到这些条件之下了。虽然后面这一层具有着不可避免的,不系属于逻辑的判断力的诸困难。(因人们在逻辑判断力这场合是包摄在概念之下,在审美里面是纳在一单纯可感觉的关系——即是在客体的被表象的形式上面想像力和悟性相互协调的关系——之下,在这里那包摄是容易做的)但是由于这个,那判断力提出普遍同意的要求的合法性却不被剥夺,这个要求所指的即是那基于主观的原理的正确性判定为对于每个人有效。

　　因为关于包摄到那原理之下的正确性所涉及的困难和疑惑,却不使人对那审美判断的有效性的要求的合法,即原理自身,发生疑惑。正像逻辑判断力错误地把后者(这里是客观的)包摄到原理之下时(虽然不常有,也不容易有),不使人对这原理自身疑惑一样。假使这问题是：把自然界作为鉴赏的诸对象的总括概念,先验地来假定,这是怎样可能的？这个课题就涉及目

---

① 为了有理由能对于一个单纯基于主观根据的审美判断力的诸判断提出普遍赞同的要求,下面的"容许"就足够了：(1)在一切人们那里这个机能的主观诸条件是一样的。这机能就是关于在这个活动里对于一个认识所设定的诸认识能力的关系,而这关系必须是真实的,因为否则人们不能传达出他们的表象以至于他们的认识。(2)那判断只须顾虑到这个关系(亦即判断力的形式的条件),并且要纯净,这就是既不和客体的概念也不和诸感觉作为规定根据来混合,如果在后一点上失错了,那么这只是涉及权能——这权能是一规律赋予我们的——不正确的运用到一个特殊的场合上,而这权能是不会由于这个而被弃扬的。——原注

的论,因这就必须把它看做自然的目的,这目的本质地属于自然的概念,自然的目的就是对我们的判断力展开合目的性的诸形式。

但是这个假定的正确性还是很可疑的,虽然自然众美的现实性正公开在我们的经验的面前。

第39节 关于感觉的可传达性

如果感觉作为知觉里的实在的东西联系到认识,那么它就唤做官能的感觉。它的质性里特殊的东西只让我们表象为一般地在同一样式里有传达可能性,如果我假定每个人具有和我们同样的官能的话,但是我们对一官能的感觉却绝不能假定这个作为前提。对于一个缺少嗅觉的人这类感觉就无法传达。即使他不缺乏嗅觉,我也不能断定他从一朵花获得的感觉正是和我一样的。在对同一物件的感到的舒适或不舒适更须设想是有差异的。绝不能要求每个人对于同一对象承认有同一的快乐。人们可以称唤这种快乐为享受性的快乐,因这种快乐是通过感官的道路走进心里来的,我们在这里是被动的。

与此相反,对于行为的道德性质方面的满意却不是享受性的愉快,而是基于自我的活动和这活动对于它的任务和理念的符合。这种唤做道德的情绪却是要求着概念并且不表现为自由的,而是合于规律的合目的性。所以也只能通过理性和通过颇为规定了的实践性的理性概念来传达,假使那愉快满意是同样的话。

对于大自然的壮美的愉快,作为理性化的静观的愉快,固然也提出普遍同意的要求,却已经拿另一种情感,即它的超感性的使命的情感为前提,这情感虽然可能是那样地不分明,却是具有着道德的基础的。至于别的人们是否顾虑到这一层并且在观照粗野的大自然时获得愉快，（这种愉快实在是不能归功于这粗野大自然的观照，它实是可怕地威胁着人们的），这是我没有权能来肯定作为前提的。不管这些，我仍然能够根据下列的观点推想每个人也会有那种愉快，这观点就是：我们应当在每个适当的因机里回顾到人们道德的禀赋，而人们只是由于这道德规律的媒介才可以有那种愉快，而这道德规律自身又是植基于理性的概念的。

与此相反，对于美的愉快既不是一种享受的快乐，也不是一种合道德规律性的行为，也不是按照着诸理念的理性化的静观，而是单纯的反射的。没有任何目的或行动准绳的原则，这种愉快伴着对一个对象通过想像力——作为直观的机能的——一般的把握，联系到悟性作为概念机能，由于判断力的一种处置手段。这种处置手段是判断力在最通常的经验里也必须执行的。只是它在这场合之所以被迫要进行的，是为了一个经验的概念，而在前面（即在审美的评判里）单是为了觉知那个表象对于双方认识机能在它们的自由中谐和的（主观的——合目的性）工作里的相应性，这就是用快乐去感受那表象的状态。这种愉快须在每个人那里必然地筑基于同样的诸条件，因为它们是一个认识可能性的主观诸条件，而这种认识诸机能在鉴赏里所要求的比例，对于普遍的和健康的悟性也是需要的。这悟性也是人们应该在每个人那里作为前提来假定的。正因为这样，具有鉴赏力的评判者（只要他在这意识里不迷误，不把质料当做形式，刺激当做美）可以假定那主观合目的性，这就是说，把他对客体的愉快，推断于每个别人，把他的情感作为可以普遍传达，并且无须概念的媒介。

第40节　论鉴赏作为一种共通感

人们常常对于判断力，当人们不但是注意到它的反思，毋宁注意到它的结果时赋予它一个感觉的称号,人们会说到对真理的感觉,对礼貌的、正义的感觉,等等,尽管人们知道,至少应该知道,这里并不是一种感觉——在这感觉里诸概念能够有着它们的席位——更不是它有微末的能力达到说出普遍法则的程度;而是,假使我们永远不能超越这些感觉而达到高一级认识机能,就永远不有关于真理、礼貌、美或正义这一类的表象走进我们的思想里来。人间的常识,这个人们把它作为单纯的健全常识(未受文化修养)看做极为微末的东西,看做是人既唤做人就必须具备的东西,因此也就获得一个侮辱性荣誉,它被称做普通感觉(sensus communis),普通(gemein)这一词(不仅在我们的文字里真正含有双重意义,就在别国也是这样)占有着它的含义常常了解为平凡、庸俗。占有着它绝不是功劳或优点。

但是在共通感觉这一名词之下人们必须理解为一个共同的感觉的理念,这就是一种评判机能的理念,这评判机能在它的反思里顾到每个别人在思想里先验地表象样式,以便把他的判断似乎紧密地靠拢着全人类理性,并且由此逃避那个幻觉,这幻觉从主观的和人的诸条件——这些诸条件能够方便地被认为是客观的——对判断产生有害的影响。这一切由于下面的原因现行出来:人们把他的判断紧密地靠拢着别人的不一定是真实的,毋宁只是可能的判断,把自己置身于别人的地位,当人们只是从那些偶然系在我们自己的评定上面的诸局限性抽象出来。而这些之所以成为这样,又是由于人们把表象状态里的质,即感觉,尽可能多地排去,因而只注意它的表象或它的表象状态里的形式的诸特异性。把这种反思的工作赋予我们所称呼为普通感觉那东西,大概显得太过技巧了,但这种反思工作只是看出来好像这样,如果人们把它在抽象的公式里表达出来。但是,如果人们是寻找一个能够达成普遍法则的判断的话,那么从魅力(刺激)和感动里抽象出来，却是在本身极其自然的事。

　　普遍人类悟性下面的格律固然不是隶属这里作为鉴赏批判的部分，但仍然能够用来说明它的诸原则。这就是：（一）自己思想；（二）站到每个别人的地位上思想；（三）时时和自己协合一致。第一个格律即是无有成见，第二是见地扩大，第三个是首尾一贯的思考样式。第一个是一永不消极的理性的格律的倾向，即对于他律的倾向，是唤做成见；一切成见中最大的成见就是：自己认为自然不受诸法则的制约，这些诸法则是悟性通过它自身本质的规律安放在自然的根基里去的——这就是迷信。从迷信解放出来唤做启蒙①。因为，这个称呼虽然也应用于从一般成见的解放，然而迷信仍是优先地（in sensu eminenti）值得称为一种成见，迷信陷入盲目性，啊，甚至于要求着这种盲目性作为义务，即认为必须被别人领导着，因而显著地标示一种消极性的理性的状态。涉及思考样式的第二格律时，我们通常习惯于把那种才能不堪大用（尤其是在强度方面）的人唤做浅陋（即窄狭，和博大相反）但此处却不是谈认识的能力，而是指的那思想样式，如何合目的地来运用它。这思想样式，尽管人的天分的范围和程度如何的小，仍能标示出一个思想样式博大的人来，如果他超脱了判断的主观的和人的诸制约——有那么多的人拘束在这诸制约里面呀！并且从一个普遍的立场（他设身处地站到别人的立场时，才能规定这个立场）来反思他自己的判断。第三个格律，即首尾一贯的思考样式，是最难以到达的，并且也只能通过

---

① 人们将看到，启蒙在理论上容易，在实际应用上是一艰难而缓慢的事件，因为用他的理性不被动地而是时时自己立法着，这固然对这类人是一完全容易的事，这人只想适合着它的主要的目的，而不企求知道超出他的悟性的东西。但是因为对后者的企求是极难防止的，在别的人那里，他们以很多的确信，预期能够满足这种知识欲。在他们那里这种企求是永不会缺乏的，所以在思考样式内（首先是在公众的思考样式内）要保持或成长那消极的东西（而这正是构成那本来意义的启蒙）是很困难的事。——原注

前二种的结合和由于时常遵守,熟练成巧以后才能达到。人们可以说:第一格律是悟性的格律,第二个是判断力的,第三个是理性的。

我现在重新拾起由于这段插论中断了的线索,并且说道:鉴赏能够以多种的权利在常识的场合上称唤为健康的悟性,而审美的判断力宁可优先于知的判断力获得共通的感觉这个名称,假使人们把感觉(Sinn)①这个字从单纯反思的效果这一意义运用到情感的场合上去,那么,在这里感觉就被理解为快乐的情绪。人们甚至于可以把鉴赏界说为那个评判的机能,它使我们的在一个给予了的表象上的情感没有概念的媒介而能普遍传达。

人们传达他的思想的技能也要求着一种想像力和悟性的关联,以便把直观伴合于概念,又把概念伴合于直观,把它们共流入一知识;但此后这两种心力的协合一致是合规律地强制在特定的诸概念之下。只是在这场合:即想像力在它自由中唤醒着悟性,而悟性没有概念地把想像力置于一合规则的游动之中,这时表象传达着自己,不作为思想,而作为心意的一个合目的状态的内里的情感。

所以鉴赏就是那机能,对于那和一个给予了的表象(没有概念的媒介)相结合着的情感的可传达性,从事先验地评判。

如果人们假定,他的情感自身的单纯的普遍传达性必须已经在它自身对于我们借带着一种兴趣(但人们没有权利从一个单纯的反思着的判断力的性质里引申出这个结论来)。那么,人们须能对自己说明:把那鉴赏判断里的情感期待于每个人恰恰像是作为义务,这是从何处来的呢?

---

① 人们可以把鉴赏用美的公通感,把人们的常识用理论的公通感来标出。——原注

第41节 对于美的经验性的兴趣

把某物评为美的鉴赏判断必须不以（利益）兴趣为规定根据，这是在前面充分的说明过了。但从这里不得出结论说，既然它是作为纯粹的鉴赏判断而给予的了，就不能有兴趣和它结合在一起。但这种结合却永远只能是间接的，这就是说，鉴赏必须最先把对象和某一些别的结合在一起被表象着以便那单纯对于对象的反射的愉快又能够和一个对于它的存在感到的愉快连接起来（在这愉快里，建立着一切的兴趣）因为在这审美判断里，就像在认识判断（对事物一般）里所说的那样（a posse acl esse non valet consequentia）。这某一别的东西可能是某些经验的东西，即如人性里本具的某一倾向；或某些智性的东西作为意志的特性，它能够先验地经由理性来规定着的。这两者内含着对于一对象的存在的愉快，因此能为着对于下列事物的兴趣安置下基础：这就是某物自身，不顾及任何一个利益兴趣，它已经使人愉快。

在经验里，美只在社会里产生着兴趣，并且假使人们承认人们的社会倾向是天然的，而对此的适应能力和执着，这就是社交性，是人作为社会的生物规定为必需的，也就是说这是属于人性里的特性的话，那么，就要容许人们把鉴赏力也看做是一种评定机能，通过它，人们甚至于能够把它的情感传达给别人，因而对每个人的天然倾向性里所要求的成为促进手段。

一个孤独的人在一荒岛上将不修饰他的茅舍，也不修饰他自己，或寻找花卉，更不会寻找植物来装点自己。只在社会里他才想到，不仅做一个人，而且按照他的样式做一个文雅的人（文明的开始）。因为作为一个文雅的人就是人们评赞一个这样的人，这人倾向于并且善于把他的情感传达于别人，他不满足于独自的欣赏而未能在社会里和别人共同感受。并且每个人也期待着和要求着照顾那从每个人来的普遍的传达,恰似出自一个人类自己所指定的原本的契约那样。所以开始时只是一些刺激性的东西,例如色彩用来文身(嘉拉巴人用橙黄色染料,伊洛克人用朱红色染料),或花卉、贝壳、美色的羽毛。在时间进展里也有美的形式(在独木舟上,衣服上及其他物上面)这些东西并不在自身偕带着快乐,即享受的快乐,却在社会里重要并和大的利益兴趣结合着:直到最后达到最高点的文明,从这里面几乎制造出文雅倾向性的主要的作品来,而诸感觉也只在它们能被普遍传达的范围内被认为有价值。就在那场合,如果每个人对于某样一件东西的愉快尽管只是微末不足道,又在自身没有可注意的利益兴趣,而关于这愉快的普遍传达性的观念却会把它的价值几乎无限地扩大着。

这种由于对社会的倾向,间接地系于"美"上去的兴趣,因而是经验性的对于美的兴趣,在此地对我们却没有任何重要性。我们的任务只是去考察,什么是和先验的鉴赏判断关系着的,哪怕是间接的关系着。

因为假使在这个形式里一个和它结合着的兴趣发现出来,鉴赏将发现我们的评判机能的一个从官能享受到道德情绪的过渡。并且不仅是人们通过这个将被更好地导致对于鉴赏力的合目的使用,人类的先验机能的联锁中一个中间环节———一切的立法必须系于这些先验机能——将作为这中间环节而表达出来。关于对诸鉴赏对象的经验性的兴趣和对于鉴赏自身,人们可以这样说:因为鉴赏,尽管它怎样地优雅化了,它仍服从于倾向性,它爱使自己和一切倾向性及癖好融合在一起,而这些倾向性及癖性在社会里达到它们的最大的多样性和最高度的等级。如果对美的兴趣是筑基在这上面的话,那么,它就仅能提供一个从舒适性到善的很可疑的过渡了。但这个过渡是否会通过鉴赏——在这鉴赏是纯洁的场合——推进着,关于这一点我们有理由去探究它。

第42节　关于对美的智性的兴趣

那一些人,他们欢喜把人们由内面的自然禀赋所推动的一切的事业都指向人类最后的目的,即道德的善,而把那对于美一般具有兴趣,也看做是一个好的道德的性格的标志,这真是在好心肠的意图里表现出来的见解。但他们都被别人有根据地反驳掉了。这些别人依据经验,指出鉴赏的练达家们不但是往往,而且经常是虚饰的、固执的,并且委身于一些有害的癖性,大概比别的人更少有资格说他们具有忠于道德诸原则的优点。所以好像是,对于美的情感不仅是和道德的情绪有种别的差异(实际上也是如此),而且这和美能结合的兴趣是和道德的兴趣很难,绝不能通过内部的亲和性结合起来。

我现在固然愿意承认,对艺术的美的兴趣(在这里,我把人工的使用自然的美以从事装点,即是为了浮夸虚饰,也算在内)完全不提供一个忠于道德的善的,或仅仅是有此倾向的思想形式的证据。但与此相反,我却主张:对于自然的美具有一个直接的兴趣(不单具有评定它的鉴赏力)时时是一个良善灵魂的标志,并且,假使这兴趣是习惯性的,它至少表示一种有利于道德情绪的心意情调,如果这兴趣乐于和自然的静观相结合着。但人们须记着,我在这里实际上是意指着自然的美的形式,而那些能与自然结合在一起的丰富的刺激(魅力)我暂且放置一旁,因对于那些东西的兴趣固然也是直接的,却仍是经验性质的。

谁人孤独地(并且无意于把他所注意的一切说给别人听)观察着一朵野花、一只鸟、一个草虫等等的美丽的形体,以便去惊赞它，不愿意在大自然里缺少了它，纵使由此就会对于他有所损害，更少显示对于他有什么利益，这时他就是对于自然的美具有了一种直接的，并且是智性的兴趣了。这就是不但自然成品的形式方面，而且它的存在方面也使他愉快，并不需一个感性的刺激参加在这里面，也不用结合着任何一个目的。

在这里值得注意的是，假使人们欺骗了他而是把假造的花（人能做得和真的一样）插进地土里，或把假造的雕刻的鸟雀放在树枝上，后来他发现了这欺骗，他先前对于这些东西的兴趣就消失掉了，但可能另一种兴趣来替代了这个，这就是虚荣的兴趣，他把他的房间用这些假花装饰起来以炫别人的眼睛。自然是产生出那美的，这个思想必须陪伴着直观与反省，人们对于他的直接的兴趣只建立在这上面。

否则只剩下一种单纯的鉴赏判断而绝无一切的兴趣或只是和间接的，即关系着社会的兴趣相结合着，但后者对于道德上善的思想并不提供确实可靠的指征。

这种自然美对艺术美的优越性，尽管自然美就形式方面来说甚至于还被艺术美超越着，仍然单独唤起一种直接的兴趣，和一切人的醇化了的和深入根底的思想形式相协合，这些人是曾把他们的道德情操陶冶过的。

如果一个曾经充分具备着鉴赏力，能够以极大的正确性和精致来评定美术作品的人，他愿意离开那间布满虚浮的，为了社交消遣安排的美丽事物房屋而转向大自然的美，以便在这里，在永远发展不尽的思想的络绎中，见到精神的极大的欢快，我们会以高度的尊敬来看待他的这一选择，并且肯定他的内心具有一美丽的灵魂，这种美丽的灵魂不是艺术通和爱好者根据他们对艺术的兴趣就能有资格主张他们也具有着。什么是这两种客体不同的评价的相异之点？在单纯鉴赏判断里这两种客体是很难互争优劣的呀！

我们有一单纯的审美判断力的机能，无概念地对诸形式来下评判，并且在这种单纯评判上发现一种愉快，我们同时使它成为每个人的例则，这种判断并且不是建基于一个利益兴趣，也不导致这样一利益兴趣。

另一方面我们也有一种知性判断力的机能，对于实践格律的单纯诸形式（在它们由自身成为普遍立法的范围内）规定一种先验的愉快，我们使它对每个人成为规律，我们的判断也不是建基于一个利益兴趣，却仍然导引出一利益兴趣。在前一判断里的愉快或不快叫做鉴赏的，后一种是道德情感的。

但是理性对于诸观念——理性在道德情感里对于这些观念具有直接的兴趣——它们（译者按：指诸观念）也具有客观的现实性，是有兴趣的（译者按：即对于观念具有现实性不是不关心的），这就是自然界至少要标示或给予一暗示，它内在自身里含有着任何一个理由，承认它的诸成品对于我们的摆脱了一切利益感的愉快有着一种合规律的协合一致（这种愉快我们先验地认识为对于每个人是规律，却不能把它建基于论证之上）。这样，理性就必须对于大自然的每一个具有着类似这样的协调的表示感到兴趣；因此人的心意思索自然的美时，就不能不发现自己在这里同时对于自然是感到兴趣的。

这种兴趣按照它的亲属关系来说是道德的。而谁人在自然身上持有这种兴趣的，他只在这一种范围内对自然持有这种兴趣，即当他的兴趣在这以前已经稳固地筑基于道德的善上面了。所以谁对自然的美直接地感到兴趣，我们有理由能够猜测他至少具有着良善的道德意念的禀赋。

人们或将对我们说：这个从它和道德情感的亲属关系来解说审美判断，以便把它看做是大自然在它的美的形式里形象地对我们诉说的语言的正确说明,似乎太过牵强了。但,第一点这个对自然美的直接兴趣实际上不普遍,而只是那些人才具有,他们的思想意识或已对于善发展了,或对此种发展特别容易接受。这样一来,纯粹的审美判断,不依于任何利益兴趣而使人感到一种愉快,并且同时先验地推想及于全人类。道德判断,它基于概念也做同样的事,它对于前一对象也具有一直接的同等的兴趣,而没有清晰的、细致的和预先的思索,在这两种判断之间存在着类比关系。只是审美判断是一自由的兴趣,而道德判断是一止基于客观规律的兴趣。再者,还有那对自然的惊赞,这自然在它的美丽的产品里表示为艺术品,不单是由于偶然,而好像是有意的,按照合规律的布置,并且作为合目的性而无目的。这目的,我们在外界是永不能碰到的,我们自自然然地在我们自己内里寻找,并是在那里面,即在那构成我们生存的终极目的,道德的使命。(至于问到这样一种自然合目的性可能的基础却须在目的论里即《判断力批判》第二部分谈论到它。)

  至于对美术的愉快在纯粹的鉴赏的判断里并不这样和一直接的兴趣结合着,像对于美丽的自然那样,这也是很容易解释的。因为它或是一自然的摹本,达到错觉的程度;那么它的作用就像一误认为真的自然美那样,或者它是一个有意的为引动我们的愉快而造作的技术。这时我们对于这一成品的愉快固然直接由鉴赏而牛起,但除掉唤醒一个对那植于根基里的原因的间接兴趣而外没有别的,这就是对于这一种艺术,它只是通过它的目的,永远不是由于自身使我感兴趣。人们或者会说:下面这场合也是和此同样的,这就是,如果一自然对象只是在那限度内使人感兴趣,当它和一道德观念伴合着。但,不是这个,而是这对象能够参加这一伴合的性质自身,即它内在地禀有此一特性,才会直接引起人们兴趣。

美丽自然的诸魅力,常常和美的形式溶合在一起被我们接触到的,它们或是属于光(在赋色里面),或是属于声(在音调里面)的诸变相。因为这些是惟一的诸感觉,它们不仅仅是具含着感性的情感,而且也允许我们对于感官的这些变相的形式进行反思,因而它们好像是一种把大自然引向我们的语言,使大自然内里好像含有一较高的意义。所以百合花的白色导引我们的心意达到纯洁的观念,并且按照着从红到紫的七色秩序,达到:(1)崇高;(2)勇敢;(3)公明正直;(4)友爱;(5)谦逊;(6)不屈;(7)柔和等观念。鸟的歌声宣诉他的快乐和对生活的满足。至少我们这样解释着自然,不管这是不是它的真实的意图。但我们在此处对于自然的美的兴趣,却必须它确实是自然的美,假使我发现这里只是艺术,我发现我是被欺骗了,那时这自然的美就立刻全部消逝了,甚至于鉴赏就不能在那上面发现到任何美,视觉也不能在那上面见到任何魅力了。诗人所赞赏的莫过于夜莺在静悄悄的夏夜,藏在孤寂的丛林里,发出它的动人的美丽的歌唱。但人们虽有这样的例子,即在这场合并不是夜莺的歌唱,而是某一客店主人为了使那些在他客店里歇夏的旅客们高兴,暗中叫一个顽皮的孩子藏在丛林里(用芦管或竹管)模仿着自然的歌唱。当人们一旦发觉这是欺骗时,人们就不再能长久忍耐下去听这先前那样认为多么美的歌声了。这就是每一歌手的场合。所以那必须是自然或被我们认为是真的自然,这才使我们能够对于美作为一种美感到一直接的兴趣,更进一层说,我们将可以推断别人也应在那上面感到兴趣。实际上正是这样,我们会把那些人的思想形式看做粗俗或不高尚,假使他们对于大自然没有感觉(我们这样称呼那对于观照兴趣的容受性),而只在膳食杯盘之间紧抓住官能的享乐。

第43节 关于艺术一般

(1)艺术被区别于自然,像动作(facere)被区别于行为或作用一般(agere)一样,而成品,或前者(艺术)所产生的结果,作为作品被区别于后者的结果,即效果(effectus)。

正当地说来,人们只能把通过自由而产生的成品,这就是通过一意图,把他的诸行为筑基于理性之上,唤做艺术。因为,虽然人们爱把蜜蜂的成品(合规则地造成的蜂窝)称做一艺术作品,这只是由于后者对前者的类似。只要人一思考,蜜蜂的劳动不是筑基于真正的理性的思虑,人们就会说,那是她的(本能的)天性的成品,作为艺术只能意味着是一创造者的作品。

当人们探查一沼泽时见到一块被削正的木头,像通常会有的情形,这时人们不会说它是自然的成品,而是一艺术的。产生这一物的原因是自己设想过一个目的,这物的形式当归原于这一目的。固然人们也在一切事物上见到艺术,只要这事物的构造是这样的:即在它的实现之前必须先在它的因里面先行着一个对于它的表象(甚至于在蜜蜂那里),而正无须真正预想过它的结果。但人们根本上所称为艺术作品的,总是理解为人的一个创造物,以便把它和自然作用的结果区别开来。

(2)艺术作为人们的技巧也和科学区分着(技能区别于知识),作为实践的和理论的机能,作为技术和理论(像几何学中的测量术一样)区别开来。因此在下列的场合不叫做艺术,即:人能够做,只要人知晓什么是应该做的,因此只充分地知晓这欲求的结果。只是那人们尽管是已经全部地知晓了,却还未具备技巧立刻来从事,在这范围内才隶属于艺术。坎伯尔(Camper)曾描写得很仔细,最好的鞋子应该是怎样做的,但他却肯定地做不出一只来①。

（3）艺术也和手工艺区别着。前者唤做自由的，后者也能唤做雇佣的艺术。前者人看做好像只是游戏，这就是一种工作，它是对自身愉快的，能够合目的地成功。后者作为劳动，即作为对于自己是困苦而不愉快的，只是由于它的结果（例如工资）吸引着，因而能够是被逼迫负担的。至于在行会的级表上是否钟表匠被认为是艺术家，而与此相反，铁匠作为手工艺匠工，这需要和我们现在所探取的观点不同的另一评判观点，即是作为这一事业或那一事业基础的才能的比例。在所谓七种自由艺术里是否有几种可以列入学术，有几种可以和手工艺相比拟，关于这一点我现在不愿谈论。至于这一切自由艺术里仍然需要着某些强制性的东西，如人们所说的机械性东西，若没有这个那在艺术里必须自由的，惟一使作品有生气的精神就会完全没躯体而全部化为虚空，这是应该提醒人们的，（例如在诗艺里语法的正确和词汇的丰富，以及诗学的形式韵律）现在有一些教育家认为促进自由艺术最好的途径就是把它从一切的强制解放出来，并且把它从劳动转化为单纯的游戏。

第44节 关于美的艺术

没有关于美的科学，只有关于美的评判；也没有美的科学，只有美的艺术。因为关于美的科学，在它里面就须科学地，这就是通过证明来指出，某一物是否可以被认为美。那么，对于美的判断将不是鉴赏判断，如果它隶属于科学的话。至于一个科学，若作为科学而被认为是美的话，它将是一怪物。因为，如果人们

---

① 在我住的地方普遍人说道，如果人给予他一个这样的任务，像哥伦布和他的蛋那样，这就不是艺术，这仅是一科学。这就是说，人如果知晓了，他就能做。对于变戏法的人的一切所谓艺术，他认为也是这样。但走绳索的艺术他却不能否认是一种艺术。——原注

在它里面把它作为科学来询及理由和证据,人们会拿美丽的词句来打发我们。至于什么根由产生了通常所称谓的美的科学,无疑不是别的,正是人们完全正确地指示出来的:美的艺术在它的全部的完满性里包含着不少科学,例如对古代文字的知识,熟读古典作家,历史学,古代遗产的熟悉等等,因这些学识构成了美的艺术的必要的准备和根基。另一部分根由也因为对美术的作品的知识(演说学与诗艺)也包含在这里面,由于名词的误用,自己也就称做美的科学了。

假使艺术,适合着一可能对象的认识,单纯为了把它来实现,进行着为这目的所必要的动作,那它就是机械的艺术。假使它拿快感做它的直接的企图,它就唤做审美的艺术。这审美的艺术又可以是快适的艺术,或是美的艺术。它是前者,假使它的目的是快乐,伴随着诸表象作为单纯的感觉。它是后者,假使这快乐伴随着诸表象作为认识的样式。

快适的诸艺术是单纯以享乐为它的目的。例如人们在筵席间享受到的一切刺激,有趣地说着故事,诱使坐客们活泼自由地高谈阔论,用谐谑和欢笑造成快乐气氛。在这场合,正如人们所说的,随便说些醉话,不负任何责任,不停留在一固定题目的思考和倡和里,只为了当前的欢娱消遣。(隶属于这场合的也有筵席的美味陈设或在大宴会里甚至于还有着音乐的演奏:这是一奇怪的东西,它只是作为一种舒适的声响支持着大众愉快的情调,协助他们和邻座自由地交谈,没有人会丝毫注意到这音乐曲调的结构)。此外属于这场合的还有一切游戏,这些游戏没有别的企图,只是叫人忘怀于时间的流逝。

与此相反,美的艺术是一种意境,它只对自身具有合目的性,并且,虽然没有目的,仍然促进着心灵诸力的陶冶,以达到社会性的传达作用。

一般愉快的普遍传达性是在它的概念里已经包含着这事实：即它不是单纯的官能感觉的快乐，而必须是反省里的，所以审美的艺术是这样一种艺术，它是拿反思着的判断力而不是拿官能感觉作为准则的。

第45节　美的艺术，在她同时好像是自然时，它是一种艺术

在一个美的艺术的成品上，人们必须意识到它是艺术而不是自然。但它在形式上的合目的性，仍然必须显得它是不受一切人为造作的强制所束缚，因而它好像只是一自然的产物。艺术鉴赏里这个可以普遍传达的快感，就是建基于我们认识诸机能的自由活动中的自由的情绪，而不是建基于概念。自然显得美，如果它同时像是艺术；而艺术只能被称为美的，如果我们意识到它是艺术而它又对我们表现为自然。

于是我们能够一般地说：不管是自然美或艺术美，美的事物就是那在单纯的评判中（不是在官能感觉里，也未曾通过概念）而令人愉快满意的。但艺术却是时时有一确定的企图来创造出某物。假使这单单是感觉（某些只是主观的东西），企图和快乐相偕着，那么这一成品在评定里只是通过官能的感觉而令人愉快。如果这企图是在于产生出某一确定的客体，那么，假使它也是经由艺术达到的话，那么，这一客体只能通过诸概念来令人愉快满意。在以上这两个场合，艺术将不是在单纯的评判里，即不是作为美的艺术，而是作为机械的艺术令人愉快满意的。

所以美的艺术作品里的合目的性，尽管它也是有意图的，却须像是无意图的，这就是说，美的艺术须被看做是自然，尽管人们知道它是艺术。但艺术的作品像是自然是由于下列情况：固然这一作品能够成功的条件，使我们在它身上可以见到它完全

符合着一切规则,却不见有一切死板固执的地方,这就是说,不露出一点人工的痕迹来,使人看到这些规则曾经悬在作者的心眼前,束缚了他的心灵活力。

第46节 美的艺术是天才的艺术

天才就是那天赋的才能,它给艺术制定法规。既然天赋的才能作为艺术家天生的创造机能,它本身是属于自然的,那么,人们就可以这样说:天才是天生的心灵禀赋,通过它自然给艺术制定法规。

不管这个定义是怎样一回事,它或许只是肆意而谈的,或许符合着人们在天才这名词下所把握的概念,或许不是,(这将在次节里说明),人们仍然能够预先证明,按照着这里所假定的字义,美的艺术必然地要作为天才的艺术来考察。

每一艺术是以诸法规为前提,即在它们的基础上一个能被称为艺术的作品才能设想为可能的。但美的艺术这一概念却又不允许对于它的作品所下的美的判断是从任何一个法规引申出来的。法规是以一概念做它的规定基础的。因此,对于作品下美的判断,是不以一概念做基础的,这概念是说出:它是怎样可能的。所以美的艺术不能为自己想出法规来,他却只能按照着这法规来完成制作。但是没有先行的法规,一个作品是永不能唤做艺术的,因此必须是大自然在创作者的主体里面(并且通过它的诸机能的协调)给予艺术以法规。这就是说,美的艺术只有作为天才的作品才有可能。

人们从这里看出来,天才(一)是一种天赋的才能,对于它产生出的东西不提供任何特定的法规,它不是一种能够按照任何法规来学习的才能,因而独创性必须是它的第一特性;(二)也可能有独创性的,但却无意义的东西,所以天才的诸作品必须同时是典范,这就是说必须是能成为范例的。它自身不是由模仿产生,而它对于别人却须能成为评判或法则的准绳。(三)它是怎样创造出它的作品来的,它自身却不能描述出来或科学地加以说明,而是它(天才)作为自然赋予它以法规,因此,它是一个作品的创作者,这作品有赖于作者的天才,作者自己并不知晓诸观念是怎样在他内心里成立的,也不受他自己的控制,以便可以由他随意或按照规划想出来,并且在规范形式里传达给别人,使他们能够创造出同样的作品来。(因此天才"genie"这词可以推测是从 genius[拉丁文]引申而来的,这就是一特异的,在一个人的诞生时赋予他的守护和指导的神灵,他的那些独创性的观念是从这里来的);(四)大自然通过天才替艺术而不替科学定立法规,并且只是在艺术应成为美的艺术的范围内。

第47节 对上面关于天才的说明解释和论证

人们在这一点上是一致的,即天才是和模仿的精神完全对立着的。学习既然不外乎是模仿,那么,最大的才能、学问,作为学问,仍究竟不能算做天才。假使人们自己也思考或做诗,并且不仅是把握别人所已经思考过的东西,甚至对于技术和科学有所发明,这一切仍然未是正确的根据,来把这样一个(常常是伟大的)头脑(与此相反,那些除掉单纯的学习与模仿外不再能有别的东西,将被人唤做笨伯)称做一天才。因为这一切科技仍是人们能学会的,仍是在研究与思索的天然的道路上按照着法规可以达到的,而且是和人们通过勤恳的学习可以获致的东西没有种别的区分。所以牛顿在他不朽的自然哲学原理那一著作里所写的一切,人们全可以学习。虽然论述出这一切来,需要一个伟大的头脑,但人不能巧妙地学会做好诗,尽管对于诗艺有许多详尽的诗法著作和优秀的典范。原因是在于:牛顿把他的一切步骤,从几何学的最初原理达到他的伟大的深刻的发明,不单是能对自己,也能对于每个别人完全直观地演出来并规定下追随的道路。既不是荷马,也不是魏兰能够指示出他们的幻想丰满而同时思想富饶的观念是怎样从他们的头脑里生出来并且集合到一起的,因为他们自己也不知道,因而也不能教给别人。所以在科学里面最伟大的发明家和最辛勤的追随者和学徒也只是程度上的差别。与此相反,对美术获得天赋的人是和他们却有种类上的区别,但这些伟大人物(译者按:指科技发明家),人类感荷于他们的是那样多,我们在这里绝没有把他们和那些自然的宠儿——就他们的美术天才而言——相对比而加以轻视。正由于他们把他们的才能用于知识的永恒向前的更大的完满性和一切系于这上面的效用利益,以及把这些知识传递给别人,在这些上面正是他们对于那些获得天才荣誉的人所占有的伟大优越性:因为对于这些天才们艺术或已停止进步,艺术达到一个界限不再能前进,这界限或早已达到而不能再突破;并且这样一种技巧也不能传达,而是每个人直接受之于天,因而人亡技绝,等待大自然再度赋予另一个人同样的才能。他(这天才)仅需要一个范本的启发,以便同样地发挥他自己已意识到的才能。

既然天赋的才能必须给予艺术(作为美的艺术)以法规,那么,什么是这法规呢?它不能要约在任何一个公式里,以便成立为规范。因为那样一来,对于美的判断就可以按照概念来规定了。而这法规必须是从实践,即从成果,抽象出来的,在这成果(作品)上别人可以考验他自己的才能,以便使那个范本不是服务于照样重做而是令人观摩模仿,至于这是怎样可能的,那是不容易解释的。一个艺术家的诸观念激动了他的学徒的类似的观念,假使大自然给他的心灵能力装备了一个类似的比例。所以美术的诸范本是惟一的导引工具,来把美术传递给予后继的人,而这不是单纯通过描述所能做到的(尤其是不能在言语的艺术里),而且在这些里面也只能是那古代的,死的,现在只作为学者的言语保存下来的,得成为典范。

尽管机械的、作为单纯勤勉的和学习的艺术,和美的、作为天才的艺术,相互区别着,但究竟没有一美的艺术里面没有一些机械的东西,可以按照规则来要约和遵守,这也就是说有某些教学正则构成艺术的本质的条件。因为在艺术里面必须有某物被思考为目的,否则人们不能把它的成品归隶艺术,那将单是一偶然性的产物了。但是要把一个目的放进艺术,就需要确定的法规,人不能从这些法规超脱出来。但天赋才能的独创性是构成天才品质的本质的部分,所以一些浅薄的头脑相信,只要他们从一切规律的束缚中解放了,他们就是开花结果的天才了,并且相信,他们骑在一匹狂暴的悍马上会比跨在一匹训练过的马上要威风些。天才仅能为美术的成品提供丰富的素质,这些素质的加工和它的形式要求着一位经过学校陶冶过的才能,以便使用这素质,能够在批判力面前获得通过。但是假使有人在细致精密的理性探讨的事物中也像一个天才那样来谈论和判决,那就完全可笑了,人们将摸不清,是应该笑这骗子吗? 他散布这许多模糊的烟雾,使人们无从获致明白的判断,而因此更好胡思乱想;或是人们应笑那忠厚老实的公众,他们相信,他们不能认识和把握这一具洞见的杰作,他们的无能是由于整个大块的新的真理抛在他们的面前,而细节(通过诸原则的精确说明的和正规的考验)好像只是残缺不全。

第48节 天才对于鉴赏的关系

评定美的对象作为美的对象要求着鉴赏力,对于美的艺术自身,产生美的艺术却要求着天才。

如果人们把天才看做对于美术的才能（含着这名词的特有的意义），并且在这目的之下分析诸机能——这些机能必须集合起来才能构成这才能的，那么，必须准确地规定出自然美和艺术美的区别。自然美的评定只需要鉴赏力，而艺术美的可能性是要求着天才的（在评判这一类的物品时必须照顾到这一点）。

一自然美是一美的物品；艺术美是物品的一个美的表象。

评定一个自然美作为自然美，不需预先从这对象获得一概念，知道它是什么物品，这就是说，我不需知道那物质的合目的性（这目的），而是那单纯形式——不必知晓它的目的——在评判里自身令人愉快满意。但是如果那物品作为艺术的作品而呈现给我们，并且要作为这个来说明为美，那么，就必须首先有一概念，知道那物品应该是什么。因艺术永远先有一目的作为它的起因（和它的因果性），一物品的完满性是以多样性在一物品内的协调合致成为一内面的规定性作为它的目标。所以评判艺术美必须同时把物品的完满性包括在内，而在自然美作为自然美的评判里根本没有这问题。固然在评判里主要地是考虑到自然界里有生命的诸对象，例如人或马，一般地也涉及客观的合目的性，以便对它们的美来评定；但因此那判断也不再是纯审美的，即单纯的鉴赏判断了。自然不再是按照它显现为艺术来评判，而是在于它确是作为真实的（固然超人类的）艺术。这种目的论的判断构成审美判断的基础和条件，我们必须顾念到这点。在这样一个场合假使人说道：这里是一美女，人们事实上所思想的也不外于：大自然在她的形体里表象着妇女躯体构造的诸目的，因人须超出那单纯形式眺见一个概念，以便那对象在这方式里通过一逻辑制约了的审美判断而被思考着。

美的艺术正在那里面标示它的优越性，即它美丽地描写着自然的事物，不论它们是美还是丑。狂暴、疾病、战祸等作为灾害都能很美地被描写出来，甚至于在绘画里被表现出来。只有一种丑不能照实在的那样表现出来，而不毁灭一切审美的愉快，毁灭艺术的美，这就是那令人作呕的现象。因为在这一奇异的，纯粹基于想像作用的感觉里，那对象好像是逼迫着我们来容受，而我们却强力地抗拒着，因而对象的艺术的表象和这一对象自身的性质在我们的意识里不能区别开来，从而前者不可能作为美来看待。所以雕塑艺术，因在它的作品上艺术和自然几乎不能区别，它们必须把丑恶的对象从它们的表现范围内屏除出去，因而把死亡（用一美的神灵），战争（用马尔斯战神）通过一个寓意或属性来表达，以便使人乐于接受。这就是说间接地通过理性解释的媒介而不是由于单纯审美的判断力。

关于一个对象的美的表象我们只说到这里，它在本质上只是一个概念的表述的形式，通过它那概念被普遍传达着。把这形式给予美的艺术却需要鉴赏力。这种鉴赏力是艺术家由于许多艺术作品及大自然范本的观摩练习出来和改正过，而运用在他自己的创作里，并且经历一些常常辛勤的试验发现了那个形式使他的鉴赏力感到满足。所以这形式不是一种灵感的事业或心意诸能力自由飞腾的结果，而是一缓慢的、甚至苦心推敲、不断改正的结果，以便把它（形式）适合着思想而同时仍不使心意诸力活动的自由受到损害。

鉴赏却只是一评判的而不是一创造的机能；所以适合着它的并不因此就是一个美术的作品；那也可能是隶属于有益的和机械的产物，这产物的形成是按照着规定法则，而这些法则人们能够学会并准确地遵守。但那令人愉快的形式——人们所加赋予它的——却只是一传达的工具和演述的手法，在这里面人们尚能在某种程度上保持自由，虽然他是束缚在一规定的目的上面的。所以人们要求那桌上用具或一道德论文，甚至一个说教必须在自身具备着美术的形式,而又不显得是故意造作的。但人们并不因此就称它们为美术创作。隶属于后者将是一首诗、一出乐奏、一个画廊等类。这里人们会在一个应该成为美术的作品上面有时见到有天才而无鉴赏,在另一作品上见到有鉴赏而缺天才。

第49节 关于构成天才的心意诸能力

有某些艺术产品,人们期待它们表示自己为美的艺术,至少有部分如此,而它们没有精神,尽管人们就鉴赏来说,在它们上面指不出毛病来。一首诗可以很可喜和优雅,但它没有精神。一个故事很精确和整齐,但没有精神。一个庄严的演说是深刻又修饰,但没有精神。有一些谈笑并不缺乏趣味,但没有精神。甚至于我们可以说某一女人是俊俏、健谈、规矩,但没有精神。这是为什么?人们在这精神里了解的是什么?

精神(灵魂)在审美的意义里就是那心意赋予对象以生命的原理。而这原理所凭借来使心灵生动的,即它为此目的所运用的素材,把心意诸力合目的地推入跃动之中,这就是推入那样一种自由活动,这活动由自身持续着,并加强着心意诸力。

现在我主张,这个原理正是使审美诸观念(译者按:亦可译审美诸理想)表现出来的机能。我所了解的审美观念就是想像力里的那一表象,它生起许多思想而没有任何一特定的思想,即一个概念能和它相切合,因此没有言语能够完全企及它,把它表达出来。人们容易看到,它是理性的观念的一个对立物(pendan),理性的观念是与它相反,是一概念,没有任何一个直观(即想像力的表象)能和它相切合。

想像力(作为生产的认识机能)是强有力地从真的自然所提供给它的素材里创造一个像是另一自然来。当经验对我呈现得太陈腐的时候,我们同自然界相交谈。我们固然也把它来改造,但仍是按照着高高存在理性里的诸原理,(这些原理也是自然的,像悟性把握经验的自然时所按照的诸原理那样);在这里我们感觉到从联想规律解放出来的自由(这联想规律是一系于那机能在经验里的使用的)。在这场合里固然是大自然对我提供素材,但这素材却被我们改造成为完全不同的东西,即优越于自然的东西。

人们能够称呼想像力的这一类表象做观念;这一部分因为它们对于某些超越于经验界限之上的东西至少向往着,并且这样企图接近到理性诸概念(即智的诸观念)的表述,这会给予这些观念一客观现实性的外观;另一方面,并且主要的是因为对于它们作为内在的诸直观没有概念能完全切合着它们。诗人敢于把不可见的东西的观念,例如极乐世界、地狱世界、永恒界、创世等来具体化;或把那些在经验界内固然有着事例的东西,如死、忌妒及一切恶德,又如爱、荣誉,等等,由一种想像力的媒介超过了经验的界限——这种想像力在努力达到最伟大东西里追迹着理性的前奏——在完全性里来具体化,这些东西在自然里是找不到范例的。本质上只是诗的艺术,在它里面审美诸观念的机能才可以全量地表示出来。但这一机能,单就它自身来看,本质上仅是(想像力的)一个才能。

如果把想像力的一个表象安放在一个概念底里,从属于这概念的表达,但它单独自身就生起来了那样的思想,这些思想是永不能被全面地把握在一个特定的概念里的——因而把这个概念自身审美地扩张到无限的境地;在这场合,想像力是创造性的,并且把知性诸观念(理性)的机能带进了运动,以至于在一个表象里的思想(这本是属于一个对象的概念里的),大大地多过于在这表象里所能把握和明白理解的。

有某些形式不是构成一个被给予的概念自然的表达，而只是作为想像力的副从的诸表象，来表现与此联结着的后果，和这概念与别的诸概念的亲属关系，人们称唤这类形式做一个对象的（审美的）状形词（Attribute），这个对象的概念作为理性的观念是不能切合地表述出来的。朱匹特的鹫鸟和他爪里的闪电是这威严赫赫的天帝的状形标志，而孔雀是天后的。它们不表象着我们对天地创造的崇高和威严在概念里面的逻辑的状形词，而是某些别的东西，这些东西给予想像力机缘，扩张自己于一群类似的表象之上，使人思想富裕，超过文字对于一个概念所能表出的，并且给予了一个审美的观念，代替那逻辑的表达。它服务于理性的观念，本质上为了使心意生气勃勃，替它展开诸类似的表象的无穷领域的眺望。美的艺术做此事不仅是在绘画或雕刻里（在这里状形词常被运用着），而且诗艺和口才把那使他们作品生动活泼的精神也完全从对象的美的状形标志里取过来，这些状形词和逻辑的属性并行着，给予想像力以腾跃，它们在这里面——固然是在未发展的样式里；让人更富裕地思想着，超过一个概念在一特定的文字表达里所能包括的。我为了简短起见只限于少数的举例里。如果大王（译者按：指普鲁士的菲得烈大王）在他的一首诗这样表现着："让我们没有怨声退出此生，并无所惋惜，此外我们还用善举堆满了这世界留给后人。像太阳那样，当它完成了每天的周转以后，还散布了 层柔光在天上。它穿过云层送来的最后光线，是它对这世界最后的祝福。"他这样的在他生涯终结时仍对他的世界主义的理性观念用一状形词来赋予生命，这个状形词是想像力（在回忆着曾经度过的一个美丽的夏日黄昏在他心情里唤起的一切快感）附加到那表象上的，而这又生起一群感觉和附带的表象，这些自身未寻到表现的。另一方面，与此相反，甚至于一个知性的概念能够用来做感性的一表象的状形词,而把后者通过超感性的观念来生动化。但只是当那主观地附丽于那超感性的意识上的美被用在这里的场合。所以某一诗人在描绘一美丽早晨时说:"太阳涌出来,像静穆从德行里涌出来那样。"当人们在思想里设身到一个有德行的人地位去,道德的意识就会在人的心情里散播着一群高尚的镇静的情绪和对于愉快的未来一种无限的展望,对于这一切,是没有一个言词的表现——它只切合着一特定的概念呀——能够完全到达的①。

一言以蔽之,美的观念是想像力附加于一个给予的概念上的表象,它和诸部分表象的那样丰富的多样性在对它们的自由运用里相结合着,以至于对于这一多样性没有一名词能表达出来(这名词只标指着一特定的概念),因而使我们要对这概念附加上思想许多不可名言的东西,联系于它(这不可名言的)的感情,使认识机能活跃生动起来,并且使言语,作为文学,和精神结合着。

所以在它们的结合里构成天才的心意能力,就是想像力和悟性。只从事于认识的想像力是在悟性的约束之下受到限制,以便切合于悟性的概念。但在审美的企图里想像力的活动是自由的,以便在它对概念协合一致以外对悟性供给未被搜寻的,内容丰富的,未曾展开过的,悟性在它的概念里未曾顾到的资料,在这场合里悟性运用这资料不仅为着客观地达到认识,而是主观地生动着认识诸力,因而间接地也用于认识,所以天才本质地建立于那幸运的关系里,这关系是没有科学能讲授也没有勤劳

---

① 大概从来没有人说出过某一更加崇高的东西,或一个思想曾被更崇高地被表达出来过,像在那伊惜斯(Isis 自然母亲)庙上所写的话:"我,一切存在的,曾经存在的,将存在的总体,没有一个有死的人曾揭开过我的面幕。"赛格耐尔(Segner)曾在他的意义丰富的著作《自然论》书面图版上利用了这观念,以便他准备引入这庙宇的学生先期被这神圣的战栗所充塞,这个战栗调整他的心情进入庄严的注意。——原注

能学习的,以便对于一给予的概念寻找得诸观念,另一方面对这些观念找到准确的表达。通过这表达,那由于它所用的主观的情调,作为一个概念的伴奏,能够传达给予别人。后面这才能本质上即是人们唤做精神的。如果要把那心意里不可名言的东西在某一表象里表现出来和普遍地传达着,这个表现方式可以建立于语言文字,或绘画,或雕塑,这都要求着一种机能来把握想像力很快流逝的活动并且结合在一个概念里,这概念可以让人们不受诸规律的约束而传达着。(这概念正因此是独创性的,并且同时展开了一新的规律,这新的规律是不能从任何一个过去的原理或范本里引申出来的。)

如果在这些分析以后回转到我们前面对人所名为天才所给予的解说,我们就见到:第一点,天才是一种对于艺术的才能,而不是对于科学的,在科学里必须是已被清楚认识了的法则先行着,并规定着它科学里面的手续;第二点,天才作为艺术才能是以一个关于作品作为目的的概念为前提的,因而它是一个悟性,但也是一(尽管是未被规定着的)关于材料,即直观的表象,以便表达出一概念,这也就是一种想像力对于悟性的关系;第三点,不仅是在表现出一规定的概念里实现着那预定的目的,更多地是在表达或表现审美的观念里显示出来——这些审美观念具含着对此目的的丰富的素材——因而使想像力在它的不受规则束缚的自由活动里仍能对我们表出它对于表现那给予的概念是合目的的;最后第四点,在想像力对于悟性规律性的自由协和里这没意图的、非做作的主观合目的性是以这些机能的一种这样的比例和情调为前提。而这些却不是遵守科学的或机械模仿的规则所能做到,而只有主体的天才禀赋才能产生出来。

按照着这些前提,天才就是:一个主体在他的认识诸机能的自由运用里表现着他的天赋才能的典范式的独创性。

照这个样式,天才的产品(即归属于这产品里的天才而不是由于可能的学习或学校的)是后继者的范例而不是模仿对象,(因为这样那作品上的天才和作品里的精神就消失了)它是对于另一天才唤醒他对于自己独创性的感觉,在艺术里从规则的束缚解放出来,以致艺术自身由此获得一新的规则,通过这个,那才能表出自己是可以成为典范的。因天才是自然的宠儿,人们把它作为稀有的现象来看待;于是它的型范就对于别的优秀头脑带来学派,这就是说人们从他精神创作里和它们的特性里所能引申出来的法则就构成教学的方式;那美的艺术成了模仿的对象,大自然通过天才给予了法则。

但这种模仿成了抄袭,如果学徒把一切照样仿制,以至于那畸形的东西也仿制下来,这些畸形的东西是天才在创造过程里由于避免削弱他所要表达的观念而不便去掉的。只有在天才那里这种勇气是功绩,而在表现里某些大胆和一些违反常规对他是适宜的,但却不能被照样仿制,并且在自身它永远仍是一个缺点,人们必须设法把它去掉,只有天才好像才有此特权,因他的精神飞腾的不可模仿性将由于这些小心翼翼受到损害。矫揉造作是抄袭的另一形式,即单抄袭那些怪癖特点(独特性),以便使自己尽可能地远远离开那些抄袭家,却又没禀有那才能,能够同时成为典范。固然一般有两种方式来组织所陈述的思想,一种方式唤做样式(审美的方式),另一种唤做方法(逻辑的方式),它们中间相互的区别是在于:第一种除了注重表现里统一的情感外没有别的准则。第二种却在这里面遵循着特定的诸原则。对于美的艺术只有第一种妥当。一个艺术作品只在下列情况里唤做矫揉造作的,如果在它里面它的思想的陈述只着重特异的东西,而不是按照切合于观念来处理的。炫耀的(矫饰的)、弯曲的和不自然的,只为了想把自己和平凡的区别开来,(但没有灵魂)这恰似那一类的行动,如人们所说:他说着,走着,站着,指手画脚,好像在戏台上,准备让人们瞧看。他时时曝露出一个小丑来。

第50节 在美术作品里鉴赏力和天才的结合

如果人们提出的问题是:在美术里是显示天才要紧,还是表示鉴赏(趣味)重要,这就等于是问:在美术里面是不是想像力比判断力更重要,但一个艺术就第一点来看宁可以说那只是才气焕发,而就第二点来看,它有资格被称为是一美术品,那么,后者至少作为不可缺的条件在人们评定一个艺术作为美的艺术时首先要被重视的。对于审美观念的丰富和独创性不是那样必要的,而想像力在它的自由活动里适合着悟性的规律性却是必要的。因前者的一切富饶在它的无规律的自由中只能产生无意义的东西,而判断力与此相反,它是那机能,把它们适应于悟性。

鉴赏(口味)和判断力一般是天才的训育(或管束),剪掉天才的飞翼,使它受教养和受磨练。但同时也指导它在那些方面和多么广阔的领域内它能够扩张自己而同时仍在合目的的范围内。又由于它(指鉴赏)把清晰和秩序带进它的思想富饶之内,就会把诸观念结合起来,能够获得持久,同时获得普遍的赞许,后人的继承和永远前进的改善。所以如果在一作品上两种性质的斗争中要牺牲掉一种的话,那就宁可牺牲天才;而这判断力,它在美术事务中从自己的原则有所主张,宁可损及自由和想像力的富饶,而不损及悟性。

所以美的艺术需要想像力，悟性、精神和鉴赏力①。

第51节 关于美术的分类

人们能够一般地把美（不论它是自然美还是艺术美）称做审美诸观念的表现：只是在美的艺术里这观念必须通过客体的一概念所引起，而在美的自然里只需单纯的对于一给予的直观的反省——没有关于这对象应该是什么的概念——就是能够唤醒和传达那观念，那个客体将被看做是这观念的表现。

所以我们如果要把美的艺术来分类，我们所能为此选择的最便利的原理，至少就试验来说，莫过于把艺术类比人类在语言里所使用的那种表现方式，以便人们自己尽可能圆满地相互传达它们的诸感觉，不仅是传达他们的概念而已②。这种表现建立于文字、表情、和音调（发音、姿态、抑扬）。这三种表现形式的联合构成表白者的完满的传达。因思想、直观和感觉将由此结合着，并同时传达给别人。

因此只有三种美术：语言的艺术、造型的艺术和艺术作为诸感觉（作为外界感官印象）的自由游戏。人们也可把这个分类二歧法地立出来，即美术分为表现思想的艺术及表现直观的艺术，而后者又按照它们的单纯形式或它们的内容（感觉）来分类。但这样一来，这分类将显得太抽象而不那样切合一般的诸概念。

（一）语言的诸艺术是雄辩术和诗的艺术，雄辩术是悟性的事作为想像力的自由活动来进行；诗的艺术是想像力的自由活动作为悟性的事来执行。

---

① 前三种机能通过第四种才获致它们的结合。休谟在他的历史著作里使英国人理解，他们在他们的作品里涉及前三种特性的证据分开来看时，不逊于任何民族。但涉及那使三种结合的鉴赏力却不及他的邻邦法国人。——原注

② 读者不应批评美术的这个可能的分类的设计作为是勉强的理论。它只是人们所能和所应设立的许多试验之一。——原注

所以演说家揭示的是一事务，而施行出来却好像只是观念的游戏，使听者乐而不倦。诗人说他只是用观念的游戏来使人消遣时光，而结局却于人们的悟性提供了那么多的东西，好像他的目的就是为了这悟性的事。感性与悟性虽然相互不能缺少，它们的结合却不能没有相互间的强制和损害，两种认识机能的结合与谐和必须好像是无意地、自由自在相会合着的，否则那就不是美的艺术。所以在它里面必须避免一切矫揉造作和令人不快的东西。因美术必须在双重意义里是自由的艺术：它既不是一种雇佣的劳动，这劳动的量是让人按照一规定的标准来评定，强迫或付酬的，也不是在这场合里情感固然也参加了活动，但没有见到一别一目标而感到满足和鼓舞的（不顾酬金）。

演说家固然给予了某些预诺范围以外的东西，即令人乐听不倦的观念的游戏，但他也损害了一点他所预诺的东西和他所预告的事务，这就是：那合目的地鼓动悟性的工作。与此相反，诗人许诺的少，且预告他那里是只单纯的观念的自由活动，但贡献出来的却配得上称为那样一种工作，即游戏似的对悟性提供了营养料并且通过想像力给予悟性的诸概念以生命。所以基本上给予前者少过于他所许诺的，而给后者是多过了他所许诺的。

（二）造型的诸艺术或诸观念在感性直观里的表现（不是通过文字所引起的单纯想像力的形象）是或为感性的真实或为感性的假象的艺术。第一种唤做形体的艺术（雕塑），第二种是绘画。两者在空间里创造了表现观念的形象。前者为了两个感官，视觉与触觉，创造形象（虽对于触觉的企图不是在美），后者只为了视觉。在想像力里面两者都植基于美的理念（美的原型），但构成它的表达的形象（模型）是或在形体的扩张里（像对象自身存在的那样子），或像它反映在眼帘里那样（按照它在平面的显示）给予我们，而在前面的场合，或关联到一实在的目的，或仅是这目的的假象构成反思的条件。

隶属于形体艺术作为美的造型艺术的第一类,是雕刻艺术与建筑艺术。雕刻艺术立体地表现着诸物的概念,像它们在自然里存在的那样。(作为美术照顾到审美的合目的性)第二类艺术表现着诸物的概念,这诸物只通过艺术才可能的,而它们的形式不是以自然,而是以一有意的目的为规定基础的,为了这个企图同时也要审美地合目的性地来表现它们。在后者的场合人工的对象之使用是主要事务,审美的诸观念因靠此为条件而受到局限。在前者的场合里主要事务是审美诸观念的单纯表现。所以人神,动物的雕像等等是属于第一类,而寺院,或宅邸,为了公开的集会,或住宅、凯旋门、圆柱、纪念碑和其他等,为了尊崇纪念,是隶属于建筑。甚至于一切家具(木匠的工作等为了使用的),也能归于这一类;因构成一建筑的本质的是一作物切合着某一用途。与此相反,一单纯的为了观赏而造成的雕刻应自身令人愉快,作为形体的表现只是一自然的模仿,但照顾到审美的观念,所以在这里感性的真实不应走过了头以致不再是艺术而显示为矫揉造作的成品。

绘画艺术,作为造型艺术的第二类,把感性的假象技巧地和诸观念结合着来表现,我欲分为自然的美的描绘和自然产物的美的集合。第一种将是真正的绘画艺术,第二种是造园术。因第一种只表现形体的扩张的假象,第二种固然按照着真实来表现形体的扩张,但也只给予了利用的和用于其他目的假象,作为在单纯观照它们的诸形式时想像力的游戏①。后者不是别的,只是用同样的多样性,像大自然在我们的直观里所呈现的,来装点园地(草、花、丛林、树木,以至水池、山坡、幽谷),只是另一样地,适合着某一定的观念布置起来的。但这些立体物的集合布置也只是为眼睛看的,像绘画那样;感觉的意识不能获致这类形式的一个直观的表象。我要把人们用壁挂、饰物和一切美丽家具来装点房间也列入绘画,服务于观赏;同样,例如切合趣味的服装(指环、小盒等)。满植花卉的坛,粉饰多彩的厅室(包含妇女的盛装在内)在一个节日里像一幅画,这幅画像真正所谓的画(它们不是以教授历史和自然知识为目的),只是为了观赏而存在的,以便想像力在自由活动中拿诸观念来消遣,并且没有任何特定的目的使审美判断力活动着。一切这些装饰品在机械方面可能很不相同并且需要不同的艺术家。但在这些艺术里什么是美的,鉴赏力的判断对于它的规定却是在一种的方式里,这就是对于诸形式(不顾虑到一个目的),在它们呈现于眼的范围内,单个的或在它们的组合里,按照它们对于想像力所产生的作用来评判。至于造型艺术怎样才能算做一种表情的言语,这就有待下列情况来保证:即艺术家的精神通过形象把他所想的和怎样想的给予了表达,而使事实自己来说话和表情;这是我们的幻想的一种通常的活动,即对无生命的什物按照着它们的形式赋予一个精神,而这精神又从它们诉说出来。

---

① 园林艺术能作为一种绘画艺术来看待,好像是令人诧异的,虽然它是立体地来表现它的诸形式的。但它的诸形式既是真实地从自然界里取来的(树木、草、花,从山林及田野取来,至少最初是这样的),因此不像形体艺术只是艺术,也没有关于对象的概念和它的目的(像建筑)作为它们的集合的条件,只是想像力在观照中的自由游戏,因此它就和那单纯审美的绘画——它没有何等特定的主题(空气、土地、水,由光和影有趣地集合着)——在这限度内相一致。读者根本上将把这评定为一种结合各美术于一原理之下的试验,这原理在这时应是审美诸观念的表现的原理(类似一种语言)——而不看做已经作为决定了的它(园林艺术)的演绎。——原注

(三)感觉的美的自由活动的艺术(这些感觉从外界产生却必须仍能普遍传达)只能是对于感觉所隶属的感官的不同程度的情调(紧张)间的比例,这就是说那调子的准确把握。在这名词的广义里这种艺术可以分类为听觉的和视觉的诸感觉的自由活动(游戏),从而分类为音乐与色彩艺术。可注意的是:这两种感官除掉对于诸印象的感觉性而外——它需要那样多的感觉性,以便由于它们的概念的媒介,获得这些外界的诸对象——还要能够有能力感到与此相结合着的一种感觉,对于这种感觉人们不能确定它是以感官还是以反省为根柢。再者这种感受性有时还能缺去,尽管感官在用于认识客体方面完整无缺而且非常精致。这就是人不能确定地说:一个颜色或一声音(音调)单是快适的感觉,或者自身已经是诸感觉的一个美的游戏。并且作为这个,在审美评判里它在自身带着对于形式的愉快。如果人们考虑到光的振动的速度,或在第二种里,空气振动的速度,它们大概远远超过了我们下面的这机能,即对那通过它们的时间区分的比例在直接知觉它们时来评定。那么,人们就应相信,只有这些颤动对于我们身体弹性部分的影响才被我们感觉到,那通过它们的时间区分不被注意和加以评定,因此和彩色及音调结合着只有快适而不是它们的结构的美。与此相反,人们首先考虑那数学的关系,即那说明音乐里这些振动的比例和对于它的评定,并且按照着同样的状况评定色彩的对照,其次,人们咨询那些人,这些人的例子虽少——他们具有最好的视觉却不能区别色彩,具有最锐利的听觉却不能分辨音调。同样,对于能够这样做的人,在对色阶或音阶不同的紧张注意的场合去觉知一个变化的性质(不仅是感觉程度的变化),同样,对于可把捉的差等,它们的数字关系是规定了的,在这场合,人们将被迫见到,这两类的感觉不应看做单纯的感官的印象,而应当看做多数感觉自由活动（游戏）里的形式和对于这形式的评赏所产生的作用。在评定音乐的根基时这一或那一不同的意见，将这样改变着它的定义：即人们或是如我们所已做的，把音乐说明为诸感觉的美的游戏（通过听觉），或说明为快适的诸感觉的自由活动。只有按照第一种说明，音乐才完全作为美的，按照第二种说明，作为快适的艺术（至少一部分）被表象着。

第52节 在一个和同一个作品里
美的诸艺术的结合

雄辩术能用绘画的表现方式和他的主题和对象在一个演剧里，诗和音乐在歌唱里，这歌唱又同时能和一画意的（演剧的）的表现在一歌剧里，诸感觉的游戏在一音乐里和形象的游戏在舞蹈里等等结合着。崇高的表现，在它属于美术的范围内时，能在一韵文的悲剧、一教训诗、一圣乐里把自己和美结合起来；并且在这些结合里的美术更是技巧些；至于是否更美些，在某一些场合里可能的（因有那样多种的愉快相交错着）。但在一切的美术里，本质的东西是成立于形式，这形式是对于观看和评判是合目的的，在这场合快乐同时是修养并调整着精神达到理念，因而使它能容受许多这类的快感与慰乐。不是在感觉（刺激或感动）的质料里单纯地放在享乐上面，在理念里不留下任何东西，使人们精神麻木迟钝，使对象愈过愈令人嫌厌，使人的心意由于意识到对他的理性判断反目的性的情调而使自己不满和生气。

如果美术不是直接或间接结合着道德诸观念，而单独在自身带着一种独立愉快，那么，后者就成为命运的结局了。它们就只供消遣，人们越利用它们来消遣，就越会需要它们，以便驱散心意对于自己的不满，因而人们愈加对自己无益和对自己的不满。一般讲来，大自然对前一企图最适合，如果人们很早就习惯于观察它、评定它和赞美它。

第53节 美的诸艺术相互间审美价值的比较

在一切艺术里诗的艺术占着最高的等级（它的根源几乎完全有赖于天才而是极少通过规范的指导，或受范例的指引），它扩张人的心情，通过它使想像力自由活动，并在一给予了的概念的界限内，在可能的与此相协和的诸形式的无限多样性之下，提供那一形式，这形式把表现这概念和一种思想丰富性结合着，对于这思想的丰富性是没有语言的表达能够全部切合的因而提升自己达到诸理念。它加强着人的心情，通过它使这心情感觉着它的自由的、自动的，并于自然规定之外的机能，使它把大自然作为现象按照观察角度来观看和评定，这些观察角度不是大自然从自身提供与感官或在经验中的悟性的，因而把这些观察角度用来作为超感性的东西的图式。诗的艺术随意的用假象游戏着，而不是用这个来欺骗人，因它自己声明它的事是单纯的游戏，虽然这游戏也能被悟性在它的工作里合目的地运用着。雄辩术，在我们了解它是说服人的艺术范围内，这就是运用美的假象来欺骗人的技术，并不单纯是辩才（达辩和文词美妙），它是一种辩论术，它从文学只借用那么多，以便能够笼络人心，使人们在评判之前就对辩者有好感而剥夺了他的评判自由。这是既不能夸荐于法庭，也不能夸荐于说教坛的。因为，如果这里是为了市民的法律，为了每个人的权利或是为了经常的教训，或导引人们正确地认识和严格遵守他们的责任的话，这种辩术就会不符合这些重要任务的庄严性，如果它透露一点点过多的风趣和想像力，令人看出他的游说意图和为了某人的利益来争取人们的话。因为尽管这种辩术自身迄今也常被应用到正当和可赞赏的目的上，仍将由于下列原因它是应被放弃的，即在这样情况里道德原则和人的心术受了损害,虽行为自身客观上是合目的的。做出正当的事,还是不够的,必须从正当的理由来做事。这类人间事务的明晰的概念,和一种在活泼的,举列范例的叙述相结合着,并且不违反语言优美的规则,或理性的观念表达的适当(这些东西合起来构成了辩才),本身已经对人产生足够的影响,不需再加游说的机器了。但是这一切,由于它们也能被使用于丑恶的美化和谬误的隐蔽,不能完全消除人们暗中怀疑它的巧妙安排的策略。在诗的艺术里一切进行得诚实和正直。它自己承认是一运用想像力提供慰乐的游戏,并想在形式方面和悟性的规律协和一致,并不想通过感性的描写来欺骗和包围悟性。①

　　在诗的艺术之后我要安放音乐的艺术,如果我们从事心情的魅力与活动,这种艺术是在语言的艺术里最接近于诗的,因此也很自然地和它相互结合着。因为它固然没有语言而是通过感觉来诉说,从而不像诗留给我们某些从事思想的东西,但它却更丰富多样地激动我们的心情,虽只是一过即逝的,却更深入内心,它固然是享受超过修养(在这里附带引起的思想活动只是机械地联想的作用),根据理性来评定,音乐比其他的诸艺术有较少的价值。所以它像一切享受那样要求着常常变换,不能多次重演而不引起厌倦。它们的可以普遍传达的魅力(刺激),好像就建基在下面:语言的每一个表现关联里面有一种适合着它的

---

① 我必须承认:一首美丽的诗都曾给予我纯粹的愉快,而在阅读罗马的人民或现在议院或教堂里雄辩家最好的演词时总是时时夹杂着不满的情绪对于他们的欺骗人的技巧。他们把人当做机器,懂得在重大事件里鼓动他们达到一种判断,这种判断经过冷静的思考后将对他们失去一切分量。雄辩术和辩才(合起来演说术)是隶属于美的艺术的。但巧辩的演说家,把他的技巧利用人类的弱点来服务于他的目的(不管这些目的是善意的,或实在是好的,如他们所愿望的那样)是不值得尊重的。并且它们在雅典也在罗马曾提升自己达到最高峰,在那一时期,国家已奔向它的没落,真正的爱国思想已经消失。谁在对事务的清楚认识中有力地掌握着语言的丰富和纯洁,在表现他的有能力的想像力里诸观念时,对真正的善用热情关心着,这是无艺术的演说家,但充满着力量,像西塞罗所愿望的那样,但他自己并没有时时忠于这个理想。——原注

意义的调子,这调子或多或少地表示着说话人的一种情感并且相互地也在听的人里引动起来,它(这调子)也在听者里面激引起那观念,这观念在语言里是用这调子表现出来的。并且,像音调的变化对每个人好像是诸感觉的一普遍懂得的语言那样,音乐艺术为自己掌握着这些音调的变化在它们的全面的强调中,作为情感的语言而施行着。并且由此按照着联想的诸规律把那和它们在自然形式里结合着的诸审美的观念传达出来。但,由于那些审美诸观念不是概念和一定的思想,仅是运用这些感觉的组合的形式,(和谐与旋律)来替代一个语言的形式,由它们的比例化的情调的媒介(这种情调,因它在音调里建基于一定时间里空气振动数的关系,在诸音调同时或相续地联结着,也能数学地归引到一定的法则下面来)。表达出一个不可名言的思想富饶,联系着全体里的审美诸观念,切合着某一定的主题,这主题是在这乐曲里构成统治着的情感的。审美的愉快单单就系于这数学的形式,虽然它不是通过一定的诸概念来表象的,这愉快把那对于这一群相偕或相续的诸感觉的反思和这种(形式的)游戏相结合着作为它的对每个人有效的美的条件。鉴赏仅是按照着它这形式敢于认为有权对每个人预先说出那一(审美)判断。

但是对于音乐所产生的魅力和情感活动,这数学确实是没有丝毫的分。它仅是那诸印象在它们的结合和变化中的比例,通过这个才能综合地把握它们并且阻止它们相互破坏,而协调成为一相连不断的运动,通过和这些相偕合的情感激动着人们的心意,从而成为一舒畅的自己的享受。

与此相反,如果人们把诸艺术的价值按照着它们对人们的心情所提供的修养来评量。并且把人们认识过程里必须集合起来的诸机能的扩张作为评量标准,那么,音乐就将在诸美术中居最低的位置。因它只是用诸感觉游戏着。(但在那些美术里,这些美术是同时按照它们的舒适性来评价的,音乐大概会占居最高位。)在上面这个观点里,造型诸艺术将远列前茅。因它们把想像力安置在一自由的,却同时适合着悟性的活动里。于是它同时从事一种事业,它完成了一个成品,这成品服务于使悟性的诸概念成为一持久性的和自己自荐的媒介,把它们和感性相结合,从而推动诸高级认识能力的优雅性。两类艺术走着不同的道路:第一种从诸感觉达到不规定的诸观念;第二种却从规定的诸观念达到诸感觉。后者给予持久性的,前者只是流转着的印象。想像力能唤回那些持久性的而和它们舒适地会谈;那些流转着的却会是完全消失掉,或假使它无意地被想像力重复着,它们会使我厌烦多过于舒服。此外,在音乐上系着有某一定的谦让性的缺乏,因它常常按照它们的乐器的性质扩大着它们的影响,超过人们所需求的,(例如对于邻人的干扰),因而像是强迫人接受,损害着音乐会以外的人的自由。那些只对人眼睛说话的诸艺术不干这些事。如果人们不愿接受它们的印象。只要把眼睛转开就行了。这里几乎像人们由于一种散播着的香味所感触到的那样。谁把洒了香水的手帕从口袋里取了出来向四周邻人挥动,当他们呼吸空气时,不得不同时被迫享受这个香味。这个作风现在不时髦了。①

在造型艺术里我将给绘画以优先位置:一部分因它作为线描艺术构成一切其他造型艺术的基础;一部分因它能深深钻进诸观念的领域,并能把直观的分野适应着这些观念更加扩大,超过其他艺术所能达到的。

---

① 有人对于家庭的信仰演习也推荐人们唱宗教歌,他没想到他对于公众通过这样一种喧闹的(正由此一般是伪信的)敬仰加上了一种沉重的负担,他强使邻人参加唱歌或放下他们的事务。——原注

第54节　注解

我们已经屡次指出，在单纯的评判里令我愉快满足的，和使我快乐的（只在感觉里给予满足的）之间，是存在着一本质的差异。后者是不能像前者那样，可以推断别人的同意的。快乐（它的原因可能也存在于诸观念里面）好像时时建立于促进人类整个生活的，因而也是身体的适意，即健康的一种情感里。所以伊比鸠认为一切的快乐基本上是对于肉体的感觉，在这范围内大概可能不为无理，只是他自己误解了，当他把智性的，甚至实践的愉快也算进快乐之内。如果人们把后面的差异放在眼前，人们就可对自己解说，怎么一个快乐对于感受它的也会令人不愉快（像一个贫乏的，但思想正直的人对于爱他而又俭啬的父亲留给他的遗产）或像一个深沉的苦痛对于感受它的人仍能给予满意（一寡妇对于她的功绩很多的丈夫死亡的悲哀），或一快乐在快乐外仍能令人满意（像我们对于我们所搞的科学），或一痛苦（例如憎恶、嫉妒乃复仇欲等）在痛苦之外又令人对此不满。愉快及不快在此是建基于理性而是和认可与否认同义。快乐及痛苦都只能建基于情感，或一对于可能的健康或不健康的眺望（不管那是根据什么理由）。

一切感觉的变化的自由的游戏（它们没有任何目的做根柢）使人快乐，因它促进着健康的感觉；不管我们对于它的对象以及这快乐自身在理性的评判里是满意还是不满。而且这快乐可以上升到激情，尽管我们对于这对象自身没有任何兴趣，至少没有和后者的程度比例相称的兴趣。我们可以把它们分类为赌博的游戏、音乐及思想的游戏。第一种要求着一种兴趣，它是虚荣心的或利己心的，这些兴趣根本不那么大，像我们对于怎样获致它们的方式的兴趣那样大。第二种只要求着诸感觉的变化，这些感觉里的每一感觉具有它对激情的关系而又没有一激情的强度和刺激诸审美的兴趣观念。第三种单纯起源于判断力里诸表象变化,通过这个固然没产生任何一自身带来利益感的思想,但心意却仍被兴奋着。

我们一切的晚会指示出:诸游戏节目必须怎样地娱乐我们,而人们在此不需有任何实际利益的意图安置于根柢之上。因没有游戏节目的晚会几乎令人不能消遣。但希望、恐怖、喜悦、愤怒、轻蔑等感情在这里活动着,每一瞬间交换着他们的角色,是那样地活泼,好像通过它们作为内面的运动促进了身体内全部的生活机能。一种由此产生的心情的舒畅证明了这一点,尽管在这些游戏里无所获也没学习到什么。但赌博不是美的游戏,我们在此不去谈它。与此相反,音乐和引起欢笑的资料是两种具有审美诸观念的游戏,或者那些结果没有什么思想收获的悟性诸表象,只是由于它们的变化仍能活跃地娱乐我们。我们可以清楚的看出,在两种场合里的生气刺激仅是肉体上的,虽然它们是由心意里的诸观念引动来的。那通过一种照应着那游戏的内脏活动的健康感构成了这兴奋的晚会所赞赏为那么高尚机智的娱乐。并不是音乐里和谐或机智风趣的评判——这是和着它们的美共同服务于必要的媒介——而是那肉体内被促进的机能,推动内脏及横膈膜的感觉,一句话说来,就是康健的感觉(这感觉在没有这种机缘时是不能察觉的)构成了娱乐。在这里人们也见到精神协助了肉体,能够成为肉体的医疗者。

在音乐里这种活动从肉体的感觉走向审美诸观念(作为情感的诸对象),又从这里又走回头,但用集合了的力量对于肉体。在谐谑里(它像音乐一样比起舒适的艺术来宁可算进美的艺术里)从思想的游戏开始,这些思想全部在它们要感性地表现出来的限度内,也关系着肉体。当悟性在这个表现历程里没有见到它所期待的东西，突然停歇了活动，于是他就在肉体内通过诸脏器的振动感觉到这停歇的效果，从而促进了它们的平衡的恢复而对健康具有一种良好影响。

在一切引起活泼的撼动人的大笑里必须有某种荒谬背理的东西存在着。（对于这些东西自身，悟性是不会有何种愉快的。）笑是一种从紧张的期待突然转化为虚无的感情。正是这一对于悟性绝不愉快的转化却间接地在一瞬间极活跃地引起欢快之感。所以这原因必须是成立于表象对于身体和它们的相互作用对于心意的影响。并且不是在表象客观地是一享乐对象的范围内，（因为一个被欺骗的期待怎能享乐？）而只是由于它作为诸表象的单纯游戏在身体内产生着生活诸力的一种平衡。

如果某人述着：一个印地安人在苏拉泰（印度地名）一英国人的筵席上看见一个坛子打开时，啤酒化为泡沫喷出，大声惊呼不已，待英人问他有何可惊之事时，他指着酒坛说：我并不是惊讶那些泡沫怎样出来的，而是它们怎样搞进去的。我们听了就会大笑，而且使我们真正开心。并不是认为我们自己比这个无知的人更聪明些，也不是因为在这里面悟性让我们觉察着令人满意的东西，而是由于我们的紧张的期待突然消失于虚无。或是一位接受了富亲戚遗产的人想替他的出丧大大的庄严一下，而抱怨他未能做到，他说："我给送丧的人伕钱要他们哭丧着脸，不料给钱越多，他们表现得越高兴。"我们听了大笑，原因也是，一种期待突然转化为虚无。人们都必须注意，这里不会是期待的东西转化为积极性的对方面——因那总是某物并常常会使人不快——而是必须转化到虚无的。因为如果谁人用他的讲故事引起我们大的期待，而我们在结局里立刻见到它的虚伪性，那就会使我们不满，例如他讲人在一夜之中因忧愁白了头发。与此相反，假使有一位恶作剧者对付这类故事而细致地叙述一个商人从印度携带他的全部商品返回欧洲,海洋里遇到大风暴,眼看他的全部商品不能不一一投到海里去,他这样气愤忧急,以致在当天晚上他的假发变成灰色,我们就会哄堂大笑而且高兴,因为我们把我们自己的对于一个原来与我们并不相干的事件的错误的把握,或甚至于把我们追踪的观念,像皮球那样暂时间打来打去,在这场合里我们单纯地以为抓住了它和紧紧地握住了它。在这里不是对付一个说谎者或一愚人,揭穿了他们的真面目而使我们愉快:因这后面这个装着严肃面孔讲述的故事就会引动一群人的哄笑。而前面那故事通常也不值得人们的注意。

可注意的是:在一切这些场合里那谐谑常须内里含有某些东西能够在一刹那里眩惑着人;因此,如果那假象化为虚无,心意再度回顾,以便再一次把它试一试,并且这样的通过急速继起的紧张和弛缓置于来回动荡的状态:这动荡,好像弦的引张,反跳急激地实现着,必然产生一种心意的振动,并且惹起一与它谐合着的内在的肉体的运动,这运动不受意志控制地向前继续着,和疲乏,同时却也有一种精神的兴奋(适于健康运动的效果)。

因为如果人们认为,和我们的一切的思想在一起同时有任何一在身体诸器官里的运动和谐地结合着,那么,人们将大致这样理解:像那种把心意突然地放置在那一个或这一个立场上来观察它的对象,我们五脏里弹性各部分一种相互间的紧张和放松,传达给横膈膜,能和它照应着。(像怕痒的人们所感到的那样):在这里肺部把空气用急速的相续的呼吸吐出去,从而生起对健康有益的运动。单独这运动,而不是那在心意所现行的,是对于一思想的愉乐的真正的原因,这思想在根本上不表象什么。福尔泰尔说,天曾赋予我们两件东西来抵抗生活里许多的苦难,即:希望和睡眠。他应能把笑也列进去;假使在有理智的人那里激引起它(笑)的手段只要那样容易在手边,假使所需的机智或独创气氛不那么缺少,像常常才能那样,伤脑筋像神秘的冥想家,伤生命像天才,或伤心脏像感伤的小说家(乃至如此这般的道德主义者)那样来做诗。

所以人们可以,我想,承认伊比鸠的说法:一切的愉快,即使是通过那些唤醒审美诸观念的概念所催起来的,仍是动物性的,即肉体的感觉。然而并不由此损及那对于道德诸观念尊敬的精神感情,这感情不是愉乐,而是一种自我尊敬(是在我内里的人类性的),它提高我们超出愉乐需求之上去,啊!甚至于对较不高尚的鉴赏趣味也绝无所损。

从二者组合起来的某一物表现在素朴性里面,这是人类本源的天真的正直感抗拒那成了第二天性的伪装术。人们讥笑那不懂伪装自己的单纯性;却仍然喜爱自然界的纯朴性,这纯朴性在这里抹去了那技巧。人们期待着日常的伪装的风习和小心翼翼地为了美的外观而做出的表示;但看呀!那里是无垢的天真的自然,人们猝然无意地遇见它,当人们看到它时,本无意于发露它。而那美丽的、伪装的假象,它通常在我们的判断中颇具意义的,突然化为虚无,好像是我们内心里的骗子被揭发了,遂引起心情的波动相继地趋向两个相反的方向,而同时有益地震撼着我们的躯体。又由于某些无限优越于一切人为的风习的东西,思想心术的纯真性(至少它的因素)在人类的本性里仍未曾完全绝灭,遂在这一判断力的活动中糅合着严肃性和尊敬。因那只在短时间内突现出的现象,而伪装术很快就被揭穿,所以同时就有一种惋惜混和在里面;那是一种温柔的感动,它作为游戏很能和一种这样好心肠的笑结合起来并且事实上通常也和它结合着,同时也对那位提供了素材而又由于未能按照人的样式来诙谐因而自己感到狼狈不安的人赋予了补偿。所以一技术而表示天真纯朴,这本是一个矛盾。但在一虚构的人物里表现纯朴性,是很可能的,并且是美的,虽然是稀少的艺术。率直的朴讷性不可与素朴性混为一谈。他所以未把他的天性伪装,因他尚未懂得社会技术。

　　使人活泼的、类似笑的愉乐并且属于精神的独创性,正因此不隶属于美的艺术的才能的——还有洒落的态度可以列入这一类。在好的意义里的洒落就指的那种才能,它能够有意识地设身处地到某一定的心的倾向里,在此一种心意的情调里一切事物完全异于通常地(甚至于相反地)被评判着,却仍是按照着某一定的理性原理。谁人无意识地服从了这种变化,他就是洒落的。但谁故意并且合目的地(为了一种活泼的叙述运用一种引起哄笑的对照)采取了这个,他和他的表演就是风趣的。这种态度因此宁是隶属于舒适的艺术较多于美的艺术。美的艺术的对象总须在自身显示某种庄严性因而在叙述里有一定的严肃,正如鉴赏趣味在评判里所要求着的那样。

第二部分 审美判断力的辩证论

第55节

一个判断力,如果它应是辩证的话,就须先是论议的;这就是说它的诸判断必须提出对于普遍性①,并且是先验地的权利的要求:因为在这类判断的对立中存立着辩证法。所以审美的感性的诸判断(关于舒适的及不舒适的)之间的不协合一致是非辩证的。就是每个人基于他自己趣味所下的诸鉴赏判断之间的对立也不构成鉴赏的辩证法,因没有人想使他的判断成为普遍的法则。所以不余下任何涉及鉴赏的辩证的概念,除非是鉴赏批判的(不是鉴赏自身的)关涉着它的诸原理的辩证法:因在这场合对于鉴赏诸判断的一般的可能性的根据有相互对立的诸概念在自然的及不可避免的样式里出现。所以鉴赏的先验的批判只有在下列范围内包含着领有审美判断力辩证论名称的一部分:如果存在着这个机能的诸原理的一个"二律背反",这二律背反使这机能的规律性,也就是它的内在的可能性成为可疑的。

---

① 每一表示自己为普遍性的判断能唤做议论性的判断。因在这限度内它能在一个理性的推理里面用做第一前提。与此相反,一理性判断(indicium raxiocinans)能唤做议论性判断,只当它作为理性推理里一个结论,从而作为具有先验的根据而被思考着的。——原注

第56节 鉴赏的二律背反的提示

鉴赏的第一种的常套语就是下面的一句话：每个人有他的自己的鉴赏（趣味），每个没有鉴赏的人常拿这句话来抵抗别人谴责。这就是等于说：这个判断的规定的根据只是主观的（愉快或苦痛），因而没有权利要求别人的必然的赞同。

第二种常套语是：关于鉴赏，是不能让人辩论的。这就等于说：一个鉴赏判断的规定根据固然可能也是客观的，但它不能纳入一定的概念里面来；从而关于这判断自身不能通过论证来决定，尽管对于它很可以，并且有理由来争吵一下。因争吵和辩论固然在这一点里是一致的，这就是它们想通过相互间的判断的对立来找到一致的意见，但又在下面这点上不同，即后者（辩论）希望按照一定的概念作为论证根据来达成意见的一致，从而假定客观的概念作为判断的根据。在此事被认为不可能的场合，辩论也就不可能了。

人们容易看出，在这两种常套语之间缺少一个命题，这命题固然不是像谚语流行着，但仍是存在每个人的意念中，这就是：关于鉴赏可以容人争吵（虽然不能辩论）。这个命题却含着第一前提的反对面。因关于争吵的对象，必须希望先能达到一致；从而人们必须能够依凭判断的根据，而这根据不仅仅具有私人的有效性，即不仅仅是主观的；对于这一层另外那个命题和它正相对立，这就是：每个人有他的自己的鉴赏。

所以关涉到鉴赏的原理显示下面的二律背反：

（一）正命题　鉴赏不植基于诸概念，因否则即可容人对它辩论（通过论证来决定）。

（二）反命题　鉴赏判断植基于诸概念，因否则，尽管它们中间有相违异点，也就不能有争吵（即要求别人对此判断必然同意)。

第57节　鉴赏判断的二律背反之解决

放置在每个鉴赏判断的根柢上的诸原理的冲突(它们不是别的,只是在前面的分析里所表象的鉴赏判断的两种特性)没有可能来解决,除非人们指出:人们在这类判断里把对象所联系到的概念,在审美判断的两种原则里不是采取同一的意义;这种双重意义或评判的角度对我们的先验的判断力是必然的;但是那个假象,即:这一种和那一种混和着,作为天然的幻觉,也是不可避免的。

鉴赏判断是必然联系到任何一概念上去的,因否则它就绝不能提出对每个人必然有效的要求。但它又不应从一个概念来证出,因一个概念或是能规定的,或是在自身无规定的,也同时是不能规定的。前一种是悟性概念,它是能通过那感性直观的宾词——这直观能和它相应着——来规定的。第二种却是那超感性界的先验的理性概念——它构成一切那种直观的根柢——所以它是不再能理论地来规定的。

但鉴赏判断是面向感官的对象,而不是为悟性来规定这感官对象的一个概念,因它不是认识判断。因此它只是一私人的判断,作为联系到愉快的情感的直观的单人的表象。并且在这限度内按照着它的有效性来说将只能局限于下判断的主体之内:对象对于我是一愉快的对象,对于别人可能是另样的——每个人有他的鉴赏。

尽管这样,在鉴赏判断里却无疑包蕴着一种客体的(同时也是主体的)表象的扩大了的关系,根据这种关系我们把这类判断放宽到作为对每个人是必然的:所以必须有任何一个概念必然地做它的根基,但这是一概念,它完全不得让人通过直观来规定,不能让人认识,因而也不能用来论证那鉴赏判断。这样一种概念却是那单纯的纯粹的关于超感性界的理性概念,它对于那作为感性客体的对象(并且也对于下判断的主体),因而作为现象,它是根基。因为人们若不回顾到这一点,那么,鉴赏判断对于普通有效性的要求就无法挽救了。假使所根基的概念只是一混乱不清的悟性概念,例如完满性,人们可能赋予一美的感性的直观以与之相应,那么,至少在本身有可能,把那鉴赏判断筑基于论证,而与正命题相对抗着。

但是一切的矛盾将会消失掉,如果我说:鉴赏判断建基于一个概念(即那对于判断力来说,它是自然界的主观的合目的性的一般根据的概念),但从这里面不能有关于客体的认识和证明,因这概念在自身是不能规定的,不能服务于认识;但正是通过它同时获得对每个人的有效性,(在每个人那里固然是作为单个的,直接陪伴着直观的判断);因它的规定根据大概存立于关于它的概念里,而这个能被看待作人类的超感性的基体。

二律背反可能解开的关键是基于两个就假象来看是相互对立的命题,在事实上却并不相矛盾,而是能够相并存立,虽然要说明它的概念的可能性是超越了我们认识能力的。至于这个假象也是自然而然地,它对人类理性是不可避免的,以及何以有这假象,并且停留为这假象——即使在这假象的矛盾解开以后它不再蒙蔽人的时候——是从这里也能被理解的了。

因我们在两个相对立的判断里把这个概念——一个判断的普遍有效性必须建基于这概念上——理解在一个同一的意义里,而从它却说出两个相对立的宾词来,在正命题里因此应该说:鉴赏判断不建基于规定的概念上;而在反命题里却说:鉴赏判断仍旧是建基于一个——尽管是未规定的——概念上(即诸现象的超感性的基体的概念),这样一来,在这两相对立的判断之间就没有矛盾了。

我们对鉴赏里这种要求权和反要求权相对立的弃扬，超过这限度就非我们所能为力的了。鉴赏的一个一定的客观的原理，按照着这原理那些判断能够被领导、被检查和被证明，这是绝对不可能有的。因为在这场合那就不是鉴赏判断了。只有这主观原理，即在我们内心里那超感性的不规定的观念，能够作为解释这对我们隐藏着它的源泉的机能的谜的钥匙。而我们无从再进一步去理解它了。

这里提出来的和解决了的"二律背反"，是以那正确的鉴赏的概念——即作为一个单纯的反省着的审美判断力的概念——为基础。在这里两个似乎相对立的原理相互协合起来，两者都能是真实的，这也足够了。与此相反，假使人们认为鉴赏的规定根据（由于作为鉴赏根基的表象的单个性质）是快适性，像有些人这样做、或像别的人（由于这鉴赏判断的普遍有效性）认为是完满性原理，而按照这个来下鉴赏的定义；于是从这里产生一种绝不能调和的二律背反，以至于人们指出双方相互对抗的命题（而不仅是矛盾的）都是假的，然后证明，每一个命题所根基的概念是自相矛盾的。所以人们看出，审美判断力里二律背反解决的道路是和那纯粹理论理性里的二律背反解决的道路是相似的。并且同样像在这里，在实践理性批判里的诸二律背反违反着意愿迫使人眺望到感性界以上去，在超感性界里寻找我们一切先验机能的结合归一之点：因没有别的出路可以使理性和它自己协合一致。

注释一

在先验哲学里我们既已常有机会区别观念与悟性诸概念，那么，按照着它们的区别引进相适合的技巧的表达，这也将是有益的事。我相信，人们将不会反对我提出几个来。在最广泛的意义里，诸观念是按照某一定的（主观的或客观的）原理联系到一个对象上的诸表象，却在它们永不能成为它（指对象）的一种认识的限度内。它们或是按照着认识诸机能（想像力与悟性）相互间协合一致联系到直观上的单纯主观原理：这就会唤做审美的（诸观念），或是按照着一客观原理联系到一概念，但仍永不能提供对象的认识，并且唤做诸观念。在这场合概念是一先验的概念，它区别于悟性概念。对于悟性概念时时有一切合地相照应的经验做它的根柢，因此它唤做内在的。

一个审美的观念不能成为认识，因它是一（想像力的）直观，永不能找到一个和它切合的概念。一个理性观念永不能成为认识，因为它包含着一个概念（关于超感性界的），却永不能赋予一个直观能和它相适合。

现在我相信，人们能称呼审美观念为一个不能解说的想像力的表象，理性观念却为一不能证明的理性的概念。两者的前提是，它们绝不是无根柢的，而是（按照前面所已说明的观念一般）适合着它们所隶属的认识诸机能的某些一定的原理而产生出来的。

悟性的概念作为悟性概念应随时能予以证明（如果我们理解"证明"像在解剖学里那样只是那表明）；这就是和它们（悟性诸概念）相照应着的对象必须随时能在直观里（纯粹的或经验的直观）被给予着：因为只有通过这个它们才能成为知识。大的概念能在先验的空间直观，例如一条直线等里被赋予。因的概念在"不可侵入性"，物体的冲击等等里面被赋予。因此两者能够通过一经验的直观来证实，这就是关于它的那思想将在一范例中得到指证（证明、指出）。而这一层必须做到，否则人们不能确定那思想是否空洞无物，这就是说没有一切的客体。

179

人们在逻辑里面运用可证的及不可证的这些名词一般只在涉及命题的范围内：因前者更好是通过那些只是间接的，后者是直接确定的命题来称呼它们。纯粹哲学也具有这两类的命题，如果我们在它们里面理解为可论证的和不可论证的真实的诸命题，但由于先验的根据它作为哲学固然能论证，但不能证明；如果人们不愿完全离开名词的意义的话，按照字义证明就是等于说，把他的概念同时在直观里表达出来（不论在论证里或仅是在界说里）。如果那是先验的直观，就唤做它的构成，但是如果它是经验的，这就是提示客体，使概念通过这个保证了客观的现实性。所以人们说到一个解剖家：他证明了人的眼睛，如果他把他在先前讲述的概念、通过这器官的解剖直观地表示出来。

据此，一切现象里超感性基体的理性概念，或，作为我们的意志联系到道德诸规律的基础的理性概念，即关于先验的自由的，按照它的种类是一不可证明的概念，而理性观念，道德却只是在程度上如此：因对于前者自身完全没有按照性质上在经验界里相照应的东西能够被给予，而在后者里面没有那因果性里的经验产物达到那个程度，这程度是理性观念制定为法则的。

就像在一个理性观念上这想像力和它的诸直观不达到那被赋予的概念一样，在一个审美观念上悟性通过它的诸概念永不能企及想像力的全部的内在的直观，这想像力把这直观和一被赋予的表象结合着。但把想像力的一个表象归引到概念就等于是说把它曝示出来，那么，审美观念就可称呼为想像力（在自由活动里）一个不可表明出来的表象。关于这一类诸观念我在以后还要有机会发挥一下。现在我只提示一下：两种概念，理性观念及审美的观念，都必须有它们的原理，而且两者都在理性里面有它们的运用，前者在客观的，后者在主观的理性里。

据此，人们也可以用审美观念的机能来解释天才：同时由此指出根由，何以在天才的产品里是（主体的）自然（天赋），不是一熟虑的目的给予艺术（产生出美来的艺术）以法则。因美必须不按照概念来评定，而是按照想像力和概念机能一般相一致时的合目的性的情调来评定的。因此，不是法规和训示，而只是那在主体里的自然（本性），不能被把握在法规或概念之下。这就是一切它的诸机能的超感性的基体，（这是没有悟性概念能达到的）从而是那一某物，即我们把一切的认识诸机能在对向它的联系中协调起来，是最后的通过我们的本性里的智性所赋予的目的。它（这某一物）构成那美术里美学的，但绝对合目的性的主观性准则，因而这美术应使人有权利提出每个人都能欣赏的要求。只是这样才有可能，对于美术人们不能制定任何一客观原则，却有一主观性的，而仍是普遍有效的先验原理做它的基础。

注释二

在这里自己引起下列的重要的注意点：即纯粹理性有三类的二律背反，而这三类在下面这一点上是共同一致的，这就是它们强制理性从那极自然的前提——把感官的对象认为是诸物自身——脱开，而且进一步把它们只作为现象来看待，并且在它们的根基上安置下一个智性的基体（某种超感性的东西，对于它的概念只是观念，不提供真正的认识）。没有一个这样的二律背反，理性是不肯下决心承认一个那样限制着它的玄想活动领域的原理并牺牲它的许多灿烂动人的希望。因为甚至在目前这情况里，当它的损失因在实践方面获得更广泛的利用以为赔偿的场合，它（理性）似乎仍未免含痛地放弃它的那些希望和摆脱那古旧的系念。

至于有三类的二律背反，理由是有三种认识机能：悟性、判断力和理性，每一种（作为高级的认识机能）必须有它的先验原理;因理性,当它评判这些原理和它们的运用时,对赋予了的被制约的对象不断地要求着那无制约的(绝对的)东西,而这个却是永不能找到的,如果人们把感性的东西看做是属于物自身,而不是把它看做单纯的现象,把某种超感性的东西(在我们之外和在我们之内的自然界的智性的基体)作为物自体安置在它的根基上,这样一来,就有:(一)对于认识机能一种理性的二律背反在悟性的理论运用中一直高升到无制约的东西。(二)对于愉快及不快的情绪一种二律背反在判断力的审美运用里。(三)对于欲求机能的一种二律背反在自己给自己规律的理性的实践运用里。在限度内一切这些机能有它们的先验的高级原理,并适应着理性的一个不可回避的要求,也必须能够按照着这些原理无条件地来下评判和规定它们的对象。

就理论的和实践的运用中高级认识机能里二种二律背反来看,它们的不可避免性我们在别处已经指出过了,假使这类判断不回顾到那些所给予的作为现象的客体中一个超感性的基体的话。与此相反,假使回顾到这个基体,也就能解决二律背反。至于关涉到判断力的运用中适应着理性要求的二律背反和它的解决,就没有别的办法来躲避它,除非是:或者否认审美的鉴赏判断有任何一先验原理做它的基础,所提出的一切关于普遍同意的必然性的要求是空洞的妄想,一个鉴赏判断只在这下面限度内能够认为是正确的,即(一)因为有许多人对于它一致,而这个一致实际上并不是推测在这一致同意的背后有一先验原理,而是(像味觉那样)由于各主体偶然地在生理上有同样的组织;(二)或是人们必须假设,鉴赏判断实际上是一隐蔽的理性判断对于一事物上的和在它里面的多样性的关系里发现的符合目的的完满性,因而只是为了由于我们这种反思里的混乱性而称它做审美的,尽管它在根基上是合目的性的;在这场合人们就能够认为通过先验的诸观念来解决那二律背反是不需要或空虚的，并且这样就能把感性的诸客体不作为单纯的现象，而也作为物的自体来和那些鉴赏诸规律相结合。这一个和那一个解释是多么地不中用，我们在别处解说鉴赏判断的时候已指出过了。

如果人们对于我们的演绎承认我们至少是走在正确的路上，尽管还没有在一切部分足够明朗的话，那么，就展现了三个观念：第一个是超感性一般的观念，而没有对它作为自然界的基体来进一步做下规定。第二个是仍是这超感性界的观念，它作为对于我们的认识能力的自然界的主观合目的性原理。第三个仍是这一观念，却作为自由的诸目的的原理和它们和道德里诸自由的目的协合一致的原理。

第58节 关于自然的和艺术的合目的性的唯心主义，作为审美判断力的普遍原理

人们能够首先把鉴赏的原理安放在这里面，即：鉴赏时时是按照着经验的规定根据，也就只是后天的通过感官所赋予的。或者人们可以承认：鉴赏是由于先验的根基来下判断的。前者将是鉴赏批判里的经验主义，后者是唯理主义。按照前者我们的愉快的对象将不能从舒适，按照后者——假使那判断是建基于规定的概念上的话——将不能和善区别开来。这样一来，一切的美将从世界里否定掉，而只剩下一特殊的名词来代替它，指谓着前面所称的两种愉快的某一种混合物。但是我们已经指出过，愉快的先验的根基也是有的，这些根基能和唯理主义的原理并存着，尽管它们不能被把握在一定的概念里面。

鉴赏原理里的唯理主义却是与此相反，它或是合目的性的现实主义或是合目的性的唯心主义。现在因一鉴赏判断不是认识判断，美就自身来看不是物的属性，所以鉴赏原理里的唯理主

义永远不能建立于：把这判断里的合目的性思考为客观的，这就是说这判断是理论的，因而也是逻辑性的（尽管只是在一混乱的评定里），关涉到对象的完满性。因而它只能是审美性质的，即是关涉到它的表象在主体的想像力里和那判断力的一般主要原理相一致的场合。因此即使按照唯理主义的原理鉴赏判断与它的现实主义和唯心主义的区别只能安置在下述里面：或是在第一种场合里的那个主观合目的性作为实在的（有意的），自然或艺术的目的和我们的想像力协合一致，或是在第二种场合里只是作为一种没有目的而从自身和在偶然的方式里表现出来的对于判断力的需要所假定的一致，就自然和它的按照特殊的诸规律产生出的诸形式的场合。

关于自然界的美的合目的性的现实，那有机性的大自然里的诸美的造型已予表明。人们假定美的产生是有一个美的观念存于产生出它的原因里，即有一个目的做基础，这是适合着我们的想像力的。花、卉、全部草木的形象，那些对于他们的自身的利用上并不需要，而对于我们的鉴赏却好像是挑选出来的各种动物形体构造的优美，尤其是对我们的眼睛那么舒适和有魅力的多样性和颜色的和谐的组合（在雉、壳类、昆虫以至于普通的花草上面）。这些东西，它们只是涉及表皮的，并且就在这上面也还不涉及生物的形体自身——这形体对于内部的诸目的是必要的——它们好像是完全以外面形象的观照做它们的目的——这却给予我们的理解方式，即对于我们的审美判断力，假定着自然界有真实目的这事，增加了大的重量。

与此相反，反抗着这种假定的不仅是理性通过它的原则：在各种场合尽可能地防止诸原理的不需要的复杂化；而是大自然在它的自由的构造里处处表示出那么多的生产诸形式的机械的倾向，这些形式好像是为了我们的判断力的审美的使用而制造的,却不提供最少的根据来使我们推测:在单纯的自然外,还需要某些比它的机械关系更多的东西,按照着这个它也能够没有一切存于它的基础里的观念对于我们的评判仍是合目的性的。我们理解的大自然的一个自由的构造就是这个:通过它从一在静止状态中的液体由于它的一部分的发散或解离时(这部分往往单是热质)剩下的东西在凝结之际采取一个一定的形体或组成(形象或组织),这形体是按照物质的种别而相异,在同一物质里却正准确地是同一形体。但在此场合先要假定的前提是:人们所理解的真正的液体,即物质在它里面完全溶解掉的,这就是说不看做是一单纯的固体和在那里面一些仅是飘浮着的部分的混合物。

这形成的过程是通过急剧的凝固,不是经过一种从液体到固体的逐渐的转移而宁是通过飞跃,这个转移也能唤做结晶化。这类形成过程的通常的例子就是水的冻结,在这里面先产生笔直的冰线。它们在六十度角度里结集起来,每一根这样的冰线结合到另一根的每一点上,达到一切都成了冰,以至于在这时间内介于诸冰线中间的水不是逐渐的变硬,而是那样完全是液体,好像它在更大些的温度的场合里将成为的那样,却仍是具着完全的冰的冷度。那在变硬的瞬间突然散走的解离的物质,是热质的一可观的量,它的散失——因为只需要它成为液状的——使现在的这冰绝不比以前在它里面的水更寒冷些。

许多盐类,同样有许多矿石类,具有结晶形,也正是由一种在水里溶解的矿质产生的,不知是通过何种的媒介。同样地,许多矿坑里的结晶的形成,如硫化铅矿、硫砒银矿,等等,据推测也是在水里通过各部分的集合:它们由于某一种原因被迫离开溶剂而相互结合到一定的外形里。

但一切物质,当它们单纯通过热度成为液状又通过冷却取得固体的时候，也在破裂地方内部表现着一定的组织。并且由此可以断定，假使不是它自己的重量或空气的接触阻止着，它在外表也会表出它的种别的特异的形态。同样，人们在某一些金属上观察到：它们在溶解后外表凝固了，内里却仍是液状。通过流出了内部的液状部分，剩下的内部残存部分徐徐地晶化。很多那种矿物结晶体，如坭石、血石、霰石等常常表出非常美的形象，像艺术所梦想追索的；而安蒂巴洛岛上钟乳洞里的光彩只是透过石膏岩壁滴水所成就的呀！

液状的东西看起来一般是古老于固形的东西，植物的和动物的躯体是从液状的营养物质形成的，当这流动物质在静止状态时，固然在后者形态里首先是按照着某种一定的本源上归向目的的因素（这因素，像在本书第二部里所指出的，它不是审美的，而是必须目的论地按照现实主义的原理来判定的），但此外仍是大概也依着物质间亲属关系的一般规律结晶着，并且在自由里构成自己。就像在一大气里——这是各异的空气种类的混合物——溶解了的诸水分，如果它们由于热的散放而和大气分离，就产生雪的结晶形，依照着当时空气混和的各异而现出常常是很技巧的并且非常美的形状来，所以不违反着对有机体判定中的目的论原理。我们很可以想：关于花卉的、羽毛的、贝壳的美，按照着它们的色彩和形状，这一切我们可以认为是大自然和它的机能，在它的自由中没有特别为此的目的，按照着化学的规律，通过沉淀，即对有机体的构成必要的物质，也审美地——合目的性地来造型。

关于大自然中的美里面的合目的性的观念性的原理，作为那我们在审美判断自身中，时时设定为基础的原理，不容许我们把它作为目的的现实性来对我们的表象力当做理解的根据来运用，来证明：它是我们在对美一般的评定中在我们自身里寻找它的先验的准则，而审美判断力在涉及判断里指出是美还是不美时自己立法着，而这是在假定自然的合目的性的现实论的场合所不能有的。因在这场合，我们必须从自然学习，什么是我们应认为美的，那么鉴赏判断就服从着经验的诸原理。在这样一种评定中要点不是：什么是自然，或什么对我们是目的，而是我们怎样地来受容它。那将永远是大自然的一个客观的合目的性，如果它为了我们的愉快构成它的诸形式，并且不是一个主观的合目的性，这主观合目的性是建基于想像力在自由中的活动。这就不是自然对我们表示的恩宠，而是我们容受自然所表示的恩宠。自然的那种性质，它给予我们机会，在评定某一些成品时知觉到我们的心意诸力的关系里内在的合目的性，并且作为这样一种从内在合目的性，超感性的根原来说明为必然的和普遍有效的，它不能是自然的目的，或宁可说是被我们作为一个这样自然目的来判定着：因为否则那由此规定的判断将是以他律性，而不是自由的和以自律性为基础，像适合于鉴赏判断那样。

在美的艺术里合目的性的观念论的原理能够更清楚地被认出。因为在这里不能设定它（合目的性）是通过诸感觉的审美的现实主义（在这场合它只成为应用艺术，代替着美的艺术）：这点它是和美的自然共同的。但是至于那通过审美性诸观念的愉快不系于某一定目的的达成（作为机械性的有意图的艺术）从而就在"原理的唯物主义里"是目的的观念性，而不是现实性构成它的基础：这一层也已经通过下列原因极为明朗，即美的艺术作为美的艺术必须看做不是悟性和科学的制成品，而是天才的创作，并且因此是通过审美性观念获得它的法则，而和那些从理性的诸观念所规定诸目的在本质上的区别着。

就像感官的诸对象作为现象的观念性，是惟一的方式，来解释它的诸形式能先验地被规定的可能性；这样那在判定自然和

187

艺术的美里的合目的性的观念论是惟一的前提,只在这前提下批判(审美判断力批判)才能够解释一鉴赏判断的可能性,这鉴赏判断要求着对于每个人具有先验的有效性。(却没有把那在客体上被表象的合目的性建基于概念之上。)

第59节 论美作为道德性的象征

表示我们的概念的实在性,永远要求着直观。如果是经验的诸概念,那些直观就叫做事例。如果是纯粹的悟性诸概念,这些直观就被命名为图式。如果人们更要求着理性诸概念,即诸观念的客观的实在性,并且是为了表示出它们的理论的认识,那么人们就是要求着不可能的东西,因没有任何直观能适合这些观念。

一切的表现(Hypotypose, Subjectio sub adspectum)作为感性化是在两种场合:或是图式的,悟性所把握的概念有着和它相照应的先验的直观。或是象征的,那是一个概念,只是理性能思索它而无任何感性的直观和它相应,而理性把一个这样的直观放在它的根基上,用这个直观,判断力的手续只类似它在图式化的场合所观察到的,这就是说,用这手续它(判断力)只和这手续规则,不是和直观,亦只是和反省上的形式而不是和内容相一致。

近代的逻辑家所采用的关于"象征"这个词的运用是意义倒置着的,是不正当的,如果人们把它和直觉的表象对立着,因象征的只是直觉的一种。后者(直觉的)能够分类为图式的和为象征的表象样式。两者都是 Hypotyposen,这就是表现(exhibitiones;不单是表征(characterismen)这表征是通过偕伴着的感性的符号对概念的标示,这是完全不含有着属于客体的直观的东西,而只是按照想像力联想规律,即在主观的意图里对于再现的手段服务着；这类的东西或是言语或是可见的符号（代数的以至于是拟容的）作为概念的单纯表现①。

　　人安放在先验概念的基础上的一切的直观，所以或是图式，或是象征，前者直接地，后者间接地包含着概念的诸表现。前者用证明的，后者用类比的方式（对此人们也运用经验里的直观），在这里面判断力做着双层的工作，第一把概念运用到一个感性直观的对象，然后第二，把反省的单纯的法则运用到那对于完全另一对象的直观，第一种的关于这对象的概念是象征。所以一个君主制国家是通过一有灵魂的躯体来统治的，假使它是按照着内在的人民的法律；它是通过一单纯的机器（像一个手挽的磨），假使只由于一绝对的意志统治着。在两个场合都只是象征地被表象着。因在一个专制的国家和一个手挽磨之间固然没有什么类似性，但在那对于二者和它们的因果性的反省的法则之间却存在着这类似性。这个过程至今还很少被人解明，虽然它是值得做深入的研究的。但我们在这里不能停滞在这问题上。我们的语言是充满着这一类按照着一个类比的间接的表现，通过这个，那表现不是对于概念的本来的图式，而仅包含着为了反省的一个象征。所以名词像根据（支柱、基础）依系（从上面被保持着的），从这里像流出（代替着引申）实体（像陆克所表达的：偶属性的保持者）和无数其他的非图式性的，而是象征性的对概念的表现和表出，不凭借一直接的直观的媒介，而仅是按照一种和下列的事的类比。即是将对于一对象的直观的反省翻译成完全另一种概念，对于这概念大概永不能有一个直观直接地和它相应。如果人们把一个单纯的表象形式已经可以称做知识，（假使它不是一个原理，从事于对对象自身是什么作理论的规定，而是

---

①　认识里的直觉的东西必须和推理的对立着。前者是或为图式的通过说明，或为象征的作为按照一个类比的表象。——原注

在实践里规定着：对于我们对象的观念和它合目的的运用将成为什么，这却是被允许的。）那么一切我们关于上帝的知识就只是象征的；而谁把那些属性、悟性、意志等——这些东西只在世界中存在者身上证实着它的客观现实性——认为是图式的，就陷进拟人主义，并且，如果他把一切直觉的排去，就陷入合理主义的有神论，在这个立场上任何方面不能有所认识，也不能在实践的意味里。

现在我说：美是道德的象征；并且也只有回顾这一层（这对每个人是自然的，也要求着每个人作为义务），美使人愉快并提出人人同意的要求，在这场合人的心情同时自觉到一定程度的醇化和昂扬，超越着单纯对于感官印象的愉快感受，别的价值也按照着它的判断力的一类似的规准被评价着。这就是前节所揭示的指向超感性的鉴赏趣味，我们的高级的认识诸机能为此目的协合着，并且没有这一点，在它的性质和鉴赏所提出的要求之间就生长出纯然的矛盾了。在这个机能里判断力看不到，怎样在经验的判定的场合服从着一种经验诸规律的他律性：它在一个这样纯粹的愉快的诸对象的关系里赋予自己以规律，类似理性在欲求机能的关系里那样做的。并且见到自己由于这种主体内的内在可能性，也由于一个以此和它相协合一致的大自然的外在可能性，和那在主体内部以及外面的某物相关涉——这某物不是自然，也不是自由，却仍是和自由的根柢，即那超感性的，相结合着。在这里面，理论的机能和实践的在共同的和不可识知的方式里结合成为统一体。我们愿意举出这种类比里的几点来，我们同时并不忽略它们的相异之点。

(1)美直接使人愉快（但只是在反味着的直观里，不像道德在概念里）。

(2)它使人愉快而没有任何利益兴趣（道德的善固然必然和

一兴趣相联结着,但不是这样一个先行于对愉快的判断的,而是通过这个才生起的)。

(3)想像力(即我们的机能的感性)的自由将在美的评定中被表象为和悟性的规律性相一致(在道德判断里,意志的自由被思考为意志和自身的协调,按照着普遍的理性诸规律)。

(4)美的评定的主观的原理被表象为普遍的,这就是对每个人有效,但不能通过任何概念来认识。(道德的客观原理也被说明为普遍的,这就是对于一切主体,同时也对于这同一主体的一切行动,在这场合通过一普遍的概念。)因此道德判断不但是能有规定的构成性的诸原理,而且只是通过把规准建基于这些原理和它们的普遍性上面才有可能。

在普通悟性的场合,对于这个类比的回顾,也是通常的事。我们称呼自然的或艺术的美的事物常常用些名称,这些名称好像是把道德的评判放在根基上的。我们称建筑物或树木为壮大豪华,或田野为欢笑愉快,甚至色彩为清洁、谦逊、温柔,因它们所引起的感觉和道德判断所引起的心情状况有类似之处。鉴赏使感性刺激渡转到习惯性的道德兴趣成为可能而不需要一过分强大的跳跃,设想着想像力在它的自由活动里对于悟性是作为合目的性地具有规定的可能性,并且甚至于教导人在感性的对象上没有任何感性的刺激也能获得自由的愉快满足。

第60节 附录 关于鉴赏的方法论

先行于科学的把批判区分为要素论和方法论,是不能运用在鉴赏判断上的;因为没有美的科学,也不能有。而鉴赏的判断是不能通过诸原理来规定的。涉及每种艺术里的科学性的东西,即是在客体的表现里以真理为目的,这个固然是美的艺术的不可避免的条件,却不是美的艺术的自身。所以对于美的艺术只有手法(modus),没有方法(methodus)。学生应该做到的东西,须老师先做给他看,他的手续最后概括出的那些一般性的法则,主要的关键是帮助学生们记忆,并不是定下规范来,但在这里仍须顾虑到艺术必须放置在眼前的某一规定的理想,虽然这是在他们的实践里永远不能达到的。只有唤起学生的想像力来适合一被给予的概念,注意表现对于观念的不可企及性,这观念是概念自身不能达到的,因此观念是审美性质的。通过尖锐的批评可以防止他把那些摆在他面前的范例立刻就当做原型,而不再有更高的标准和他根据自己的批判所愿摹写的范型,并且不使天才以及想像力的自由在它的合规律性里被窒息;没有这自由就没有美的艺术,甚至于不可能有对于它正确评判的鉴赏。

一切美的艺术的入门,在它意图达成完满性的最高程度的范围内,似乎不在设立范则,而是在于心的诸力的陶冶通过人们所称的古典学科的预备知识。大概因为人文主义一方面意味着共同感,另一方面意味着能够自己最内心地和普通地传达。这些特质集合起来构成了适合于人类的社交性,以便人类和兽类的局限性区别开来。时代和诸民族,在这些民族里面趋向合法的社交性的冲动——通过这社交性一个民族成为一持久的共同体——和那些巨大的困难斗争着,这困难是包围着那艰难的任务:把自由(并且也就是平等)和强制(这强制是由于责任感的尊敬和服从,超过了由于畏惧)结合起来。这样一个时代和这样一个民族必须首先发明这艺术,使受教育的部分和较粗野的部分相互传达他们的诸观念,把前部分人的博大和精炼与后部分人的自然纯朴与独创性相协调,并且在这方式里寻找到那较高级文化与谦逊的自然(天性)的中间点,这中间点对于鉴赏作为普遍的人性意识,构成了正确的,不是按照着任何普遍法则所举示的规准。

一个后继的时代很难使那些范型成为不需要的东西,因它对自然的距离愈来愈远,最后,没有了它的永久的范例,不再能具有一个概念关于:最高级文化的合法则的强制与那感觉着自己价值的自由的天性的力量和正确性,俾它们能在这一个同一的民族里幸运地结合着。

鉴赏基本上既是一个对于道德性诸观念的感性化——通过对于两方的反思中某一定的类比的媒介——的评定能力,从这能力和建基在它上面的对于情感的较大的感受性(这情感是出自上面的反思)引申出那种愉快,鉴赏宣布这种愉快是对于一般人类,不单是对于个人的私自情感普遍有效的。这就是使人明了:建立鉴赏的真正的入门是道义的诸观念的演进和道德情感的培养;只有在感性和道德情感达到一致的场合,真正的鉴赏才能采取一个确定的不变的形式。

[译后记]

1781年康德写出了他的名著《纯粹理性批判》,1788年写成了他的《实践理性批判》,接着,他就着手于他的"批判哲学"的第三部主著:《判断力批判》(1790年出版)。完成他的哲学体系。这个哲学体系,在近代欧洲资产阶级哲学里的巨大的影响,是尽人皆知的。

批判地对待这一哲学体系,是我们的一项任务。《纯粹理性批判》和《实践理性批判》在我国已经有了译本。这部《判断力批判》分上下两卷,上卷即"审美的判断力批判",是欧洲近代美学界一个极为重要的著作,它一直刺激了欧洲近代资产阶级美学界的思考,研究美学的人不能不对这个美学体系作出深入的彻底的批判,来建立唯物主义的美学。我不揣自己的浅陋,翻译了这部素称难译的康德著作,期望不久有更准确,更流畅的译本问世。

康德这部《判断力批判》的下卷是"目的论的判断力批判",内容是考察目的论的自然观及道德问题,这一部分现由韦卓民同志译出。

本书的"导论",内容较为深曲难解,也最难用中文译得明白。但是在这篇"导论"里,康德对他的全部的哲学努力,对他的"批判哲学",做了一次总结性的阐述,要对康德哲学的全部问题有了初步掌握,才能完全理解它和批判它。对于美学感兴趣的同志不妨先翻阅上卷"审美判断力批判"及下卷,然后再来咀嚼这一不太好懂的"导论"。译者在1960年曾草了一篇《康德美学思想评述》,(《新建设》1960年5月)现作为本书"附录",发表于次,供读者参考。

宗白华
1963年9月

(商务印书馆1964年1月初版)

附　录

康德美学思想评述
宗白华

　　康德(1724—1804)，德国资产阶级的学者，德国古典唯心主义哲学的第一个著名代表。当时的德国和西欧其他国家比起来是一个落后的国家，德国资产阶级是一个眼光短浅、怯懦怕事的阶级。它的革命虽然是不彻底的，但毕竟在观念上进行了反封建的斗争，马克思曾说康德哲学是"法国革命的德国理论"。康德承认客观存在着"自在之物"，但又说这"自在之物"是我们的认识能力所不能把握到的。康德哲学中有着明显的两重性，他在一定程度上表明他企图调和唯物主义和唯心主义。但是这种调和归根到底是想在唯心主义、即他所称的先验的唯心主义的基础上来进行的。在美学里表现得尤其显著。康德是18世纪末19世纪初的德国唯心主义哲学的奠基人，也是德国唯心主义美学体系的奠基人。

　　康德的美学又是他在和以前的唯理主义美学（继承着莱布尼茨、沃尔夫哲学系统的鲍姆加登）和英国经验主义的美学（以布尔克为代表）的争论中发展和建立起来的，所以是一个极其复杂矛盾的体系。

　　我们先要简略地叙述一下康德和这两方面的关系，才能理解这个复杂的美学体系。

一

康德在他的美学著述里,对于他以前的美学家只提到过德国的鲍姆加登(Baumgarten)和英国的布尔克(E. Burke),一个是德国唯理主义的继承者,一个是英国经验主义的心理分析的思想家。我们先谈谈德国唯理主义的美学从莱布尼茨到鲍姆加登的发展。鲍氏是沃尔夫(Wloff)的弟子,但沃尔夫对美学未有发挥,而他所继承的莱布尼茨却颇有些重要的美学上的见解,构成德国唯理主义美学的根基。

莱布尼茨继承着和发展着17世纪笛卡儿、斯宾诺莎等人唯理主义的世界观,企图用严整的数学体系来统一关于世界的认识,达到对于物理世界清楚明朗的完满的理解。但是感官直接所面对的感性的形象世界是我们一切认识活动的出发点。这形象世界和清楚明朗、论证严明的数理世界比较起来似乎是朦胧、暧昧、不够清晰的,莱布尼茨把它列入模糊的表象世界,这是"低级的"感性认识。但是这直观的暧昧的感性认识里仍然反映着世界的和谐与秩序,这种认识达到完满的境界时,即完满地映射出世界的和谐秩序时,这就不但是一种真,也是一种美了。于是关于"感性认识"的科学同时就成了美学。Aesthetica 一字,现在所谓的美学,原来就是关于感性认识的科学。莱氏的继承者鲍姆加登不但是把当时一切关于这方面的探究聚拢起来,第一次系统化成为一门新科学,并且给它命名为 Aesthetica,后来人们就沿用这个名字发展了这门新科学——美学。这是鲍姆加登在美学史上的重要贡献。虽然他自己的美学著作还是很粗浅的,规模初具,内容贫乏,他自己对于造型艺术及音乐艺术并无所知,只根据演说学和诗学来谈美。他在这里是从唯理主义的哲学走到美学,因而建立了美学的科学。美即是真,尽管只是一种模糊的真,因而美学被收入科学系统的大门,并且填补了唯理主义哲学体系的一个漏洞,一个缺陷,那就是感性世界里的逻辑。

同时也配合了当时文艺界古典主义重视各门文艺里的法则、规律的方向,也反映了当时上升的资产阶级反封建、反传统、重视理性、重视自然法则(即理性法则)的新兴阶级的意识。而在各门文学艺术里找规律,这至今也正是我们美学的主要任务。

现在略略介绍一下鲍姆加登(1714—1762)美学的大意,因为它直接影响着康德。

鲍氏在莱氏哲学原理的基础上,结合着当时英国经验主义美学"情感论"的影响,创造了一个美学体系,带着折衷主义的印痕。鲍氏认为感性认识的完满,感性圆满地把握了的对象就是美。他认为:

(1)感觉里本是暧昧、朦胧的观念,所以感觉是低级的认识形式。

(2)完满(或圆满)不外乎多样性中的统一,部分与整体的调和完善。单个感觉不能构成和谐,所以美的本质是在它的形式里,即多样性中的统一里,但它有客观基础,即它反映着客观宇宙的完满性。

(3)美既是仅恃感觉上不明了的观念成立的,那么,明了的理论的认识产生时,就可取美而消灭之。

(4)美是和欲求相伴着的,美的本身既是完满,它也就是善,善是人们欲求的对象。

单纯的印象,如颜色,不是美,美成立于一个多样统一的协调里。多样性才能刺激心灵,产生愉快。多样性与统一性(统一性令人易于把握)是感性的直观认识所必需的,而这里面存在着美的因素。美就是这个形式上的完满,多样中的统一。

再者,这个中心概念"完满"(Vollkommenheit)可以从另一个角度来看。这就是低级的、感性的、直观的认识和高级的、概念的知识之间的关系和分歧点。在感性的、直观的认识里,我们直接面对事物的形象,而在清晰的概念的思维中,亦即象征性质(通过文字)的思维中,我们直接的对象是字、概念,更多过于具体的事物形象。审美的直观的思想是直接面对事物而少和符号交涉的,因此,它就和情绪较为接近。因人的情绪是直接系着于具体事物的,较少系着于抽象的东西。另一方面,概念的认识渗透进事物的内容,而直接观照的、和情绪相接的对象则更多在物的形式方面,即外表的形象。鉴赏判断不像理性判断以真和善为对象,而是以美,亦即形式。艺术家创造这种形式,把多样性整理、统一起来,使人一目了然,容易把握,引起人的情绪上的愉快,这就是审美的愉快。艺术作品的直观性和易把握性或"思想的活泼性",照鲍姆加登的后继者 G. E. Meyer 所说:是"审美的光亮"。假使感性的清晰达到最高峰时,就诞生"审美的灿烂"。

鲍氏美学总结地说来,就是:(1)因一切美是感性里表现的完满,而这完满即是多样中的统一,所以美存在于形式;(2)一切的美作为多样的东西是组成的东西(交错为文);(3)在组成物之中间是统制着规定的关系,即多样的协调而为一致性的;(4)一切的美仅是对感觉而存在,而一个清晰的逻辑的分析会取消了(扬弃了)它;(5)没有美不同时和我对它的占有欲结合着,因完满是一好事,不完满是坏事;(6)美的真正目的在于刺激起要求,或者因我所要求的只是快适,故美产生着快乐。

鲍氏是沃尔夫的最著名的弟子,康德在他的前批判哲学的时期受沃尔夫影响甚大。他把鲍氏看做当时最重要的形而上学者,而且把鲍氏的教课书(逻辑)作为他的课堂讲演的底本,就在他的批判哲学时期也曾如此,虽然他在讲演里已批判了鲍氏,反对着鲍氏。

鲍氏区分着美学 Aesthetica 作为感性认识的理论,逻辑作为理性认识的理论。这名词也为康德在他的《纯粹理性批判》里所运用,康德区分为"先验的逻辑"和"先验的美学"即"先验的感性理论"。在这章里康德说明着感觉直观里的空间时间的先验本质。我们可以说,康德哲学以为整个世界是现象,本体不可知。这直观的现象世界也正是审美的境界,我们可以说,康德是完全拿审美的观点,即现象地来把握世界的。他是第一个建立了一个完备的资产阶级的美学体系的,而他却把他的美学著作不命名为美学。他把美学这一名词用在他的认识论的著作里,即关于感性认识的阐述的部分,这是很有趣的,也可以见到鲍姆加登的影响。康德也继承了鲍氏把美基于情感的说法,而反对他的完满的感性认识即是美的理论。康德把认识活动和审美活动划分为意识的两个不同的领域,因而阉割了艺术的认识功用和艺术的思想性,而替现代反动美学奠下了基础。他继承了鲍氏的形式主义和情感论扩张而为他的美学体系。

二

美学思想从意大利文艺复兴传播到法国,在那里建立了唯理主义的美学体系,然后在德国得到了完成。在18世纪的上半期,艺术创造和审美思想的条件有了变动,于是英国首先领导了新的美学的方向。这里也是首先有了社会秩序的变革为前提的。1688年英国资产阶级革命的成功改变了人们的生活情调,也就影响到艺术和美学的思想。在这个工业、商业兴盛和资产阶级在政治上获得自由的英国,独立了的受教育的资产阶级开始自觉它的地位,封建的王侯不再具有绝对的支配人们精神思想的势力。文学里开始表现资产阶级的理想人物和贵族并驾齐驱。在欧洲资产阶级的自由发源地荷兰的17世纪的绘画里,尤其在大画家伦勃朗的油画里直率地表现着现实界的、生活力旺盛的各色人物,不再顾到贵族的仪表风度。荷兰的风俗画描绘着单纯的素朴的社会生活情状。在英国的文学里,这种新的精神倾向也占了上风,和当时的美学观念、文艺批评联系着。英国的新上升的资产阶级需要一种文学艺术,帮助它培养和教育资产阶级新式的人物、新思想和新道德。美学家阿狄生有一次在伦敦街头看着熙熙攘攘、匆匆忙忙的人们感动地说道:"这些人大半是过着一种虚假的生活。"他要使他们成为真正的人,这就是不再是通过宗教,而是通过审美和文化教养出来的人。这时在文艺复兴以来壮丽的气派、华贵的建筑和绘画以外,也为新兴的中产阶级产生了合乎幽静家庭生活的、对人们亲切的风景和人物的油画。对于自然的爱好成为普遍的风气。就像在哲学家斯宾诺莎、莱布尼茨、歇夫斯伯尼的哲学里,自然界从宗教思想的束缚里解放出来,成为独立研究的对象一样,绘画里也使大自然成为独立表现的主题,不再是人物的陪衬。在克劳德·洛伦(法)、鲁夷斯代尔、荷伯玛(荷兰)等人的风景画里,人对自然的感觉愈益亲切,注意到细节,和当时的大科学家毕封、林耐等人一致。18世纪这种趣味的转变是和许多热烈的美学辩论相伴着。英国流行着报刊里的讨论,法国狄德洛写文章报道着绘画展览。德国莱辛和席勒的戏剧是和无数的争辩讨论的文章交织着,歌德和席勒的通信多半讨论着文艺创作问题。这时一些学院哲学以外的思想家注重各种艺术的感性材料和表现特点的研究,如莱辛的拉奥孔区别文学与绘画的界限,想从这里获得各种艺术的发展规律。所以从心理分析来把握审美现象在此时是一条比较踏实的科学地研究美学问题的道路,而这一方面主要是先由英国的哲学家发展着的。

何姆(Home),生于1696年,是苏格兰思想界最兴盛时代的学者。1762年开始发表他的《批评的原则》(Elements of criticism),是心理学的美学奠基的著作。一百年后,1876年德国的费希勒尔搜集他自己的论文发表,名为《美学初阶》。在这两书里见到一百年间心理分析的美学的发展。何姆的主要美学著作即是《批评的原则》(1763年译成德文,1864年铿里士堡《学术与政治报》上刊出一书评,可能出自康德之手。见Schlapp:《康德鉴赏力批判的开始》),是分析美与艺术的著作。由于他在分析里和美学概念的规定里的完备,这书在当时极被人重视。这是18世纪里最成熟和完备的一部对于美的分析的研究。莱辛、赫尔德、康德、席勒都曾利用过它。他对席勒启发了审美教育的问题。

何姆的分析是以美的事物给予我们的深刻的丰富印象为对象。他首先见到美的印象所引起的心灵活动是单纯依据自然界审美对象或过程的某一规定的性质。审美地把握对象的中心是情感,于是分析情感是首要的任务。当时一般思想趋势是注意区分人的情绪与意志,审美的愉快和道德的批判。布尔克已经强调出审美的静观态度和意志动作的区别。何姆从心理学的理解来把审美的愉快归引到最单纯的元素即无利益感的情绪,亦即从这里不产生出欲求来的情绪。他因此逐渐发展出关于情绪作为心灵生活的一个独立区域的学说,后来康德继承了他而把这个学说系统化。康德严格地把情绪作为与认识和意志欲望区分开来的领域,这在何姆还并没有陷入这种错误观点。不过他也以为一个美丽的建筑或风景唤起我们心中一种无欲求心的静观的欣赏,但他认为我们若想完全理解审美印象的性质,就须把一个实际存在的事物所激起的情绪和一个对象仅在"意境"里所激起的情绪(如在绘画或音乐里)区别开来。意境对于现实的关系就像回忆对于所回忆的东西的关系。它(这意境)在绘画里较在文学里强烈些,在舞台的演出里又较绘画里强烈些。何姆所发现的这"意境"概念是后来一切关于"美学的假象"学说的根源。不过在何姆这"意境"概念的意义是较为积极的,不像后来的是较为消极性的(即过于重视艺术境界和现实的不同点)。

但这种对美感的心理分析或心理描述引起了一个问题,即审美印象的普遍有效性问题,审美的判断是在怎样的范围内能获得普遍的同意?休谟曾在他的论文里发挥了鉴赏(趣味)标准的概念。这个重要的概念,何姆在他的著作里继续发展了。康德更是从这里建立他的先验的唯心主义的美学,而完全转到主观主义方面来。何姆还有一些重要的分析都影响着后来康德美学及其他人的美学研究,我们不多谈了。

现在谈谈布尔克。康德在他的《判断力批判》里直接提到他的前辈美学家的地方极少,但却提到了英国的思想家布尔克(1729—1797)。布尔克著有《关于我们壮美及优美观念来源的哲学研究》(1756年),在他以前1725年已有赫切森(Hutscheson)的《关于我们的美的及品德的观念来源的研究》。

英国的美学家和法国不同,他们对于美,不爱固定的规则而爱令人惊奇的东西,在新奇的刺激以外又注意"伟大"的力量,认为"伟大"的力量是不能用理智来把握的。因此艺术的创造和欣赏没有整体的心灵活动和想像力的活动是不行的。

康德在《判断力批判》里简单地叙述了布尔克的见解,并且赞许着说:"作为心理学的注释,这些对于我们心意现象的分析极其优美,并且是对于经验的人类学的最可爱的研究提供了丰富的资料。"

康德从他以前的德国唯理主义美学和英国心理分析的美学中吸取了他的美学理论的源泉。他的美学像他的批判哲学一样，是一个极复杂的难懂的结构，再加上文字句法的冗长晦涩，令人望而生畏。读他的书并不是美的享受，翻译它更是麻烦。

三

1790年康德在完成了他的《纯粹理性批判》（对知识的分析）和《实践理性批判》（对道德，即善的意志的研究）以后，为了补足他的哲学体系的空隙，发表了他的《判断力批判》（包含着对审美判断的分析）。

但早在1764年他已写了《关于优美感与壮美感的考察》，内容是一系列的在美学、道德学、心理学区域内的极细微的考察，用了通俗易懂的、吸引人的、有时具有风趣的文字泛论到民族性、人的性格、倾向、两性等方面。

康德尚无意在这篇文章里提供一个关于优美及壮美的科学的理论，只是把优美感和壮美感在心理学上区分开来。"壮美感动着人，优美摄引着人。"他从壮美里又分别了不同的种类，如恐怖性的壮美、高贵、灿烂等。可注意的特点是他对道德的美学论证建立在"对人性的美和尊严的感觉上"。这里又见到英国思想家歇夫斯伯尼的影响。

《判断力批判》(1790年第1版，1793年第2版），这书是把两系列各别的独立的思考，由于一个共同观点（即"合目的性"的看法）结合在一起来研究的。即一方面是有机体生命界的问题，另一方面是美和艺术的问题。但是在《纯粹理性批判》里，康德尚认为"把对美的批判提升到理性原理之下和把美的法则提升到科学是一个不可能实现的愿望"。但是他在他所做的哲学的系统的研究进展中,使他在1787年认为在"趣味(鉴赏)"领域里也可以发现先验的原理,这是他在先认为是不可能的事。

这种把"鉴赏的批判"和"目的论的自然观的批判"结合在一起的企图到1789年才完全实现。工作加快地进行,1790年就出版了《判断力批判》,完成康德的批判哲学的体系(康德所谓批判〔Kritik〕,就是分析、检查、考察。批判的对象在康德首先就是人对于对象所下的判断。分析、检查、考察这些判断的意义、内容、效力范围,就是康德批判哲学的任务)。康德的《判断力批判》第一部分是"审美判断力批判"。此中第一章第一节,美的分析;第二节,壮美(或崇高)的分析;第二章,审美判断力的辩证法。现在我主要地是介绍一下"美的分析"里的大意,然后也略介绍一下他的论壮美(崇高)。

我们先在总的方面略为概括地谈一谈康德论审美的原理,这是相当抽象,不太好懂的。

康德的先验哲学方法从事于阐发先验地可能性的知识(即具有普遍性和必然性的知识)。美学问题是他的批判哲学里普遍原理的特殊地运用于艺术领域。和科学的理论里的先验原理(即认识的诸条件)及道德实践里的先验原理相并,产生着第三种的先验方法在艺术领域里。艺术和道德一样古老,比科学更早。康德美学的基本问题不是美学的个别的特殊的问题,而是审美的态度。照他的说法,即那"鉴赏(或译趣味)判断"是怎样构成的,它和知识判断及道德的判断的区分在哪里?它在我们的意识界里哪一方向和哪一方面中获得它的根基和支持?

康德美学的突出处和新颖点即是他第一次在哲学历史里严格地系统地为"审美"划出一独自的领域,即人类心意里的一个特殊的状态,即情绪。这情绪表现为认识与意志之间的中介体,就像判断力在悟性和理性之间。他在审美领域里强调了"主观能动性"。康德一般地在情绪后附加上"快乐及不快"的词语,亦即愉快及不愉快的情绪,但这个附加词并不能算做真正的特征。特征是在于这情绪的纯主观性质,它和那作为客观知觉的感觉区别着。在这意义里,康德说:"鉴赏没有一客观的原则。"此外这个情绪是和对于快适的单纯享受的感觉以及另一方对于善的道德的情绪有根本的差别。

美学是研究"鉴赏里的愉快",是研究一种无利益兴趣和无概念(思考)却仍然具有普遍性和直接性的愉快。审美的情绪须放弃那通过悟性的概念的固定化,因它产生于自由的活动,不是诸单个的表象的,而是"心意诸能力"全体的活动。在"美"里是想像力和悟性,在"壮美"里是想像力和理性。审美的真正的辨别不是愉快,愉快是随着审美评判之后来的,而是那适才所描述的心意状态的"普遍传达性"。这是它和快适感区别的地方。

因这个心意状态绝不应听从纯粹个人趣味的爱好,那样,美学不能成为科学。鉴赏判断也要纳入法则里,因它要求着"普遍有效性",尽管只是主观的普遍有效性。它要求着别人的同意,认为别人也会有同样的愉快(美的领略)。如果他(指别人)目前尚不能,在美学教育之后会启发了他的审美的共通感,而承认他以前是审美修养不够,并不是像"快适"那样各人有私自的感觉,不强人同,不与人争辩。所以人类是具有审美的"共通感"(Gemeinsein)的。这共通感表示:每个人应该对我的审美判断同意,假使它正确的话(尽管事实上并不一定如此)。因而我的审美判断具有"代表性"(样本性)的有效性。当然按照它的有效价值也只具有一个调节性的,而非构造性的"理想的"准则。一言以蔽之,是一理念(Idee)。对康德,理念(或译观念)是总括性的理性概念,最高级的统一的思想,对行为和思想的指导观念,在经验世界里没有一对象能完全符合它。审美的诸理念是有别于科学理论上的诸理念的,它们不像这些理念那样是表明(立证)的"理性理念",而是不能曝示的,即不能归纳进概念里去的想像力的直观,没有语言文字能说出,能达到。它是"无限"的表现,它内里包涵着"不能指名的思想富饶"。它是建基于超感性界的地盘上的那个仅能被思索的实体,我们的一切精神机能把它作为它们的最后根源而汇流其中,以便实现我们的精神界的本性所赋予我们最后的目的,这就是理性"使自己和自身协合"。超过了这一点,审美原理就不能再使人理解的了(康德再三这样说着)。

创造这些审美理念的机能,康德名之为天才,我们内部的超感性的天性通过天才赋予艺术以规律,这是康德对审美原理的唯心主义的论证。

四

一个判断的宾词若是"美",这就是表示我们在一个表象上感到某一种愉快,因而称该物是美。所以每一个把对象评定为美的判断,即是基于我们的某一种愉快感。这愉快作为愉快来说,不是表象的一个属性,而只是存在于它对我们的关系中,因此不能从这一表象的内容里分析出来,而是由主体加到客体上面的,必须把这主观的东西和那客观的表象相结合。因此这判断在康德的术语里,即是所谓综合判断,而不是分析判断。

但不是每一令人愉快的表象都是美。因此审美判断所表达的愉快必须具有特性。

问题是:什么是美?即审美判断的基础在哪里?这一宾词所加于那表象的是什么?这些归结于下列问题:审美的愉快和一切其他种类的愉快的区分在哪里?对这一问题的回答就说出了"美或鉴赏判断的性质",这是"美的分析"的第一个主题。

美以外如快适,如善,如有益,都是令人愉快的表象。康德进一步把它们分辨开来,说它们对于我们的关系是和美对于我们的关系不同的。康德哲学注重"批评"(Kritik)亦即分析,他偏重分别的工作,结果把原来联系着的对象割裂开来,而又不能辩证地把握到矛盾的统一。这造成他的哲学里和美学里的许多矛盾和混乱,这造成他的思想的形而上学性。

快适表现于多种的丰富的感受,如可爱的、柔美曼妙的、令人开心的、快乐的,等等,是一种感性的愉快的表现,而善和有益是实践生活里的表现。快适的感觉不是系于被感觉的对象,而是系于我自己的感觉状况,它们仅是主观的。如果我们下一判断说:"这园地是绿色的",这宾词"绿"是隶属于那被我们觉知的客体"园地"的。如果我们判断:"这园地是舒适的",这就是说出我看见这园地时我的感觉被激动的样式和状态。"快适是给诸感官在感觉里愉快的",它给予愉快而不通过概念(思维)。对于善和有益的愉快是另一种类的。有益即是某物对某一事一物好。善却与此相反,它是在本身上好,这就是只是为了自身的原因、自身的目的而实现,进行的。有益的是工具,善是目的,并且是最后目的。二者都是我们感到愉快的对象,却是在实践里的满足,它们联系着我们的意志、欲望,通过目的的概念,它们服务于这个目的。有益的作为手段、工具,善作为终极目的,前者是间接的,后者是直接的。康德说:"善是那由于理性的媒介通过单纯的概念令人满意的。我们称呼某一些东西为了什么事好(有益的),它只是作为手段令人愉快的,另一种是在自身好,这是自身令人愉快满意的。"善不仅是实践方面的,且进一步是道德的愉快。

但二者的令人愉快是以客体的实际存在为前提,人当饥渴时,绘画上的糕饼、鱼肉、水果是不能令人愉快的,它们徒然是一种刺激。除非吃饱了,不渴了,画上的食品是令人愉快的,像17世纪荷兰画家常爱画的一些佳作。一个人的善行如果是伪装的,不但不引起道德上的满意,反而令人厌恶。除非我们被欺骗,信以为真(即认为是客观存在着)的时候。这就是说我们对于它们的客观存在是感兴趣的,有着利害关系的。

但在对于美的现象的关系中却不关注那实物的存在,对画上的果品并不要求它的实际存在,而只是玩味它的形象、它的色彩的调和、线条的优美,就是说,它的形式方面、它的形象。康德说:"人须丝毫不要坚持事物的存在,而是要在这方面淡漠,以便在鉴赏的事物里表现为裁判者。"总结起来,康德认为美是具有一种纯粹直观的性质,首先要和生活的实践分开来。他说:"一个关于美的判断,即使渗入极微小的利害关系,都具有强烈的党派性,它就决不是纯鉴赏判断。因此,要在鉴赏中做个评判者,就不应从利害的角度关心事物的存在,在这方面应抱淡漠的态度。"

照康德的意见,在纯粹美感里,不应渗进任何愿望、任何需要、任何意志活动。审美感是无私心的,纯是静观的,他静观的对象不是那对象里的会引起人们的欲求心或意志活动的内容,而只是它的形象、它的纯粹的形式。所以图案、花边、阿拉伯花纹正是纯粹美的代表物。康德美学把审美和实践生活完全割裂开来,必然从审美对象抽掉一切内容,陷入纯形式主义,把艺术和政治割离开来,反对艺术活动中的党派性。它成为现代最反动的形式主义艺术思想的理论源泉了。

康德认为人在纯粹的审美里绝不是在求知,求发现普遍的规律、客观的真理,而是在静观地赏玩形象、物的形式方面的表现。审美的判断不是认识的判断,所以美不但和快适、善、有益区分开来,也和真区分开来。他反对在他以前的英国美学里(如布尔克)的感觉主义,只在人们的心理中的快感里面寻找美的原因,把美和心理的快适(快活舒适)等同起来。他也反对唯理主义思想家(如鲍姆加登)把美等同于真,即感性里的完满认识,或善,即完满。他要把一切杂质全洗刷掉,求出纯洁的美感。他用"批判"即"分剖"的方法来研究人类的认识作用,称做"纯粹理性批判",研究纯洁的直观、纯洁的悟性,在道德哲学里探讨纯洁的意志,等等。他的这种洗刷干净的方法,追求真理的纯洁性,像17世纪里的物理学家、数学家的分析学(数学是他们的,也是康德的科学理想),但却把有血有肉的,生在社会关系里的人的丰富多彩的意识抽空了(抽象化了);更是把思想富饶、意趣多方的艺术创作、文学结构抽空了。损之又损,纯洁又纯洁,结果只剩下花边图案,阿拉伯花纹是最纯粹的,最自由的,独立无靠的美了。剩下来的只是抽空了一切内容和意义的纯形式。他说:"花,自由的素描,无任何意图地相互缠绕着的、被人称做簇叶饰的纹线,它们并不意味着什么,并不依据任何一定的概念,但却令人愉快满意。"

康德喜欢追求纯粹、纯洁,结果陷入形式主义主观主义的泥坑,远离了丰富多彩的现实生活和现实生活里的斗争,梦想着"永久的和平"。美学到了这里,空虚到了极点,贫乏到了极点,恐怕不是他始料所及的吧!而客观事实反击了过来,康德不能不看到这一点,但是他的主观唯心主义使他不能用唯物辩证法来走出这个死胡同,于是不顾自相矛盾地又反过来说:"美是道德的善的象征。"想把道德的内容拉进纯形式里来,忘了当初气势汹汹的分疆划界的工作了。

我们以上已经叙述过康德就"性质"这一契机来考察美的判断。他总结着说:

鉴赏（趣味，即审美的判断）是凭借完全无利害观念的快感和不快感，对某一对象或它的表现方式的一种判断力。

鉴赏判断的第二契机就是按照量上来看的。这就是问一个真正的审美判断，譬如说这风景是美的，这首诗是美的，说出这判断的人是不是想，这个判断只表达我个人的感觉，像我吃菜时的口味那样。如果别人说：我觉得这菜不好吃，我并不同他争辩，争辩也无益，我承认各人有各人的口味，不必强同。康德认为根据个人的私人的趣味的判断，是夹杂着个人的利害兴趣的，不是像那无利害关系，超出了个人欲求范围的审美判断。因此对于审美判断，我们会认为它不仅仅是代表着个人的兴趣、嗜好，而是反映着人类的一种普遍的共同的对于客体的形象的情绪的反应。因此会认为这个判断应该获得人人公共的首肯（假使我这判断是正确的话），这就是提出了普遍同意的要求，认为真正的（正确的）审美判断应是普遍有效的，而不局限于个人。如果别人不承认，那就要么是我这判断并不正确，应当重新考虑修改。如果审查了仍自以为是完全正确的，那就会是别人的审美修养、鉴赏力不够，将来他的鉴赏力提高了，一定会承认我这个判断的。许多大艺术家发现了新的美，把它表现出来，当时可能得不到人们的承认，他却仍然相信将来定有知音，因而坚持下去，不怕贫困和屈辱，像伦勃朗那样。这里康德所主张的审美判断在"量"的方面是具有普遍性的，可以提出普遍同意的要求，不像在饮食里各人具有他自己个别的口味，是不能坚持这个普遍性的要求的。（虽然孟子曾说过："口之于味也，有同嗜焉。"）

康德认为审美判断具有普遍性，因为美感是不带有利益兴趣因而是自由的、无私的。它不像快适那样基于私人条件，因而审美的判断者以为每个人都会作出同样的判断的。但是在审美判断里对于每个人的有效性不是像伦理判断那样根据概念,因此它不能具有客观的普遍有效性,而仅能具有主观的普遍有效性。而这个之所以可能,是因为审美情绪不是先行于对于对象的判断,而是产生于全部心意能力总的活动,内心自觉到理知活动与想像力的和谐,感觉它作为"静观的愉悦"。

在这里见到康德的所谓美感完全是基于主体内部的活动,即理知活动与想像力的谐和、协调,不是走出主观以外来把握客观世界里的美。这和康德的物自体不可知论,和他的主观唯心论是一致的。

就审美判断中的第三个契机,即所看到的"目的的关系"这一范畴来考察审美判断。康德认为美是一对象的形式方面所表现的合目的性而不去问他的实际目的,即他所说的"合目的性而无目的"(无所为而为),也就是我们在对象上观照它在形式上所表现的各部分间有机的合目的性的和谐,我们要停留在这完美的多样中统一的表象的鉴赏里,不去问这对象自身的存在和它的实际目的。如果我们从表面的合目的性的形式进而探究或注意它的存在和它的目的,那么,它就会引起我们实际的利益感而使我们离开了静观欣赏的状态了。所以最纯粹的审美对象是一朵花,是阿拉伯花纹,等等。这里充分说明了康德美学中的形式主义。但是,康德也不能无视一切伟大文艺作品里所包含着的内容价值,它们里面所表现的对人们生活的影响,它们的教育意义。所以康德又自相矛盾地大谈"美是'道德的善'的象征"。并且说:"只有在这个意义里(这是一种对于每个人是自然的关系,这并且是每个人要求别人作为义务的),美给人愉快时要求着另一种赞许,即人要同时自己意识到某一种高贵化和提升到单纯官能印象的享受之上去,并且别种价值也依照他的判断力的一个类似的原则来评价。"后来诗人席勒的美学继承康德发展了审美教育问题的研究。(德国18世纪大音乐家乔·弗·亨德尔说得好:"如果我的音乐只能使人愉快,那我感到很遗憾,我的目的是使人高尚起来。")于是康德又自相矛盾地提出了自由(自在)的美和挂上的(系属着的)美的区分。自由的美不先行肯定那概念,说对象应该是什么;那挂上的美(系属着的美)却先行肯定这概念和对象依照那概念的完满性(例如画上的一个人物就要圆满地表现出关于那个人的概念内容,即典型化)。一个对象里的丰富多样集合于使它可能的内在目的之下,我们对于它的审美快感是基于一个概念的,也就是依照这个概念要求这概念的丰富内容能在形象上充分表达出来。

对于"自由"的美,如一花纹图案、一朵花的快感是直接和那对象的形象联系着,而不是先经过思想,先确定那对象的概念,问它"是什么",而是纯粹欣赏和玩味它的形式里的表现。

如果对象是在一个确定的概念的条件下被判断为美的,那么,这个鉴赏判断里就基于这概念包含着对于那个"对象"的完满性或内在的合目的性的要求,这个审美判断就不再是自由的和纯粹的鉴赏判断了。康德哲学的批判工作是要区别出纯粹的审美判断来,那只剩有对"自由美"的判断,也即是对于纯粹形式美的判断,如花纹等。而一切伟大的文学艺术作品都是他所说的"系属着的美"或"挂上的美",即在形式的美上挂上了许多别的价值,如真和善等。在这里又见到康德美学里的矛盾和复杂,和它的形式主义倾向。最后,依照判断中第四个契机"情状"的范畴来考察,即按照对于对象所感到愉快的情状来看。美对于快感具有必然性的关系,但这种必然性不是理论性和客观性的,也不是实践性的(如道德)。这种必然性在一个审美判断里被思考着时只能作为例证式的,这就是说作为一个普遍规律的一个例证,而这个普遍规律却是人们不能指说明白的(不像科学的理论的规律,也不像道德规律)。审美的共通感作为我们的认识诸力(理知和想像力)的自由游戏是一个理想的标准,在它的前提下,一个和它符合着的判断表白出对一对象的快感能够有理由构成对每个人的规律,因为这原理虽然只是主观性的,却是主观的普遍性,是对于每个人具含着必然性的观念。康德这一段思想难懂,但却极重要。

如果把上面康德美学里所说的一切对于美的规定总结起来就可以说:"美是……无利益兴趣的,对于一切人,单经由它的形式,必然地产生快感的对象。"这是康德美感分析的结果。康德把审美的人从他的整个人的活动,他的斗争的生活里,他的经济的社会的政治的生活里抽象出来,成为一个纯粹静观着的人。康德把艺术作品从它的丰富内容、它的深刻动人的政治价值、社会价值、教育价值、经济价值、战斗性中抽象出来,成为单纯形式。这时康德以为他执行了和完成了他的"审美批判力批判的工作"。

所以康德的美学不是从艺术实践和艺术理论中来,而是从他的批判哲学的体系中来,作为他的批判哲学体系中的一个组成部分。

康德美学的主要目标是想勾出美的特殊的领域来,以便把它和真和善区别开来,所以他分析的结果是:纯粹的美只存在"单纯形式"里即在纯粹的无杂质、无内容的形式的结构里,而花纹图案就成了纯美的典范。但康德在美感的实践里却不能不知道这种抽空了内容的美在现实中几乎是不存在的,就是极简单的纯形式也会在我们心意里引起一种不能指名的"意义感",引起一种情调,假使它能被认为是美的话。如果它只是几何学里的形,如三角、正方形等,不引起任何情调时,也就不能算做美学范围内的"纯形式"了。

而且不止于此,人类在生活里常常会遭遇到惊心动魄、震撼胸怀的对象,或在大自然里,或在人生形象、社会形象里,它们所引起的美感是和"纯粹的美感"有共同之处——因同是在审美态度里所接受的对象——却更有大大不同之处。这就是它们往往突破了形式的美的结构,甚至于恢诡谲怪。自然界里的狂风暴雨、飞沙走石,文学艺术里面如莎士比亚伟大悲剧里的场面、人物和剧情(马克白司、查里第三、李尔王等剧),是不能纳入纯美范畴的。这种我们大致可列入壮美(或崇高)的现象,事实上这类现象在人生和文艺里比纯美的境界更多得多,对人生也更有意义。康德自己便深深地体验到这个。他常说:世界上有两个最崇高的东西,这就是夜间的星空和人心里的道德律。所以康德不能不在纯粹美的分析以后提出壮美(崇高)来做美学研究的对象。何况他的先辈布尔克、何姆在审美学的研究里已经提出了这纯美和壮美的区别而加以探讨了。

"会当凌绝顶,一览众山小"(杜甫:《望岳》)。美学研究到壮美(崇高),境界乃大,眼界始宽。研究到悲剧美,思路始广,体验乃深。

康德认为:许多自然物可以被称为是优美的,但它们不能是真正的壮美(崇高)的。一个自然物仅能作为崇高的表象(表现),因真正的壮美是不存在感性的形式里的。对自然物的优美感是基于物的形式,而形式是成立在界限里的(有轮廓范围)。壮美却能在一个无边无垠的对象里找到。这种"无限"可能在一个物象身上见到,也可能由这物象引起我们这种想像。优美的快感联系着"质",壮美的快感联系着"量"。自然物的优美是它的形式的合目的性,这就是说这对象的形式对于我的判断力的活动是合适的,符合着的,好像是预先约定着的。在我的观照中引动我的壮美(崇高)感的对象,光就它的形式来看,也有些可能是符合着我的判断力的形式的,例如希腊的庙宇,罗马城的彼得大教堂,米开朗琪罗的摩西石像等古典艺术。但壮美的现象对于我们的想像力显示来得强暴,使我们震惊、失措、彷徨。然而,越是这样,越使我们感到壮伟、崇高。崇高不只是存在于被狂飙激动的怒海狂涛里,而更是进一步通过这现象在我们心中所激起的情感里。这时我们情感摆脱了感性而和"观念"连结活动着。这些观念含着更高一级的"合目的性"。对于自然界的"优美",我们须在外界寻找一个基础,而对"崇高"只能在内心和思想形式里寻找根源,正是这思想形式把崇高输送到大自然里去的。

康德区分两类壮美,数学和力学的壮美。当人们对一对象发生壮美感时,是伴着心情的激动的,而在纯美感里心情是平静的愉悦。那心情的激动,当它被认为是"主观合目的"时,它是经由想像力联系到认识机能,或是联系到欲求机能。在第一种场合里想像力伴着的情调是数学的,即联系于量的评价。在第二种场合里,想像力伴着的情调是力学的,即是产生于力的较量。在两种场合里都赋予对象以壮美的性质。

当我们在数量的比较中向前进展,从男子的高度到一个山的高,从那里到地球的直径,到天河及星云系统,越来越广大的单位,于是自然界里一切伟大东西相形之下都成了渺小,实际上只是在我们的无止境的想像力面前显得渺小,整个自然界对于无限的理性来说成了消逝的东西。歌德诗云:"一切消逝者,只是一象征。"它即是"无限"的一个象征,一个符号而已。因此,量的无限、数学上的大,人类想像力全部使用也不能完全把握它,而在它面前消失了自己,它是超出我们感性里一切尺度了。

壮美的情绪是包含着想像力不能配合数量的无止境时所产生的不快感,同时却又产生一种快感,即是我们理性里的"观念",是感性界里的尺度所万万不能企及的,配合不上的。在壮美感里我们是前恭而后倨。

力学上的壮美是自然在审美判断中作为"力量"来感触的。但这力量在审美状态中对我们却没有实际的势力,它对于我们作为感性的人固然能引起恐怖,但又激发起我们的力量,这力量并不是自然界的而是精神界的,这力量使我们把那恐怖焦虑之感看做渺小。因此,当关涉到我们的(道德的)最高原则的坚持或放弃时,那势力不再显示为要我们屈服的强大压力,我们在心里感觉到这些原则的任务的壮伟是超越了自然之上。这壮伟作为全面的真正的伟大,只存在我们自己的情调中。

在这里我们见到壮美(崇高)和道德的密切关系。

康德本想把"美"从生活的实践中孤立起来研究,这是形而上学的方法。但现实生活的体验提出了辩证思考的要求。只有唯物辩证法才能全面地、科学地解决美的与艺术的问题。

五

康德生活着的时代在德国是多么富有文学艺术的活跃,在他以前有艺术理论家温克尔曼,对我们启发了希腊的高尚的美的境界;有理论家及创作家莱辛,他是捍卫着现实主义的文艺战士。在康德同时更有伟大的现实主义诗人歌德,现实主义的文艺理论家赫尔德尔。(在他以后有发展和改进了他的美学思想的大诗人席勒和哲学家黑格尔)这些人的美学思想都是从文学艺术的理论探究中来的,而康德却对他们似乎熟视无睹,从来不提到他们。他对当时轰轰烈烈的文艺界的创造,歌德等人的诗、戏曲、小说,贝多芬、莫扎特等人的音乐,都似乎不感兴趣,从来不提到他们。而他自己却又是第一个替近代资产阶级的哲学建立了一个美学体系的,而这个美学体系却又发生了极大的影响,一直影响到今天的资产阶级的反动美学。这真是值得我们注意和探究的问题。深入地考察和批判康德美学是一个复杂的而又重要的工作,尚待我们的努力。

  白华附言:中国人民大学出版社出版的苏联瓦·斯卡尔仁斯卡娅的《马克思列宁主义美学》一书,其中对康德美学做了全面的马克思列宁主义的批判,由于我的马列主义理论水平的限制,不能再有所补充了。而有一些读者感到对于康德的美学原理所知太少,读了那篇批判后对于康德美学的理解仍感不足,我在这里试图做一点补充性质的评述,以便读者更好地把握那篇批判。我把那些与康德有关系的美学思想,尤其是英国美学思想也说得不少,或者有些用处。我的这篇小文是从德国的一些美学史著作中采取了资料,参考着瓦·斯卡尔仁斯卡娅的那篇批判和北京大学哲学系资料室所译的莫斯科大学哲学研究所编写的《美学史》(尚未出版)中关于康德的一章而写成的。在这篇文章中,我虽也写了少许批评,但是极为不够的,好在珠玉在前,便不计较我的瓦砾了。我的目的是在提供美学史上一点参考资料而已,康德美学的原著我正在试译中,第一篇《美的分析论》译文已刊《文艺理论译丛》1958年第1期,人民文学出版社出版,现在收在商务印书馆出版的《19世纪末20世纪初德国哲学》里,是北京大学哲学系外国哲学史教研室编译的,请参考。

(原载《新建设》1960年第5期)

单纯的自然描摹·式样·风格[①]
（Eintache Nachahmung der Natur, Manier, Stil）

歌　德

[译者引言]

歌德的文艺思想与创作的路程是从极端的"自然主义"——自然的绝对尊重与模仿，（如 Goetz, Werther 等作品）——经过自我风格的创制（如 Iphigenie）走到自然万象的基本型与基本律的发现与表现（如 Wilhelm Meister, Faust）等。他早期的自然主义是在德国的狂飚运动中受着莎士比亚的影响，主张艺术是自然的忠实写照；单纯地把生活中所见所触的现象与人物如实的写出，充满着真气，就是艺术的无上妙品。他的剧本《瞿支》（Goetz von Berlichingen），他的小说《少年维特之烦恼》，都是在这种文艺信念中写出的。歌德在目前这篇论文里也还说："这样的一个艺术家终是一个可贵的艺术家。"然而艺术家是有自我的，艺术作品是一种造形。当艺术家不肯完全屈服于单纯的自然描摹时，他就会从自己的情感与想像里创造形象，改造形象，而以个性的手法技法表出一种独特的"式样"（Manier）。一切艺术是移自然入于"意境"，在移易之间艺人表现着他的技法手法而成一"形式"。这种形式（手法技法）的固定化就

[①] 原刊《文学月刊》第 5 卷第 1 期，1935 年 7 月 1 日，上海生活书店出版。——编者

成为个人的"式样"。"式样"亦可以被人所模仿而成为艺术上传统的格式。(如中国山水画法)对于纯粹的自然描摹而言,则"式样"是表现个性与主观的艺术。一个创造的艺术家应该超脱单纯的自然摹写而表现自然的式样。歌德在意大利的努力就是创造文艺里的式样。他的剧本《伊菲格丽》(Inhigenie)就是一伟大的代表。然而伟大的式样又应该超越主观而筑基于客观自然的深一层的观照与探索。艺术是客观世界与主观个性的最高的结合。单纯的描摹自然固然是太偏向客观,式样也是太偏重主观,两者各有所长,各有价值,并且可以互通成为艺术创造的两个阶段,然而尚非艺术的理想与极则。伟大艺术的成功乃在于"风格"的完成。歌德所谓"风格"(Stil)是作家探入万物本体的认识,透彻造化的大理大法,把握物象最深的核心,然后创造出来的艺术,乃能作为"万物的基本型"的表现,如他在意大利所欣赏的希腊雕像。表示"风格"的文艺作品是伟大的,高明,深沉,真实而单纯,如大自然一样。个性的"式样"符合了自然的"式样",由主观变为客观,由狭小变为伟大,这就是"风格"的完成。天才的作品应该是"无名的","无我的",像一自然界的创造。

所以"单纯的自然描摹","式样","风格"三者,构成艺术过程的辩证式(dialectic)的三阶段。"式样"是超越"单纯的自然描摹"以表示主观形式,"风格"则又超越小己的主观以伸入客观自然的永恒性与永久型,包含前二者而超越之,成功自然一样的伟大与美丽!

歌德这篇艺术短论,文章非常简洁紧凑,却是他经过许多经验许多思索后的最成熟的艺术理论,可以作为他的代表主张。它是他1788年在意大利时对着许多希腊不朽的创作,受着它们的启示而写的。(所以也偏重绘画雕刻的例子,尤其在"单纯的自然描摹"里面,不过也可以引用到文学上去。况且歌德,自己是文学家,他也是为他自己求明确的观念而发阐的。歌德的关于文艺理论的文字尚有《Propylaeen 导言》,《论艺术的真实性与概然性》,《温克尔曼[Winckelmann]及其世纪》,《论叙事的与戏剧的文学》等篇。)

那似乎不是多余的事,设若我们来准确地说明一次,什么是我们在运用这几个常用的字眼时所思想的。因为人们虽然很长久已在文章里引用着它们,并且在理论的著作里似乎已曾确定了它们,但仍旧是各人就各人的定义引用着,因各人对这些概念含义之把握有精粗,所意念的也就多寡不同。

单纯的自然描摹

假使一个禀有必要的天资的艺术家,已经在范本上训练了眼睛与手,于是很早地就向自然界的事物用忠诚与勤恳极准确地去描摹它们的形相与色彩,绝不离开自然一步,每一幅画的开始与完成皆是面对着自然,这个人终是一个可贵的艺术家,因为他不曾缺少一种极高度的真实,他的作品会稳当,有力而丰富。

我们设若将这情况思考一下,我们容易见到:一位能干的但未免狭隘的资质可以在这种情况下从事于一些可爱的但是范围狭小的题材。

这些题材必须是很容易在手边的,须是很便当地见着及很安静地描写着的。在这种工作中的情绪是幽静的,向内的,有着易于满足的轻淡的愉快。

式　样

但是人往往觉得这种写作方式是太胆小或是不够。他看出一幅画里要画出多数物象的调和必须牺牲个体。他不满足于仅仅顺着自然的字母拼凑，他要自己创出一种式样，制造一种语言，以表达他的心灵所感动的，他所多次描摹的物象必须给予一自创的形式。在重现自然时用不着面对自然，也用不着十分热烈地回忆着自然。

于是就完成了一种"语言"，艺术家借以直接表现及说明他的精神。就像一切能自动思想的人就着各人的见地思索伦理问题，构成不同的主张，这类艺术家也用个人的眼睛看世界，把握世界，创造世界。他轻俏地或沉着地牢笼万象，他庄重地或随便地表现出来。

我们看出，这一种的描摹方式（按：即指有式样的描摹法）是最适合于描写一个大的全整的境界里面包含着若干层次的小的物象，为着整体的全部表现的成功，只好牺牲局部的细描，如山水画。人若小心翼翼地停留在细小局部而不抓住全体的概念，则将不能达其原来目的。

风　格

如果艺术经过了自然的描摹，经过了创造一种普遍语言的努力，经过准确深刻的物体研究，最后达到它对物象的品质状态能有深一层的体验，总揽各形象排比其特性形式而描写之，于是"风格"乃为艺术所到的最高境地，可与人类一切其他伟大努力等量齐观。

"单纯的自然描摹"是留连于静物及可爱的现在,"式样"是以一种轻情而有力的情调抓住现象,"风格"则系建筑于知识的最深基础,万物的本体,在可见可握的形象中所启示的。

以上所述,如欲详细发挥,必须写成巨册,并且有一些我们也可以在书籍里寻到。但是纯净的观念仅能在自然与艺术的研究上得到。我们再补充一些观察,凡涉及造型艺术方面的,我们将有机会回想到上面所说的话。

我们很容易见到,这三种在此分开的艺术创造的形式是互相联系着的,由一种可以走进第二种的。

单纯的描写那容易把握的物象(我们于此举花果为例)也可以超升到很高的境地。很自然的,一位画蔷薇花的可以渐渐发现与分出"最美丽最鲜艳的蔷薇,在夏天的千种花朵中找出最美的来画"。画家在此早已有了选择,虽然他对蔷薇花的美还不曾造一个普遍确定的概念。他紧对着可把握的真形,一切都系乎各种属性及表面的色彩。毛绒绒的桃子、铺着细粉的梅子、光滑的苹果、发亮的樱桃、鲜艳射目的玫瑰,各种的紫罗兰,彩色的水仙,一切一切,他都要在他静悄的工作室里放在面前观察它们最成熟最繁盛时的形态。他给予它们最适宜的光线,他的眼睛深深习惯于色彩的和谐。在年复一年的观察与描写中,他对于这单纯静物的品质乃能不费辛苦的抽象作用而把握住。而一位胡森(Huysum,1682—1749)、一位奈谐鲁希(Rachel Ruysch,1664—1750),两位荷兰著名花果画家的奇迹产生,艺术家仿佛突过了可能性的创造。

很显明地,设若这样一个艺术家在他的技能之外同时是一个植物学者,他能从一植物的根芽起认识各部分对于全体生长发展的影响,相互的关系与功用,他又了解花叶果实的时间演化;那么他就更伟大更坚实了。他将不但在现象的选择上表示他的口味，他更将在正确的物性表现上给予我们惊异与教训，在这种意义上，人才能说他已成就了一个"风格"；因为我们很容易从另一方面见到，一位这样的作家，设若他不肯如此重视真确，而仅仅用功于炫耀刺目的轻易表现，则他不久将落进了"式样"。

所以单纯的自然描摹是仅仅工作于"风格"的门庭。设若它一直地更忠实，更细心，更纯粹地向前工作，更静穆地感受所眼见的一切，从容地模写，更习惯于思想，这就是说较同别异以归纳于普遍的概念，那他就更有资格蹚进神圣的领域了。

如果我们现在再来观察一下"式样"，就可以看出它是在这名词的最高与最纯的意义上可以成为"单纯的自然描摹"与"风格"的中间物。它越是一方面以轻俏的方法接近于忠实的描摹，另一方面能把握物象的特性而表出之；它若越是能以一种纯洁的，活泼的，动作的"个性"来综合两方，那它就愈高尚，伟大与可敬。然而这类艺术家若是怠惰了对自然的坚持与深思，他就会逐渐地离开了艺术的本源。他的"式样"将愈益空虚，无意味当他远离了"单纯的描摹"与"风格"的时候。

我们在此用不着重述，我们所用"式样"一词的字义是在一种高级的可敬的意义上的。所以一些艺术家，他们的作品若是照我们的定义属于"式样"的范围内，他对于我们当不致是罪。（按：Manier 字普通也含有矫揉造作的意义。）

我们的目的是要把"风格"一词保留于最高贵的意义，用来标示艺术所曾达到和所能达到的最高点。

能认识这个高度已经是一种幸福，同了解的人谈论它，是一种高贵的愉悦，这是我们以后还有机会可以得着的。

[《文学》月刊编者按语]

"世界文学理论名著"译解一栏的添设，是求世界文学理论名著的普遍化,因为一方面要求尽人能解,一方面又为防止介绍者走动或歪曲原因,故以译文与疏解并刊,期读者可由疏解去理会本文,因而获得原作品的真义。本篇特约宗白华先生译解,以其篇幅不多,故提前发表。宗先生来函云:"译文前写一引言,综述全文精义,以便读者了解,即可作全文的注释。文后每段末再加注释,因觉文意已极明白,似乎无此必要。"这虽与本栏体例略有不符,但宗先生的目的确已达到,也就无妨破例了。

歌 德 论[①]

比学斯基

[译者引言]

比学斯基（Bielsehowsky）的《歌德传》两大本，是德文歌德传记中最美丽最流行的一部。他书中第一篇描写分析歌德的个性尤为深刻。现翻译出来，供国内爱慕歌德者参考。

伟兰（Wieland 1733—1813，歌德同时的大诗人）有一次排比他当时最杰出的人物而列论之，他称克罗勃斯陀克（Klopslock）是当时最大诗人，赫尔德（Herder）是最大学者，拉发陀（Lavater）是最伟大基督教士，而歌德——是人性中之至人。伟兰还有一段可注意的歌德批评。他说，歌德之所以常被人误解，因为很少人能够有概念了解如此这么一个人。但为什么很难从这"人性中之至人"得个概念？并不只是因为他的心灵禀赋特别伟大。宗教史、诗歌及英雄崇拜里已经证明普通庸人也很有对伟大事物的理想。虽然他们不很愿意用之于同时人的身上。就是伟兰与其他与伟兰同意的人也不是意指歌德在内的伟大。他们意思是指着歌德"人性之完全"。

[①] 本文原刊 1932 年 3 月 28 日《大公报》文学副刊第 221 期。——编者

歌德从一切的人性中他皆禀赋得一分，而人类中之最人性的。他的形体具有伟大的典型的印象。是全人类人性的象征。所以曾经接近他的人都说从未见过这样一个完全的人。

自然世界上有比他更富有理智的，也有比他更多毅力，或禀有更深刻的感觉更生动的想像力的，但实在没有一个人曾如歌德聚集这许多伟大的禀赋于一个人格之中。

并且也很少有一个心灵如此高度发展的人，而他的身体不断的兴奋，精神如此内敛集中。

这种奇异的圆满的人性的组合，给予他人格以非常的特征。也给予他许多矛盾的表现。歌德人格与生活中这些矛盾表现使一般人对他难有一准确的观念。同时这个人，有时他像一个物理学家观察光色的曲折，有时他像一解剖家研究骨骼与肌肉，有时他像个法学家讨论破产法。他对人物事件有非常精细的观察与分析，少年时就有政治家外交家的聪明与经验。同时这一个人又创造了许多幻想如泉涌的诗歌，好像一个沉醉的梦想者穿过这实际的世界，观照人事万物他们丑陋的实际而反映以他自己内心的光彩。又常时对物界关系不能用理智处理，在人群中如一天真而无靠的小孩。他以热烈的情感在世界像浮士德，但不久又用毁灭的讥诮推开世界像靡非斯陀。

歌德像一棵植物，常而感受风雨气候的影响，但有时又能对之毫不关心。他心爱他的生命如一个美丽友爱的习惯，但又跑进枪林弹雨中去尝试"炮火的热病"。他，这个最忠实最纯洁最肯牺牲的朋友，这个最热狂最倾心的情人，可以在感情沸腾时伤害他朋友与情人的心。他，这个像赫尔德所说：在他每一步生活的进程中是一个男子，拉发陀与克乃勃尔(Knebel)称他是个英雄，铁石心肠的拿破仑也不得不喊出："这是一个人！"但他竟有时不能制止他心的要求与欲望，随波逐流，自失其舵，软得如席勒(Schiller)所称的"女性情感"(少年维特所表现)。他,有如一个仙灵解脱了一切尘土的重浊,高蹈于超越的境界,但同时又脚踏实地站在地球上欣赏任何细微的感官的快乐,哪怕是他女友玛丽亚娜从家乡寄来的梅子。他,这个非常精细准备地评论艺术品的,同样精细地赏识莱茵河的酒。他,这个特殊北方日耳曼的性质,欢喜跑冰,冬天在伊曼河中洗冷水浴,遨游于哈尔茨与瑞士的冰山,他创造了特殊北方日耳曼的精神的文艺,如瞿支(Gotz),浮士德,赫尔曼与多罗西,神怪如雾的叙事诗,《鬼王》、《死人舞》、《肯信的童子》、《北方的瓦普司之夜》等,但后来到了意大利和清明的天空与温暖的气候里,徘徊于希腊及文艺与复兴艺术作品中间,又好像回到他原来的故乡。然而在南方时他仍禀有充分的北欧情调,在宝桂赛宫中园写《魔女之封》。他,这个完全近代的人,并且在许多方面是属于未来的人,在另一方面自觉又是个古代的人,似乎曾经生活于哈德利扬(Hadrian)皇朝之下。他,这个处处寻求清明,透入清明的,但也爱飘摇于神秘的幻想中,相信世界秩序里有神魔的存在,灵魂的轮回,常轻轻地受着预感预言预兆等迷信的支配,这个人,平常非常温柔忍耐的,竟有时愤怒至于咬牙跺脚。他能闲静,又能活泼,愉快时犹如登天,苦闷时如坠地狱。他有坚强的自信,他又常有自苦的怀疑;他能自觉为超人,去毁灭一个世界,但又觉得懦弱无能,不能移动道途中一块小石。

这些矛盾的暴露,是在他一种心灵禀赋特占优势时,或全力倾向一个生活方向时,或在感官反抗理性,或理性压制感官的时候。我们可以说,歌德一生的上半期是努力于调解灵与肉间及心灵与心灵间之矛盾冲突,以求避免一切内与外的骚扰。但他人格的构造却是如此的幸福,在他的每一种心能中总是积极的,善的,于世于己有益的部分占最优势,故他在一切奋斗中从不损害及自己与世界而永为胜利的前进者与造福者。所以认识他很深刻的人,总不致迷惑于他一时的偏颇与过分,而对于他道德的人格将承认克乃勃尔的批评。克氏在1780年说:"我很知道,他不是时时可爱的。他很有些令人不快的方面,我也曾领略过。但他这人全体的总和是无限好的。"再者赫尔德在1787年也曾批评过他道德的与精神的人格,"他有一个清明广大的理性,真挚亲切的情感,极端纯洁的心"。但世界上一切伟大的事物的恩惠,他们给人以荣幸,也同时给人以负担。歌德是饱尝此苦的了。他在他的伟大禀赋的重担之下也受尽苦痛。他的非常灵敏的感觉,加之以他正直的胸襟,心地的纯洁与良善,使他格外感到世界中的错误、龌龊与一切的苦痛。他强烈的想像力使他无中生有的幻想着仇敌与黑暗。他高度的热情更加重他每种不愉快的状况至于不能忍受。他暴躁地反对别人同自己,但等到他不久发现了是自己的错误时,则又燃烧着追悔的懊恼。再者,他诚然感谢神祇们,使他思想的速度与丰富能将"一天时辰分剖到一百万段,而每段改造成一个小永久",但同时使他痛苦的,是他脑袋中蕴藏着这许多精灵们的大结合,而不能对每一个精灵致相当的培养。甚至一种清静纯粹的愉快都使他心灵震撼无穷。一个幸运的、意义丰富的诗句之偶得,可以使他喜极而涕。一个自然科学上的发现使他"五脏动摇"。他读到卡德龙(Calderon)的剧本中一幕戏的美丽时,他兴奋过分,停止了宣读而将书本死命用力掷在桌上。

只有像这样一个个性结构的人在老年时可以说道:他命中注定连续地经历这样深刻的苦与乐,每一次皆几乎可以致他的死命。

还有一层使他的一切幸福皆不能美满的,就是每种希求达到满足时他立即再往前追求着其他新鲜的。这种向前进展的欲望固然是一班不肯庸俗自足的人所同具的。不过在他这种情性禀赋里格外觉得强烈深挚。所以他一生很像浮士德,在生活进程中获得苦痛与快乐,但没有一个时辰可以使他真正满足。

所以,谁人看见了这个无数彩色闪耀的光圈,环绕着歌德的全人格时,就会承认文艺的光芒只是这圈的一部分,而歌德的全人格大于诗人,他的生活比他诗还更美好。我们后辈中研究与想像以期认识他的人格者,都会得着这个印象。我们觉得,他的生活是一切创造中最富有意义,最动人,最可惊异景仰的作品。但不要错认这个生活是他有意计划创造的。他的诗歌已经都是他黑暗的潜意识的表现,他的生活更是如此。固然他很早就想努力战胜他本能冲动的暗昧,引导他的生活达到一定的方向,但效果甚微。等到他以后达到这目的时,他的引导的功用也仅限于消极的排除一切扰乱,这适合于他生活轨道的。在这生活轨道以内他仍然如前随顺着他的本能。所以雅各比(歌德少年时友人)批评 25 岁时歌德的话,也适用于歌德一生的各时期:"歌德是个被神魔占有者,他没有能够自由自主的行动。人只有曾经在他身边过一小时,就会发现:假如我们要求他思想行动不照他实际的思想行动,是件非常可笑的事。我的意思不是说,在他的内部不能改造得更美更好。但须从容自然得像一朵花的开展,像种子成熟,树杆上升,绿叶成盖。"

席勒和歌德的三封通信

席勒给歌德的信(耶那,1794.8.23)

　　昨天有人带给我一个愉快的消息,说你已经旅行归来。我们又可以希望不久在我们这里再见到你了,这也是我个人所衷心盼望的。我们最近一次谈话①激动了我的全部思想,因为它触到的一个问题,是我几年来一直感到有深切的兴趣的②。有些东西,我自己还不能掌握,而在观察你的精神中(这是我对你的观念给我的总印象的称呼)使我突然有所悟。我那许多抽象观念缺乏实体对象,是你引导我获得了寻觅它们的线索。

　　你那观察的眼光,这样沉静莹澈地栖息在万物之上,使你永远不致有堕入歧途的危险,而这正是抽象的思索和专断的放肆的想像很容易迷进去的。他人辛苦分析所得的,已包罗在你的直观之中,而且更完备、更全面。只因为它整个潜藏在你的内部,所以你并不知道你自己的宝藏,而我们可惜仅能知道我们所分析的。

　　所以像你这一类的精神常不自知所入之深,你们也无需求助于哲学,而哲学反而常须向你们学习。哲学仅能分剖别人所

---

① 指两人在耶那听演讲后路上的一段谈话,见"译后记"。
② 席勒早有兴趣观察歌德生活的道路与意义。

给予的,而"给予"却不是一个分析家的事,倒是一个天才的事。天才在纯理性的隐秘而稳当的影响之下按照客观的规律综合着事物。

我久已远远地观察着你的精神的进展,而你所规划的道路每每带给我新的敬佩。你要追寻自然的必然性,但你挑了一条最艰难的道路,这是力量单薄的人所不敢尝试的。你总揽着自然的全部,来设法说明它的个体。你在种种不同的表象的整体里为解释一个个体寻找根据。你从单纯的机体一步一步走向较复杂的结构,最后走到一切之中最复杂的"人",你用整个自然的材料进一步地创造了他。

因为你好像是照着自然的创造再创造着"人",所以你切望窥入它奥秘的机构。这是一个伟大的真正英雄式的观念,足以证明你的精神是如何地将它全部丰富的思想组成一个美丽的整体。你可能不曾希望你这一生能够达到这个目的,但你以为走向这条道路比走完任何其他道路都有价值——于是你像《伊利亚特》中的阿溪里①一样,便在拂提亚②与不朽之间作一选择了。

假使你生而为希腊人,或者只是个意大利人,假使从你的摇篮里起就有了一个优越的自然环境与理想的艺术气氛包围着你,那么你的道路就可以无限地缩短,甚至可以完全不需要。你可能在你第一次观察万象时就把握住必然性的形式,在你初次的经历中就会发展出你的伟大风格。然而,由于你生而为德意志人,由于你的天赋的希腊精神已经熔铸在这个北国的模型里,除此之外你便没有别的选择;或者使自己成为一个北方艺术家,或者靠思想力的帮助以实际所缺乏的东西来弥补你的想像,由理性的道路从自己的心中产生育一个希腊。

---

① Achilles,荷马史诗《伊利亚特》中的英雄。
② Phthia,地名,在贴撒利亚,是阿溪里的故乡。

当心灵吸收外部世界来构造内心世界的童年的时候,你被贫陋的外界形象所包围,你采纳了粗野的北方的自然。等到你的优越的天才制胜了物质材料而从自己心里发现这个缺憾时,你又从对外界希腊的认识更确切地痛感这个缺憾。于是你必须按照你那造型精神为自己创造的优良模型,将你头脑中被迫接受的较劣的自然重新修正,而这一切只能依照主导的见解来进行。

但是你的精神经过深思之后所不得不采取的这种逻辑方向却不能与美学相容,而你的精神惟有凭借美学才能创造。于是你就多了一层工作,你既从观察走向抽象,你还须再把概念转成直观,并把思想化为情感,因为天才只有凭借情感才能创造。

我这样大致地评判你的精神的道路,对与不对,你自己最明白。但你所不容易知道的(因为天才常常觉得自己是一个最大的秘密)就是你的哲学的本能与纯抽象的理论的结果竟有如此美满的谐合①,乍看起来,的确没有比这自然一性产生的抽象思想和那自复杂性的直觉更矛盾的了。但是,设若前者以纯洁的诚意来寻求经验,而后者以自动的自由的思想力来寻求定律,则两者将在中途相遇。虽然直觉精神只从事创造个体,抽象精神只从事于制造类型,但设若直觉精神是个天才,他就会在经验里注意必然性,他所创造的个体就会具有类型性。设若抽象精神是个天才,而且超越经验而不遗弃经验,那么,他虽然只创造类型,却不会离开生活的可能性以及和实际事物的根本关系②。

但是我觉得,我现在不是在写信,而是在写一篇论文了。请你原谅我对这个问题的热烈的兴趣。设若你没能在这面镜子里

---

① 这里所说的哲学的本能就是歌德所实践的创造的道路,理论结果就是席勒在这里所分析出来的。

② 这是席勒对自己的分析。

照见你的真容,务请你也不要因此躲避它。……①

我的朋友和我的妻子都向你致意。

你的永远忠诚的仆人 弗·席勒

歌德复席勒的信(爱特斯堡,1794.8.27)

在这个星期过生日的时候,我所收到的礼物没有比你的来信更令人愉快的了。你以友谊的手总结了我的生活,你的同情,鼓励使我更加勤勉地运用我的全部才力。

纯粹的享受和真正的实用必须是相互的,如果有机会能够告诉你:你的谈话对我发生了怎样的影响,我是怎样从那天起就划了一个新时期,我又怎样满意于未经任何特别的奋勉就已经往前进步,那我一定是很愉快的,因为从我们那次意外的会晤之后,我们似乎可以终身共同前进了。

我向来就知道珍视你在你所写和所做的一切中表现的那种直率的、罕见的严肃精神,现在我更可以从你自己来了解你精神的道路了,尤其是近年来的。你我如能互相把各人目前所达到的境界弄清楚,我们就更可以继续共同工作了。

有关我的一切,我很乐意告诉你。我也深感我的计划是超过人的力量和他在地球上生活的时间的,所以我愿将许多事情交托给你,使它们因此不仅可以得到保存,并且可以获得生命。

至于你的同情对于我有多么大的益处,你不久将自己看见。当你和我有更亲密的接触时,你就会发现我有一种虽然我自己也明白,但为我所不能自主的迷糊与踌躇,而这种现象多是天性

---

① 下面数段涉及一些琐事,无关宏旨,未译。

使然,只要它不过分专横,我也愿意接受它的统治。……①

我希望不久到你们那里过一些时候,届时我们可以谈许多事情。

祝你生活安适并请你向你们同人致意。

歌　德

席勒给歌德的信(耶那,1794.8.31)

我从白岩会晤了我的从德累斯顿来的朋友刻尔纳回返此地以后,接到你的前一封信②,它的内容给了我双重快乐。因为我由此看出,我对你的精神的看法符合你自己的感觉,而我坦白直率地说出我心里的话,也并没有叫你不愉快。我们的友谊虽然来得晚,它却唤醒我许多美好的希望,它再度对我证明,人最好是静候机缘,不要操之过急。我过去曾经多么热望着同你进一步发生关系,就像一个勤恳的读者同他的作家间所可能发生的那样。而我现在才完全了解,像我们两人所走的那样不同的道路,不过早,而恰恰是现在引聚到一块,这是有益处的。但我现在希望,我们能共同走向我们尚未走完的路,因为一个长途旅行中最后的伴侣是最能够互倾衷曲的,我们将会获益更多。

请你不要期望我有很丰富的思想,这正是我将要在你那方面寻找的。我的需求和企图就是由少量的做出很多来,假若你进一步了解了我对于所谓学识的贫乏,你或许可以发现,为什么我在一些作品里面凭着这贫乏的学识可以获得成就。因为我的思想和圈子狭小些,所以我常能比较迅速地贯通它,也正是因此

---

① 以下有一段未译。
② 指上译歌德的复信。

我能更好的和用我的微少的资本,同时把内容方面所缺少的多样性经由形式来加以创造。

你努力把你的宏大的观念世界单纯化,我则企图把我的微少的资本多样化。你有一个王国要你去治理,我则仅有一个概念的人口众多的家庭,我从心里想把它扩张为一个小世界。

你的精神的作用是在非常高度集中的直觉,你的一切思想的力量好像是显露在想像力里,这想像力是你一切思想的共同代表。实际上,设若人能把我的直观普遍化并把他的感觉转化为定律的话,这就是人在自身的造就中所达到的最高点。你企求的正是这个,而你已经达到怎样的高度了呀!我的理解力的活动是更象征化的,所以我飘浮在概念与直观中间,规律与感觉之间,技术的头脑与天才之间,像一个中介物。这使我在玄思的领域及诗艺中表露出一种拙劣的面貌,尤其是在我早年的作品里,因为当我作哲学思维时,诗神常常驾临;而当我写诗时,哲学精神又来光顾。就是在现今,我也常常会碰到想像力扰乱着我的抽象思维,而冷酷的理智破坏着我的诗情。假使我能够这样控制这两种力量,就是说我能自由地规定双方的界限,那我就会交上好运了。但是,可惜,当我真正认识了我的精神力量并且开始来运用它时,一场毁坏我的体力的疾病使我受到了威胁。我将不再有时间在我内心完成一个巨大的普遍的精神革命,但是我将竭尽我的能力来做,万一大厦倾颓,我或者还能从火场里救出一些值得保存的东西。

你希望我说说我自己,我就承你的许诺和信任把这些告白呈献给你,我应该希望你用宽厚的精神来接纳它。

你的论文①立刻把我们对这个问题的谈论引导到最丰富的

---

① 歌德于8月30日致席勒的短简里附有一篇文章,该短简未译。

道路上去。我在另一条不同的道路上所做的研究也导入大致相同的结果。在我附来的文章中你可以找到和你的观念相符的观念。它是一年半以前潦草写成的,顾念到这一点,再顾念到写它们的个别缘由(它们是为一个很宽容的友人写的),它们的粗糙形态应能获得你的原谅。这些观念后来果然有了一个较好的基础,在我心里也得到清晰的轮廓,这大概能够使它们更接近你的观念吧。

至于《威廉曼斯特》不能在我们的刊物上发表①,我是异常感到可惜。因此,我希望能从你丰富的心灵和你对我们事业的友爱的热忱里得到这一损失的补偿,从而使那些敬爱你的天才朋友们能有更加倍的收获。在我附来的《塔利亚》②里,你可以读到一段文章,是刻尔纳写的对于"演说"的一些观念。这文章我想你看了会高兴的。我们这边的人嘱咐我向你致意。

衷心爱你的　席勒

[译后记]

这里译出的是席勒和歌德初结交时三封著名的信,是德国文学史上重要的文献。歌德同席勒在这三封信里确定了两人的友谊与文艺事业的合作基础。

1794年,歌德已经45岁,比席勒大10岁,他已从青年期的狂飙运动走上古典主义,而席勒方以第一部名剧《强盗》震动文坛。两人中间的精神隔阂几乎是无法消除的,双方做了许多努力,皆归无效。歌德住在魏玛,席勒在耶那大学担任历史教席。有一次歌德来到耶那,两人偶然同时离

---

① 歌德的一篇长篇小说,当时因故不能在席勒主编的刊物《季节》上发表。
② 刊物名。

开一个自然科学研究会的会场,在路上开始谈起话来。席勒表示说:"这种割裂自然的研究方法对于一般人恐怕不大有意思。"这句话,歌德正有同感。歌德很愉快地说他的研究自然的方式是把自然作为一活动的创造的整体来看,再从这整体去了解部分。两人在热烈谈话中不觉走到席勒的家门口。歌德就进去用笔画出了他多年研究生物学中所"发现"的"原始植物"。他认为这叶形的"原始植物"是一切植物演进的原型。(译者按:这是细胞发现之前最富有进步性的进化理论。)席勒说:"这是一个观念,不是经验。"歌德不愉快地说:"那倒很好,我有了观念我自己却不知道,何况那是亲眼看见的东西。"两人的看法虽不同,但两人中间的隔阂已消除了。隔了几天,席勒就写了这封长信(他自以为写的不是信而是一篇论文),在这信里席勒说明了艺术家的歌德观察世界及创造艺术的真正的道路和任务。

歌德读了这封追溯他自己创造过程的长信,认为是那年生日他所收到的最珍贵的礼物。不久歌德邀请席勒到魏玛,奠定了两人的长期的友谊,计划了两人文艺创造和批评的合作事业。直到1805年席勒病死为止,这10年是他们两人创作丰富,替德国文艺奠定了世界地位的时期。

东德作家汉斯·玛耶在他的一篇长文《席勒与民族》里,也论到这些席勒致歌德的信。他说:"席勒的自我批评的最著名的文献是我们在他于1794年8月23日及8月31日写给歌德的两封著名的信里见到的,这两封信是两大诗人真正友谊的开始,而这些信,我们有理由把它们视为德国文学中最感动人的和思想最深刻的文献,而不仅仅是席勒个人的。"

悲剧世界之变迁[①]

马尔苦赛

新的世界不断地产生。

巉岩峭壁的白顶,雪树,一条灰绿的天;一湖黄碧的冷色,沉闷的单调的伐木声节奏化了静寂……一个世界。

十一月的霏雨笼罩着匆忙的人们,奔驰在暗淡的街灯下,奔驰在喊叫的闪光里,奔驰在发疯的交通信号中……另一个世界。

千万世界的总和构成那一个世界,那个我们一无所知,仅知它是一个矛盾的世界,彩色的和单调的,快乐的和痛苦的,理性的和无意义的——在一起。

当一个创造的人物把握它的时候,当他对它的存在的基本事实反应的时候,他把它窄狭化了;画家把它写成一幅风景,哲学家把它构成一哲学的体系,政治家计划一事业的程序。每一个世界的创造者是肯定一件世界事实为中枢,而将一切其他的世界材料环布于这个"中心点"

每一个世界的产生是强奸或否认这"世界的丰富"。有多少个创造的中心,就有多少个(片面的窄狭了的)世界。

构成这种"世界中心"的常常就是人类的"悲剧的生活经历"。从阿希洛司(Aeschylus,希腊三大悲剧家之一)到开撒

[①] 原刊《观察》第 1 卷第 8 期,1936 年 10 月 19 日出版。——编者

(George Kaiser,现代德国剧作家),从阿那西曼德司(Anaximandes,希腊哲学家)到哈德曼(Eduard Von Hartmann,近代德国悲观哲学家),千百年来曾经把人类的苦痛做宇宙基点。不同的时代,不同的人物,对于苦痛有不同的表现法及诠解,然而这苦痛经历的意义不曾变的。

所谓"悲剧地的"(Das Tragische)即是痛苦的生活经历,然而普通的所谓痛苦,及一切不愉快的和阻碍我们的,还不就是"悲剧地的"。要使苦痛及阻碍不仅仅是暂时的、容易克服的刺激,而须是成为"人的定义"之构成的分子,那才是真正的苦痛。没有这苦痛则动物不成其为动物,没有这苦痛则人不成其为人,这是悲剧的基本经历,这是各时代各语言的悲剧的底面的惟一的意义,赫勃尔(Hebbel,德国近代著名悲剧作家)说过:"'悲剧的'必须作为自始必然的,如同'死'是与生俱来的,不可避免的。"

悲剧(Tragoedie)是"悲剧的生活经历"的"客观化"而为戏剧,悲剧写绘给我们看:这样才是一个使人成为一苦痛众生的世界的真相。

悲剧文学的内涵是变迁的:就外表说,是由悲剧作家所见的具体的苦痛不同,实质上讲,是他们自己所给予苦痛的诠释不同。

希腊的诠解苦痛,是从宇宙的根源来演绎。苦痛是起丁本无痛苦的神的自己分裂,他们固然以热烈的情绪描写苦痛的人类,但人并不是造化中特出的例外,生命的奇迹,而却是这整个的必然的悲剧宇宙中一个必然的产物。

基督教的中古时期——那个一直到歌德,席勒,黑格尔的死的时候还有着影响的中古时期——是把苦痛安放进一个超苦痛的宇宙里面,在天堂里人没有痛苦,在世界末日人也没有痛苦。

莎士比亚和歌德以后的最近代作家是只诉说苦痛,他们是不诠解苦痛的意义,所以也不能超脱它净化它,他们所描述的苦痛人生是孤独地的,不复是宇宙的一肢体,他们不再写"宇宙的悲剧",像阿希洛司(Aeschylus)与席勒(Schiller),而只写"人的悲剧"。

阿希洛司的悲剧因透澈地了悟神圣的命运而得减轻苦痛的重压。

耶稣的受难及德国古典剧里的英雄的死亡也能仗着"超脱的确信"而得解脱痛苦,"不断地努力者我们可以超脱之"(歌德《浮士德》中语)。席勒说:"悲剧是包括那一些可能的事件,即一'自然的事宜'为一较高的'道德的事宜'而牺牲或'道德的事宜'为一较高的'自然的事宜'而毁灭"。

但是这种悲剧究竟还可以说是"愉快的悲剧"(译者按:因为它的最后是超脱的),而与最近代的"悲剧之悲剧"及古希腊的宇宙悲剧相反。

席勒(这位德国古典剧的代表)必须反对希腊的悲剧:"因为这类剧本最后只是诉之于那'不得不然的',而对于我们的理性的要求留下一不能解的纠结,但设若一个有道德修养的人爬上最高及最后的峰顶的时候,那动人的艺术也升高到这同样的高点的时候,那时这种不可解的纠结也解开了,每一点不愉快的阴影也同时消散了。"

"对于命运的不快既消失,且预感或明白地意识到万物间的有意义的联系,伟大的秩序及善的意志,于是我们在那对于道德的调协的欣慰中同时产生对于伟大的整个的自然中'极圆满的适合性'——愉快的观念,而那些似乎破坏这谐和的,在整个事件中,引起我们的痛苦的,反而能刺激我们的理性去向普遍的原理中求这特殊事件的原由,以消释这大和谐里的单个的不调。"

希腊的艺术始终未达到这种悲剧情绪的纯粹的高峰,因为它的民间宗教和哲学都未能照烛到这点,惟近代艺术得享受那优点,即从一高明的哲学获得较纯洁的资料,乃可以满足那最高的要求而发挥艺术的全部的道德的庄严。(按:此系指歌德席勒的古典文学而言。)

现代戏剧却比较地接近古代希腊而与这德国的古典文学异趣。两者——希腊的与现代的——不知道这所谓宇宙的解脱,赫勃尔(Hebbel)的戏剧最接近希腊,它同叔本华一样,是一个徘徊于中途的,他还具有诠解世界的意义的意志,但在他的内部已经潜跃着"悲剧地的悲剧"——那不能达到解释世界意义的悲剧。赫勃尔,如希腊作家,尝试于宇宙之悲剧的诠解(按:即解宇宙作一悲剧的过程),他认为"单个的生命,设若不能仅守它的尺度,则不仅会偶然地成罪过,而是必然地本质地包括着决定着它(指罪过),如叔本华所见一般。"

他的以下的见解真正是希腊式的:"罪过存在于无节度中,但同时也因为个体生命之所以无节度,是由于它本来的不完满,没有永生的权,而必然也趋向毁灭自己的工作,因此个体的罪过也获得谅解——这种罪过是原始的,与人的概念不能脱开的……它不是系于人的意志的方向,而是伴着人的一切行为的。"

这也是属于悲剧的本质,即悲剧的基本秘义是无法解释的。

阿希洛司(Aeschylus)既不能解释苦痛的来源,叔本华也未曾做到,"悲剧式的诠解也留下那原始的'不调和'不能解释,并且把它忽略过,因为它把那'单体的'作为直接的存在事实而肯定之,无论是否被创造的,却不寻问它的第一因缘,所以它并非不让罪过解脱,但未揭开罪过的内部根源。"

于是赫勃尔也同希腊作家一样,不能达到悲剧的根本现象的一超悲剧的解释,仅能透彻人间悲剧的枝节,然而中古时代的宗教及德国古典文学的剧曲却将那"悲剧的"放在一个非悲剧的宇宙秩序里。

赫勃尔既像阿希洛司,但又像席勒一样地写"死的欢快"。他以为"悲剧所达到的最高境地是满足"Satisfication,即是由于一个人格以他的行动或他的存在因着反对一理想而自己毁灭,因而给予这理性以"满足"(或赔偿),但这种"满足"有时是不完全的,设若那主角是反抗地倔强怀恨地没落下去,预示着将在宇宙另一尽头仍然起来继续争斗;那"满足"是完全的,设若那英雄在失败中获着自己与世界的关系的一清明的观念,而在精神的和平中死去,这种净化的愉快是赫勃尔同亚里士多德及席勒所同感到的。

但赫勃尔究是褒希莱(Buechner,德国近代悲剧作家)同时代者,他继续地说,"然而这第二项的满足仍然只是一半,因为那"裂痕"虽然重复收拢了,但为什么必须有那裂痕?在这里我始终没有得着答复,而且没有人能得到,设若他认真地去追问。"

赫勃尔的戏剧是紧密地站在"悲剧的悲剧"的开始,悲剧的悲剧是不再认识所谓"满足"的,因为它已不认有一宇宙的观念,可以给予那主角以满足的。

那绝对的悲剧的悲剧是……苦痛而无意义,无意义的苦痛是增高的苦痛,近代的作家才不给苦痛以意义。

对于亚里士多德,悲剧是心灵的净化,歌德,虽然自己(对他的后一代而言)是一非悲剧式的人物,然却有他的"狂飙与急促",克拉司地(Klsist,德国近代剧作家)及浪漫主义的文学家也经历着"命运",但害怕着——悲剧。

对于亚里士多德悲剧是痛苦的解放,说出来了的,表写了的苦痛可以轻减身历的苦痛,因为它作为有理由的,有意义的而写出了。

对于歌德,这位站在基督中古时代的边沿的,这位对于浪漫主义的边防者,悲剧则是痛苦的照烛,苦痛的堆增,歌德有着对于悲剧的怯怕,虽然他的同时代人黑格尔曾经写着:"设若剧中主角所遭历的必然的一切,能表出是绝对的合理的,而吾人精神的解放(净化)是悲剧的最后的目的,不是那痛苦与不幸:英雄的命运震动着我们,而灵魂里却是谅解。"

歌德心里是了悟着,在悲剧里震动是强过谅解,是超过解脱的信仰,只说出痛苦,用文字集中它,而不能由精神的控制减轻它一部的重担,那只是痛苦的增强。

或者那些希腊人在Orestie(希腊悲剧)演奏之后,为在和谐的激动中走回家,虽然我们不当忘记柏拉图(Plato)在他的大著《共和国》中的判词:"悲剧,不仅不能增进人的道德的修养,且降低他的道德,因为本来应当锻炼他们抵抗痛苦与激情的,今乃培养他们的对于人类普遍命运的同情,使他们不只是对于这类情感,乃至于一切其他情感大开门户。悲剧及喜剧的听众都得心灵受伤,虽最好的人也难以躲避它的坏影响。因为我们在生活里所难以克制的:一方面那过分的苦与愁的倾向,一方面那轻佻地嘲笑人生事物,都得因悲剧及喜剧的观赏而增加这恶习,又因着所同情的是别人的遭受与苦痛,那受苦者反被诗人描写作有价值的人,所以我们格外尽情地放纵我们对于苦痛的同感。但是别人的情况仍然可以影响到我们自己的状态,而在习熟于对别人的苦痛与悲哀之后,我们的苦痛发生时也就难于克制。"柏拉图的悲剧情调是超过亚里士多德,他们是亚氏的在各方面相反的人物,故而他以希腊人而反对悲剧。希腊的悲剧家是以悲剧来克制那"悲剧地的"。

理查第二(Richard II)的帝王命运(莎士比亚的名剧主角)

彭赛西理斯(Penthesileas,是 Kleist 的名剧的主角)的恋爱狂。赫洛德斯(Herondes 是 Hedbel 剧本的一主角)的多疑,俄撒克(Woyzecks 是 Buechner 名剧的主角)的热情、两性的死的跳舞(是 Strindberg 的名剧)深刻地激动我们,但却不能在我们心灵的紧张消失后使破裂的影响组成一和平的尾声(以上所列皆近代名悲剧)。

固然任何一种造型会给予宁静,每一种创造的"距离化"减轻痛苦,尽管创造所以必需的紧张情绪先会增强痛苦的感觉,格拉柏(Grabbe,德国近代剧作家)说得不错:"爱蒂那(Aetna,火山名)喷出了多量的火以后,是最为安静"。没有积极的或模仿的创造才能则苦痛更不堪忍受,"创造"是属于"人的定义"的一"极 Pol",另一"极"就是痛苦。

但是,除掉这个痛苦之自然的"平衡化"而外,近代人生是未能将那"悲剧地的"化入一宇宙的意义秩序里以超脱人生的苦痛。

从莎士比亚以及克来斯地(Kleist)起开始我们的(近代的)悲剧。那"悲剧地的悲剧"。那"悲剧地的悲剧"是人的悲剧,不是宇宙的悲剧,而因为这里没有"悲剧地的"之克服。只是一"状态的"悲剧,不是"发展的"悲剧,在阿来司地 Orestce 的经过中 Ariden 的诅咒灭了,在奥利安女郎(席勒的名剧主角)里那背弃神圣使命的罪过也报偿了,但东(Danton 乃 Buechner 一剧本主角)的死,黑替曼(Hetmaann 乃 WedeeKind 的名剧的主角)的自杀,收账员的逃进"自早晨到午夜"的世界里(Geonge Kaiser 的剧本)是开始与结局同时,悲剧的心灵喝完了自己……在一个世界里,这世界只是他自己思想反省的世界,没有独自的存在。

现代悲剧作家,若在他的悲剧里表现这世界而不以那悲剧心灵为主体,则必在他的剧本里留下许多罅隙,褒希莱(Buechner)创造了最完满的现代悲剧,因为他将这悲剧的心灵张开得最大,现代悲剧不知所谓宇宙,仅仅宇宙的片断,但是它认识这一个心灵,这个在一切宇宙的片断中永远反映着自己,因而给予那些宇宙片断,一个统一,为它(指宇宙)自己所没有的。

基督教的和人文主义(歌德席勒)的悲剧以"最后的解脱的确信"超脱人生的苦痛,希腊的悲剧把人生苦痛放进全宇宙的意义里,尽管是一悲剧式的宇宙意义里,因而减轻苦痛的重担。

现代悲剧则仅是一"被造物"(众生 Creatnr)的喊叫;不是苦痛的克服与灭少;只是集中化与形象化,作为对于"苦痛"最后的惟一可能的反应。

"知识学"导论①

费希特

一

注念到你自己,把你的目光从你的周围收回来,回到你的内部:这是哲学对它的学徒所做的第一个要求。哲学所要谈的不是在你外面的东西,而只是你自己。

在最飘忽的自我省察中,每个人将要觉察到他的意识里一些不同的直接规定中的可注意的区别,这些不同的直接规定我们称做表象。有一些表象显示出完全隶属于我们的自由之下,但是我们不可能相信:在我们的外面,不经由我们的动作,有某物符合着它们。我们的想像力,我们的意志对我们表现着自由。另一些表象我们把它们系属到一个不隶属于我们的,作为它们的范本的固定着的真理。而当它们和这个真理符合时,在这条件下,我们发现我们是受着这些表象的规定的约束的。

在认识过程里,对于认识的内容我们不以为我们是自由的。我们可以简括的说:我们的表象里有一些是伴着自由的感觉,另一些是伴着必然性的感觉。

---

① 为《外国哲学史阅读资料》(油印本)翻译。——编者

不应该提出下面这个不合理的问题：何以那些属于自由的表象刚刚是这样的规定着而不是另样的？因为它们被设定为系属于（我们的）自由时，一切的对根由的追问是被拒绝的；它们之所以是这样，正是因为我这样规定它们。假使我另样地规定它们，它们就会是另样的了。

但有一个问题却是值得考虑的，那就是：什么是那伴有着必然性感觉的表象体系的根据，以及这必然性感觉的根据？回答这个问题就是哲学的任务；并且照我的考虑是除非哲学作为科学才解决这问题。伴有着必然性的感觉的表象体系人们也称做经验；内部的经验和外部的经验。哲学因此须——我用另一种话说——指示出一切经验的根据。

二

只有在一个我们判定为偶然的事件里，这就是说，我们认为它也可以不这样，而它却又不是经由自由所规定的，这时我们可以追问它的根由；并且正因为我们要追问它的根由，它对我们才是一个偶然的事件。

探索一个偶然事件的根由，这个任务就是：在这个事件可能有的许多规定中说明它何以单单有了这个规定，我们要寻出另外事件来，要能从这另外事件的规定中使我们看出这偶然事件的来源。因为这事件的根由只是思想的对象，所以它是落在这事件范围以外；这两者，事件同它的根由在这项关系中既是相互对立又是相互依存，因此前者才能从后者得到解释。

哲学是要指示出一切经验的根由的，它的对象因此必然地是站立在一切经验之外。这个命题是对一切哲学有效准的，而且事实上也是对于历来的哲学，一直到康德学派以及意识的事实,这就是内在经验,都曾经普遍地有效准的。

对于我们这里所建立的命题是根本不能加以反对的;因为构成我们这个结论的前提就是我们对于我们所建立的哲学的概念的分析,从这概念引申出了这个结论。

假使有人要想提醒我们说,根由这个概念必须另作解释,那么我们也不能阻止他,他是能够运用这个名词来想他所要想的。但是,我们有正当的理由来说明,在我们上面所描述的哲学概念中除了我们所指出的而外,是不愿意作另样的了解的。因此,假使哲学的这个意义不被承认,那么我们所理解的哲学的可能性就要被否定了。我们在上面中已经照顾到这一层了。

三

禀赋着有限理性的动物在经验之外没有别的东西。哲学家必然地站立在同样条件之下,因此,他怎么样能够把他自己超越经验,这似乎是不可理解的事。

但是他能够抽象,这就是说:他能把经验中联在一块的东西经由思想的自由活动分别开来。在经验中存在着事物和理智。事物是不隶属于我们的自由活动而自己规定着自己的,我们的知识却需要向它看准。想认识它的理智是同它不可分割地结合在一起的。

哲学家能够把一方面从另一方面抽象出来,由于这样,他从经验中抽象出来而把自己超越了经验。当他"事物"抽象时,他留下了一个理智自身,这就是说,他把理智从她和经验的关系中抽出来了。当他从"理智"抽象时,他就留下了事物自身,这就是说,他把事物从经验中抽象出来,(事物原来是在经验界中出现的),而把它作为理解经验的根由,前一种的进行程序叫做唯心论,后一种叫做独断论。

由现在的情况看来,我们相信只有这两种哲学体系是可能的。照第一种哲学体系的意见,伴有必然性感觉的表象是理智的产物,理智是我们解释表象时必须预先设定的。照独断论的意见,表象是我们预先设定的事物自身的产物。一个人要想否认这个论点,那么他若不是证明除了抽象作用外还有别的道路可以超越经验,就要证明在经验意识中有比上面所说两种成分更多的成分。

关于前者,我们以后还要弄明白,理智在意识中是在另外的名字下实实在在出现的东西,所以并不是完全由抽象作用产生出来的,但是,仍要指出,对于意识到理智却是受着抽象作用的决定的,固然这是人类一种自自然然的抽象作用。

从这些不同体系的片断中可能凑成一个完整的体系,这是不容否认的,而这项不贯串的劳作事实上也经常有人做过。但是我们要否认,在贯串一致的手续中除了上述两种体系外不能再有更多的了。

四

我们想把那由一种哲学建立起来的理解经验的根由称为这个哲学的对象,因为它似乎只是经由这个哲学并为着这个哲学而存在的。在唯心论的和独断论的对象之间,关涉到对象与意识的关系,是有着可注意的区别的。一切我意识到的东西,叫做意识的对象;对象对于意识的关系有三种。对象或者是表现为由理智的表象才产生出来的,或者是不需理智活动而自己存在的;并且在第二种情况里,对象或是在它的性质(结构)方面也是自己规定了的,或者只是在它的存在方面是自身的,而性质方面却是受着自由理智的规定。

第一种关系只能应用于虚构的对象；不管是目的的还是无目的的虚构。第二种关系是指的经验中的对象，第三种关系只能指着一个惟一的对象，我们立刻就要说到它。

我们可以自由规定自己去思想这个或那个，例如我去思考独断论所说的物自身。如果我把所思的对象抽去而只是看到我自己，那么我自己就要在这事物里面成为一个特殊表象的对象。而我恰恰是表现为这个样子而不是别的样子，我恰恰表现为思考着，而且在一切可能的思想中恰恰思考着物自身，照我的判断看来这是由于我自己所规定的；是我自由地把我自己做成我的思考对象的。至于我自己本身却并不是我所造成的，我只是被迫把我自己作为自我规定所要规定的东西首先去思想。

我自己对于我自己是一个对象，它的性质（结构）是在一定条件下受着理智的规定，但是它的存在是永远要首先肯定着的。

现在恰正是这自我自身是唯心论的对象，所以这个体系的对象是作为一个实在的东西实际上在意识里面出现的，不是作为一个物自身。设若是作为物自身而出现，那么这个唯心论就停止做唯心论而转变成为独断论了。唯心论的对象是作为自我自身出现在意识里面的，不是作为经验的事物：因为它不是规定了的，而只是经由我规定的，并且没有这个规定就是无有，没有这规定就一般地不存在，而是超越一切经验之上的东西了。

与此相反，独断论的对象是属于第一类的对象，这一类的对象只是自由的思想活动所产生出来的；物自身只是虚构，完全没有实在性。它不出现于经验里：因为经验的系统只是伴有着必然性感觉的思想。就是独断论者——他是要像每个哲学家一样做论证的——也不能不这样说。独断论者固然愿望保障那物自身的实在性，这就是说，作为一切经验的根由（基础）的必然性，他也想证明经验由于它（物自身）实际可以获得说明，没有它是不能说明的。但这正是问题所在，我们不应把我们需要证明的东西，先当做前提来肯定。

所以唯心论的对象比独断论的对象具有优越性，就是它不是作为经验的理解根由（基础）——这就会自相矛盾，而这个体系就会转化为经验的一个部分——但是仍然能在经验里被指示出来，而独断论的对象只看做是一个空洞的虚构，它能否兑现有待于这体系能否达到完成。

以上所说的只是为促进人们对这两个体系的区别的认识，并不是从它引申出结论来反对独断论。每一种哲学的对象，作为解释经验的根由（基础），必须是存在于经验的外边，这是哲学的本质所要求的，这不应是对于某一种体系有所不利。至于那个对象此外还会在特殊方式下在意识里面出现，我们还没有找到它的理由。

如果有人对上面所说的还不能理解信服，那么，因为这里所说的只是临时性的说明，还不至于因此使他不可能从全面理解信服。可是按照我的计划在这里也要考虑到一些可能的反对。

有人会否认我们所主张的自我意识是精神里面的自由活动。对于这样的人我们只需再度提醒他我们上面所列举的自我意识的条件。那自我意识不是从自己走来的，也不强迫我们接受它；人必须真正自由行动，然后从对象抽离而只注意到自己本身。没有人能被迫这样做，纵使他这样表白，人总不能确知他是不是照着要求的那样，做的正确。

总之一句话，我们不能把这个意识对任何人证明；每个人必经由自由在自己里面产生出来。对于我们的第二个主张，物自身只是一个虚构，有人要提出反对，那只能是出于误解。我们只要劝他回顾我们上面所陈述的这个概念（物自身的概念）的来源。

251

五

这两个体系中的任何一方不能把对方驳倒：因为它们所争论的是无从再推论的第一原理；如果我们只肯定了一方，那么，它就否定了对方，每一方都是否定了对方的一切，它们相互间完全没有共同点，它们不能从这么一个共同点来互相了解和统一。即使它们在一句话的字面上好像同意了，而各方所理解的意义是不同的。

首先是唯心论并不能驳倒独断论。固然它有它胜过独断论的优点，这就是它能把那自由行动的理智，这就是它的解释经验的基础，在意识里面指证出来。独断论者对这个事实本身也不能不承认，但是独断论者和它往下的交涉是不可能的。独断论者把这个事实（即自由行动的理智）从他自己的原理引申出一个合逻辑的结论，这个事实就转变成了假象和幻觉，使它不可能做解释别的东西的基础。因为任他的体系里这个事实是不能建立自己的。照他的意见，出现于我们意识里的一切东西都是"物自身"的产物，包括我们所谓的自由的决定，我们以为我们是自由的等等。我们这些自觉都是由于物对我的作用在我们内部所产生出来的。我们推论出我们的自由的那些规定等等也都是这样产生出来的。只是因为我们不知晓它，所以认为它们是无因而生的，是自由的。

每一个贯彻到底的独断论者必然是一个宿命论者。他不否认意识里的事实，我们自觉为自由的：因为这是背理的；但是他从他的原理推论出这个说法是错误的。

他完全否认唯心论者所根据的自我的独立性，而把这个说成是物的产品、世界的属性。贯彻到底的独断论者必然也是唯物论者。我们只能从肯定自由和自我的独立性来驳他,但这些却正是他否认的东西。

独断论者也不能驳倒唯心论者。独断论者的原理,那个物自身,是虚无的,没有实在性的,这是它的辩护人自己必须承认的,除掉说那个实在性,就是说只有从它才能解释经验。对于这一层唯心论者给予了毁灭性的驳斥,他从别的方式来解释经验,因此撤除了独断论所依据的根基(指物自身)。物自身成了完全的虚构物;人找不出任何理由要假定一个物自身,独断论的全部大厦和物自身同时坍毁了。

从以上所说可以看出这两个体系是绝对无法调协的。从这一个体系引申出来的结论取消了另一个体系引申出来的结论。因此两者的混和必然是不能贯彻的,无论何地何人有这个企图,做了这个试验,其中的各部分不能调协,一定产生大漏洞。有这个企图的人,必须指证出,从物质到精神的逐渐过渡,或相反的从精神到物质的逐渐过渡,或另一个说法,即必然性到自由的逐渐过渡。能够做到这点,才有两个体系结合的可能性。

就我们直到现在所见到的看来,两个体系在理论上好像具有同样价值,两者不能并立,但一个也不能说服另一个。现在一个有趣的问题,就是什么东西能诱导已经见到这一点的人——而这是很容易见到的——在两个体系中选拔一个,而那完全放弃这问题的任何答案的怀疑论却并不成为普遍的现象。

唯心论和独断论之间所争论的问题,本质上就是是否为了自我的独立性要牺牲物的独立性,或则反过来,为了物的独立性要牺牲自我的独立性。什么东西驱使一个有理性的人在两个中间选择一个呢?

一个哲学家,若果他可以算做一个哲学家,他必须站到上述的观点上来,并且在他的思想发展的路上也会不自觉地迟早站到这个观点上来,而站立在这个观点时,他所发现的就是:他必须自己设想他是自由的,而在他的外面一些规定了的物件。然而人不可能停留在这个思想上,设想的意象是半途的思想,是一个思想的断片。必须进一步寻到符应我们的意象的独立的东西。换一句话说,设想的意象不能单独自身存在的。它必须同别的东西联结起来,它本身是虚无的。这个思想必然推动上述的观点进一步提出下面这个问题:什么是一切意象的根由(基础),也就是说,什么是符应它们的东西。

在想像中自我的独立性与物的独立性是可以在一起并存的,但并不是他们双方独立性本身可以在一起并存。两者中只能有一个是第一性的,原始的,独立的,而那第二性的,正因为它是第二性的,必须是系属于第一性,它必须同第一性的联结起来。

那么两个中间哪一个应当肯定为第一性的呢?从理性中得不着判决的根据。因为这里所说的不是在一个系列中把一个个体联络进去,这是理性的理由可以说明它的,而这里所谈的是绝对的第一次的动作,这只能系属于思想的自由动作。这绝对的第一次的动作因此只能是由于专断(自由意志),自由意志的决断也有它的基础,这就是决定于欲望与兴趣。独断论者与唯心论者中间的区别最后的基础是在于兴趣的不同。

最高的兴趣以及一切兴趣的基础是"为我们自己"的兴趣。在哲学家也是一样。在他推理的时候不要失去自我,而是保持和肯定自我,这是无形中领导着他一切思想的兴趣。人类有两个阶段,在我们种族的进展中,最后的阶段尚未达到以前,是有着两个主要类型的人。有一些人,他们还不能提高自己充分感觉到他们的自由和绝对的独立性,他们见到自己只是在设想着物的意象,他们只有那些散漫的,拘留在对象上的,从对象的多样性中聚拢起来的自我意识。他们的图像只是经由物件像经由一面镜子反映到自己里面的。把这些物件拿开,它们的自我就同时丧失掉了;他们只是为着他们自身不能放弃对物的独立性的信仰;因为他们是与物共存亡。他的一切存在,只是经由外界世界才具有实在性。谁在事实上只是物的产物,他也不能有别样的看法来看自己。只要仅是讲着他自己和他的同类的人,他是有理的。独断论者为着他们自身建立相信物件的原理:这就是间接地相信他们自己的散漫的,只是由于对象负载着的自我。

但是谁人自觉到他对一切外物的独立性和无所系属性(自由)——人能做到这点,只由于他独立自主的由自己做到这样——他不需要物来支撑自己,他也不能需用物,因为物将取消了那独立性,把它变成空洞的假象。他所据有的,使他发生兴趣的自我,取消了那对物的信仰。他由于欲望信仰他的独立性;他用热情抓住它。他的信仰本身是直接的。

历来各种哲学体系的热烈争辩,正可以由这种兴趣来解释。由于他的体系被攻击,独断论者真陷于丧失自己的危险。但他对于这种攻击不能够防卫自己,因为在他自己内部有一点东西,是和他敌人相结合的;因而他更加强烈地愤恨地辩护着自己。相反地,唯心论者不能禁止自己,用相当的渺视来看待独断论者,独断论者所能对人说的东西只是唯心论者所早已知道的东西并且作为错误而放弃了的东西。因为人纵然不是穿过独断论本身,至少是穿过独断论的情调而达到唯心论的。独断论者假使掌握了权力,他将愤激,歪曲以及迫害人。唯心论者将是冷静而有陷于嘲笑独断论者的危险。

人将选择哪一种哲学,这就看他是哪一种人;因为一个哲学体系不是一个旧家具,人可以随意取用,而是具有个这个哲学的人把他的灵魂赋予了它的。一个天性疲塌或是由于精神的奴役,学习来的奢侈与虚荣所疲塌的和歪曲的性格将永远不能提高自己到唯心论。

人们可以对独断论者指出他的不行和不一贯的地方,关于这一层我们就要说到,人们可以从各方面来扰乱他和吓唬他,但是不能说服他。因为他对他不能忍受的学说他不能冷静地和平地去听取和考察。人必须生而具有成为哲学家的禀赋,受了教养而且把自己教养成为哲学家,假使唯心论要保证自己是惟一真正哲学的话。单凭人工的技术是不能达到这目的的,这门科学不能在已经有了成见定型的人们中间期待着几个归依者;它的希望是寄托在青年身上,青年人的原始的精力还没有在时代的疲塌中受到摧毁。

六

但是独断论者完全不能够把他所要解释的东西解释出来,这就判定了它的无能。

他应该解释出"意象",他的做法却是从一个物自身的作用来说明,而我们的直接意识对于意象所说出的,他是不能否认掉的。那么直接意识所说出的是什么呢?我没有意思在这里把那只能在内心里直观的东西用概念表达出来。我也不能在这里详细发挥"知识学"的大部分所将要讨论的东西。

我只想令人回忆,他若曾经深深的反省过内心,应该久已发现了的东西。

理智本身注视着自己;这种自己注视是直接的面对着它自身的存在,理智的本质就建立在这注视与存在的直接合一里。凡是在它里面的,它一般的是什么,它是自己为自己的;并且,当它是自己为自己时,它就正是理智。我思想着这个或那个对象:

这是什么意义？在这思想过程中我自己对我是怎样显现的？这就是这样：如果对象仅是一个意象的话，我就在我内心产出一些规定来；或者那些规定是不由我的动作而存在的，那么它就是一些实在的东西。我注视着那种产出，也注视着这种存在。当我注视它们，它们是在我的内面，注视和存在是不可分割的在一起。一个物固然可能是多色多样的。但是当我提出下面这问题时：这是对谁而存在的？凡是懂得这个问题的意义的人，就不会回答说是为自身而存在的。人必须把一个理智设想进去，那对象是对理智而存在的。而理智却必然是自为自的，它是本身存在的，用不着再设想什么东西加过去。当理智被作为理智肯定的时候，它所为着东西也已经被肯定了。因此在理智里面——我用形象来譬喻——有双行的系列，存在的系列和注视的系列，即实在物的系列和理念的系列；而且正是在双行系列的不可分割中建立它的本质（它是综合性的）。相反的，物却只具有一个单纯的系列，即实在物的系列（一种仅是被规定的东西）理智与物所以正是相反的：它们只在两个世界，两者之间没有桥梁。

这种理智的一般本质和它的特殊规定，独断论者想用因果律来解释。他说：理智是被作用（被影响的）的东西，它是在系列是站在第二位的。

但是因果律只能在一个实在物系列里有效准，不能谈到一种双行的系列。作用物的动力走进另一物，走进在它以外的，和它对抗的物的里面，在它里面产生出一个存在，没有别的。这个存在是对于在它以外的一个可能的理智，而不是对于这个物。你给予这个被作用的物仅只一个机械的力，它所接受的这影响将传递给次一物，于是这个从第一次发动来的力将穿行一整系列，你要它多远就多远，但是你不能在这同一系列中碰到一个个体，它能返身作用于它自己内部。

或者你给予这被作用物你所能给的最高的东西,你给予它刺激性,于是它能够由自力顺着本性的规律而动作,不依照着外来的对它给予作用者的规律如单纯机械系列的规律;它固然反作用于它的推动者,然而在这作用中它的存在的决定性基础并不是在动因里面,这动因只是条件,使它一般成为某种存在,而这只是一单纯的存在而已:一个对于在它以外的可能的理智的存在而已。你若不把理智作第一性的绝对的东西设想进去,你就得不到理智,你想解释理智与那不系属于它的"存在"之间的关系,真是万难的事。照你这种解释,这个系列是单纯的,并且停止为单纯的,而你所要解释的东西完全没有得到解释。独断论者须证明从存在到意象的过程,他们不这样做,也不能做到,因为在他们的原理里面只是"存在"的基础(根由),而不是那与存在完全对立的意象的基础(根由)。他们大大的一跳,跳到那和他们的原理完全生疏的世界。

他们企图用一些方式掩盖这个跳跃。贯彻到底的独断论者是唯物论者,照他们的原理严格讲来,心灵完全不是物,根本不是什么,仅是一个产品,是物与物之间相互作用的成果。

但从这里只能产生一点东西在物之内,而绝不能产生一点从物分离开的东西,如果我们不把一个观察着物的理智设想进去。为了说明他们的体系,他们用了譬喻,例如他们举譬说许多不同乐器的合奏可以产生出"和谐"。(译者按:"和谐"譬喻着心灵,心灵对物件的关系像音乐中的和谐对乐器的关系。)这种譬喻正足以说明他们的体系的违反理性。声音的合奏与和谐并不存在物的里面,它们是存在听者的心里面,这听者把那杂多的声音在自心里结合起来。如果我们不把一个听者设想进去,这谐和是根本不存在的。

但是,谁能拒绝独断论者把一个心灵认做是诸物本身中间的一个？这样一来，心灵就隶属于他们为着解释这问题而提出的设定，因此因果律也可以适用于心灵了。在唯物论里只有物与物中间的相互作用，由于这作用产生了思想。

为了想把这不可思议的弄成可以思议，他们把作用着的物或心灵，或双方，如此的设定，使得由于"作用"（影响）可以产生意象。那作用着物设定为这样，使得它的作用将能成为意象，像在巴克莱哲学体系里的上帝那样，（巴克莱的体系是一个独断论的体系，并不是一个唯心论的）我们并没有由此得到改善；我们只理解机械的作用，而且不可能思想另一种作用。所以那种设定是些空话，里面没有意义。或者把心灵设定为这样的一种东西，使得每个对它的作用成功为意象。这却对于我们像前面第一种的说法一样，我们对它完全不能理解。

独断论是这样做法，并且在它任何一种形式中都是这样。在物与意象对于它留下的大空隙中间，它用一些空洞的话语代替解释。这些话语人们学习得透熟反复背诵，而没有任何人在这些话语里用过思想以及想得到什么，因为人若是认真的去思索那过程是怎样经过的，这时整个概念将消失于空虚的泡沫。

独断论尽管重复着它的原理，在不同的形式中重复着，说了又说，它始终不能从它的原理达到它所要解释的东西，去把这个从它的原理论证出来。哲学却正是建立在这种论证中。因此独断论就是从玄思方面来看，也完全不是哲学，只是一种疲弱无力的主张和保证而已。惟一可能的哲学只剩下了唯心论。

我这里所说的一切并不是为了对付读者的反驳，因为根本不能提出什么反驳。我们是要为了许多绝对不能了解我们的主张的人，凡是认识机械论这个字的字义的人不能否认一切的作用是机械性的，而经由机械过程不能产生出意象。然而困难之点正在这里。要想理解我们所描述的理智——我们对独断论的整个驳斥是基础在这上面——是需要一定程度的精神的独立和自由。有许多人用他的思想能力不能超过对简单的自然界机械过程的理解；很自然的，他们把意象也排列进这机械过程的系列里面，这是他们在他们的心中惟一能画出的系列。对于他们，意象也成了一种物。这是一种奇异的迷惑，我们在一些最著名的哲学作家那里也会找到这种迷惑的痕迹。对于这些人独断论已经够了，对于他们是没有漏洞的了，因为那个对方的世界对他们是不存在的。所以我们的论证尽管是这样明白清楚，仍然不能说服独断论者。我们不能把我们的论证送到他们心里，因为他们缺乏那掌握这论证的前提的能力。

再者，我们此地对付独断论的方式也抵触了我们时代的温和的思想方式。这种温和的思想方式固然在各个时代都广泛流行，但是到了我们这时代才提高到成为多言法规：人在引申结论中不应该那样严格，在哲学中不要像在数学中那样精细论证。这种温和的思想方式只要看见了论证连锁中几个环节和推论的规则，它就把其余的部分立刻用想像力匆忙的增补进去，不去探讨怎样真正建立论证。如果一位亚历山大·封·约赫对他们说：一切事物是经由自然的必然性所规定的，现在既然我们的意象是系于事物的性质（属性），我们的意志又是系于我们的意象，因此我们的愿望是经由自然的必然性所规定的，我们意志自由的观点是一个幻觉。这个说法对于他们是异常明白好懂，他们完全信服了，惊诧这个论证的尖锐，满意而去。却不知道这论证里面丝毫没有人类理性。我要提醒你们，我的知识学不是从这种温和的思想方式出来的，也不靠它。如果在知识学里仅仅有一个环节在长的连锁中没有同次一环节严格连系着，那么它就是根本没有证明了什么。

黑格尔的美学和普遍人性
菲·巴生格

一

盖哈德·柏朗斯勒在他为黑格尔美学讲演录新版本所写的按语(1955年柏林版,参看《建设》第212页)末尾指出:今天美学不可避免的任务,是给艺术和艺术批评提供客观的评量标准,这个任务,是不能再按照黑格尔的方式来完成的了,却还不能抛弃黑格尔。柏朗斯勒提出的任务是正确的。下面的发挥是想对这个任务的完成有所贡献。这些发挥是想在现在的讨论中提出一个衡量艺术的标准,这标准在黑格尔的学说中是颇为隐秘的,也从来没有受人重视,虽然它有真正广泛的意义。而且,在我看来,就在今天还应该被认为艺术的决定性的衡量标准。为了一开头就能更精确地指出研究方向,那就要谈谈衡量人们所说的一个艺术作品所以"伟大"的标准。我们说到"伟大的",有时还说到"很伟大的"艺术,大家就感觉到,这里所指的不是随随便便的一个标准,而显然是指的艺术决定性的评量标准。那么,这个标准是什么呢?什么东西使一件艺术作品比另一件伟大?

这应该是正确的吧,如果我们先搞清楚:迄今为止,在现代美学讨论中什么是艺术的一般"客观评量标准",尤其是从黑格尔那里"取得"的"伟大"艺术的标准。我们的这个出发点自然会使我们首先注意到卢卡契的那篇论文,这篇论文排印在上面所说的黑格尔美学新版本的卷首,但也可以在卢卡契的《美学史论文集》(1954年柏林版)里读到。

二

卢卡契首先是朝着两个方向寻找黑格尔对美学的贡献。如果人们追随着卢卡契,就会在两个方向上多少得出一定的评量标准来。但可惜的是这些评量标准却相互处在一种不可协调的对立中,固然只是作为评量标准来说才这样。但是我们将会看到,黑格尔的这个问题中的主题思想却是很可以统一的。

卢卡契首先看到黑格尔美学的主要功绩是阐明艺术受着社会条件的约束,以及与此有关的美学范畴的历史化。卢卡契认为:依照黑格尔,艺术家应该把"当时社会的和历史的发展状态——把这个内容,而且仅仅这个内容艺术地再现出来,把它摄取到艺术里面,把它用艺术自身的工具表现出来……在这里鉴别伟大艺术作品的标准是看它如何广博地包含着,深入而直观地(这就是说不纯靠理知的反省)把某一时代内容的整个无尽的丰富表现出来。"(黑格尔《美学》新版本第21页)根据这标准,一个艺术作品能够把它的"世界状态"愈广博地表现出来,那么它就愈伟大。至于所涉及的是哪一个世界状态,却是无所谓的。在这意义上任何一个时代都一定可以有"伟大"的艺术。

在次页上,卢卡契又放弃了这个意见,并且说道:"黑格尔不以为艺术的每个发展阶段都能够创造同样富有价值的东西,他不以为在某些时代产生某种风格的历史必然性会消灭各个时期和各种风格中间存在着的美学的价值和等级上的区别,因此就跟颓废的资产阶级相对主义所主张的不同。反过来黑格尔认为,按艺术的本质来说,某一个一定的内容较另一个内容更适合于艺术表现,因此人类发展的某些阶段可能对于艺术创造还不适合或不再适合。因此黑格尔给予古典希腊艺术的特殊地位,具有了普遍美学的以及超出美学范围的普遍哲学的意义。这样整个美学成了人道原则的宏大的启示;去表现各方面发展了的、没有被歪曲过的、还未由于不利的分工而成为品格不完整的人,在这种人身上,肉体的和精神的性能,个体的和社会的特点构成一个有机的整体。在黑格尔的眼中,塑造这种人是艺术的伟大的客观任务。这个人道的理想自然而然地创造了评价每个艺术风格、每个艺术种类或个别艺术作品的绝对指标"(第22页)。由此得出来的自然不是"相对主义"的而是"绝对主义"的评量标准:那种把艺术诞生时期的世界状态最圆满地表现出来的艺术并不是最伟大的艺术,"人道主义"的艺术才是伟大的艺术——而且立刻可以看清楚,这里的"人道主义"一词应当以很特殊的意义来理解。

我们不用多费言词来说明:黑格尔的这两个评量标准(作为对立的评量标准)之间的矛盾是不可协调的。在黑格尔的美学中,固然有着很深的内在矛盾。我们以后还要说到一个具有决定性的内在矛盾。首先我们却要弄明白:从卢卡契的表述中好像可以见到矛盾,在黑格尔那里是并不存在的。甚至可以说,这里谈到的是充满矛盾的迷途,我们今天的美学讨论正有走上这种迷途的危险。因此,在这方面作一简短的论述是非常重要的。

三

我们先考察一下卢卡契在黑格尔那里所发现的,随后又放弃掉的"历史主义的评量标准"。不难看出卢卡契这里涉及的是什么。那就是在黑格尔的学说中某一时期的"世界状态"所起的作用。尽管这种作用是那么有意义，尽管黑格尔在这方面的发现是那么重要：人们不应过分强调这一点而忽略了错误的一方面。黑格尔在什么地方使用了世界状态这个概念呢？不是用来阐述艺术本质，而是用来论述"理想"，即用来论述"理想的"，真正的艺术。他问，什么世界状态才是理想的艺术状态。艺术的"理想的"对象是"自由的个性"——这几乎是从艺术的概念直接引申出来的，因此"英雄的状态"是理想的艺术状态，因为在这英雄的状态里面自由的个性表现得最为明显。但是第一，这英雄的状态已经完全不再是希腊大雕刻家的世界状态了，并且很难说曾经是荷马诗歌的世界状态。因此，第二，在黑格尔那里所说的理想的世界状态完全不是理想的艺术所自出的世界状态，而是这么一种世界状态，它能够给理想的艺术的对象——即自由的个性——以理想的背景、理想的环境。这就转入第三点：即按照黑格尔的意见，世界状态并不是艺术已经真正表现了的东西。理想的艺术家并不曾表现过自己的世界状态或一个过去的世界状态。这也不是其他的艺术家所表现的。理想的艺术所表现的对象总是自由的个性和它的行动本身——它不是仅仅作为世界状态的代言者。如果人们只想给理想的行动一种任务：就是把世界状态明白地显现出来，这就完全不是黑格尔式的想法了。个性和行动是具体的东西，因此是"真实的东西"；相反世界状态是较为抽象和较不真实的东西，按照黑格尔的说法，人们永远不能赋予具体的东西这样一项任务：把抽象的东西明白地显现出来。用黑格尔自己的词句来表达：世界状态只是"个性造型上的可能性，而不是这种造型本身"（第218页），于是黑格尔的体系中是从世界状态里先产生出情况，从情况产生行动，这行动才能成为"造型本身"。

四

照这样看来,在黑格尔思想中,上面所说的第一个"评量伟大艺术的标准"并不起着标准的作用。黑格尔在上述体系中给予世界状态这个概念的地位已经说明,那第二个评量标准即以人道作为艺术种类和作品的"评价的绝对准绳",是比较受到重视的。因为黑格尔在他的问题提法中首先就是从这样一点出发:那就是一个"理想的艺术"的可能性是存在着的,在他看来,这样一个理想的艺术已经没有疑问地成了现实,并且——永远是过去的了。所以我们要确实记住,按照黑格尔美学的基本观念来说,只曾有过一个最确实的、最真正的理想的艺术时代……这就是希腊时代——和希腊时代相比,一切别的时代都相形见绌,成为非真正的,非确实的,也就是说,"非理想"的时代了。但是还有第二点,人们常常忘掉这一点(其实它和第一点同样重要):根据黑格尔美学的基本观念,只有一个最确实的、最真正的理想的艺术种类——雕刻。这一点我们也要牢牢记住,虽然我们对它不能作进一步探讨。黑格尔用这两方面的观念建立一个绝对的艺术评量标准。但第一这不是评量一个艺术作品是否"伟大"的标准,而是评量它是不是真正的最确实的"理想的"艺术。第二我们在这方面谈到的人道绝不能照我们今天的道德观念的意义去理解,而是——至少首先是——从那样的意义来说,即英雄时代的自由个性是特别人道的东西。

那可能是确实的,黑格尔对于希腊精神和(在较小范围内)对雕刻的特殊钟爱不仅仅是向后看的,感伤留恋的,而且在本源上正是具有革命的意味,卢卡契在他的《少年黑格尔》(1954年柏林版）里对这方面作了许多有启发性的阐述；并且就在老年的黑格尔身上也可能还残存着一些。但是这个最真正的艺术时代对老年黑格尔是"过去了"，从上面的阐述来看，这一点是不容置疑的。

五

我们已经指出，卢卡契的黑格尔解释基本上是受到今天的美学论辩的限制的。他的两项"评量标准"正确地指出两条迷途，而这正是我们今天首先要避免的两条迷途。

一条迷途是把艺术同当时的世界状态完全联系起来，于是艺术作品的是否"伟大"的评量是从它表现世界状态的程度深浅得出来的。艺术因此丧失了所有——甚至于相对的——本身价值；它仅仅成了指示方向的工具：指示同时代人，现在"是"怎样的，因而应该怎样"去做"，告诉后来的人曾经"是"怎样的。这样人们就会把巴尔扎克看做"多么伟大"的一个艺术家，因为他把资本主义的某一发展阶段作了全面而透彻的暴露。这条迷途是由于把黑格尔的所谓世界状态的作用"头脚倒置"而造成的结果。

另一条迷途是人们把黑格尔对希腊主义的推崇绝对化了。并且"掉过头来往前看"，于是自然就得出社会主义现实主义具有绝对崇高地位的看法，艺术的历史好像纯粹是一条追求未来的艺术的道路：荷马以后的未来的伊利亚德，社会主义的伊利亚德，才将是最伟大的伊利亚德，将成为最终的伊利亚德。

不难看到，两个迷途有着一个共同的根源：这就是把艺术同世界状态联系起来，只要人赋予一个世界状态以绝对的崇高地位，就会从第一条迷途发展出第二条迷途。用现代的言词来说，归根结底,两者都围绕着同一个问题:这就是艺术的本质是否能够用上层建筑的性质完全解释出来,艺术是否除"反映"基础以外没有别的,是否人们从这里引申出"反映和能动性的关系的一切结论"(第43页)。我说这是迷途,我让大家知道我认为这个办法是错误的。进一步在这方面论证我的观点不是我这篇文章的任务。我只能指出那些和我们讨论直接有关的东西。

卢卡契首先说到"人类活动的范围里艺术世界显然的——相对的——独立性"。我深切地相信这种相对独立性。但是从上述的基本观念中却不能叫人理解这种相对独立性。卢卡契责备黑格尔,说黑格尔的看法根本就像莱布尼兹的看法一样,艺术"仅是认识的一个准备阶段……是认识的一个不完满的形式……并且不是一个正确地反映现实的独立的方式"(第28页)。但在我看来:卢卡契的主要企图,是使艺术或者单纯地成为认识的另一种形式(虽不是完满的形式),或者成为理论和实践中间的一个养子,只有理论和实践才是基本的现象。莱布尼兹和黑格尔的错误看法是不能这样加以克服的。

但这还不是主要点。人们必须考虑这样的决定性事实:过去在很不同的民族和很不同的时代中产生了伟大的艺术,这些艺术我们今天看来仍然是伟大的艺术,百世以后的人们看来也将是这样——只要他们能够大致领悟"诗艺的声音"而不是野蛮人,倒不管他们是谁。荷马、希腊雕刻和安蒂蒂尼,米开朗琪罗、拉斐尔和伦勃朗,席勒、莎士比亚和歌德,巴赫、莫扎特和贝多芬;他们以及其他许多人中间没有任何一个将会停止直接对人类说话;没有一个将会在这个意义上被"超过",并且大概还有几位永远不能被人"赶上"。这不仅仅也是美学所不应完全忽略的"一件有趣的事情";这却正是人类的美学基本经验。事实上它是美学的基本问题。谁不承认这个基本经验,这个基本事实,就不能和他谈美学的事物；他"是一个野蛮人，倒不管他是谁"。

马克思已经指出，解释这个基本事实是最迫切需要的。他希望他能解释为什么荷马仍然对我们发生影响，以至于……像马克思那样的人每年要把荷马著作的原文读一遍。马克思没有时间亲自去寻得这种解释。如果我们现在想要弥补这个遗憾，就应该首先看到，运用卢卡契所理解的黑格尔的两个评量标准是不能达到这些目标的。人们能否认真地设想，奥德赛中诺西卡一幕的伟大、流浪者的夜歌的伟大、西斯亭娜或马太受难曲的伟大，能够依据它们清楚地表现出来的某一时期的世界状态，甚至于根据它们所指示的未来世界状态的程度来评价吗？

请人们不要误解了"迷途"的说法。从艺术的"世界状态"来说明艺术，从"世界状态"的变迁来解说艺术的发展，这并不是迷途。查明艺术作品里面所包含的人道主义的或指示着未来的内容，这也不是迷途。这种做法只有在用它去做评量艺术是否"伟大"的决定性的标准的时候，才会成为迷途。读者必须时时注意，我们在这里所谈的只是评量标准的问题。为了不要显得不公平，我必须强调指出，卢卡契在我们上面所引述的地方，原来谈的尽是别的东西，那就是根本为了要强调出黑格尔关于这两个问题的见解中的不可磨灭的真理内容。关于"伟大"只是附带地被涉及的。但是不去理会这个附带问题的看法，极可注意。因为这个正是说明，在卢卡契的论黑格尔美学的论文里关于艺术伟大的评量标准问题仍然没有获得解决。

六

那么，黑格尔怎样呢？我们前面说到黑格尔美学里面的矛盾，首先要回过头去谈论一个大的矛盾。这个矛盾同我们的基本问题有无关系呢？

人们早就注意到那个"大的"内在矛盾了，至少是这个矛盾的一个方面：这就是依照黑格尔的基本观念，他本来只是应该对古典艺术时代有兴趣，而他实际上却广泛地研究近代艺术。他把莎士比亚、歌德、席勒刻画得那样深刻和正确，几乎没有第二个人能做到。那个"大的矛盾"的另一个方面至少也同样重要：那就是依照他的基本观念，他应该主要研究雕刻，而他的叙述的内在重心却更强烈地倾向于文学方面；即使从外表来看，在这美学新版本中，雕刻占有 75 页，而文学占有 230 页，在阅读这书时——尽管诗的"过渡性质"是被强调着的——人们必然会有这个印象：黑格尔认为诗（更具体些：剧）确是最高的艺术种类。为了解释这事，我们可以简单地说——幸而黑格尔常常如此——对事物的生动的直观又一次战胜了体系的构造。在这里，黑格尔也没有让他的公式阻碍他看清一切伟大的事物。但是我们要追问下去：在黑格尔看来什么是"伟大"呢？

黑格尔没有把这个问题特别提出来。艺术作品的"伟大"的范畴在他那里似乎是根本找不到的。但是照我们刚才所说的，这仅仅是"似乎"而已。"伟大"这范畴处处都隐藏在表述的事实内容里面，并且人们大概可以说，它（指"伟大"这范畴）的公开的出现将会把它的内在的体系，与其说是破坏不如说是显露出来。这个公开的出现将会同时意味着那刚才所说的种种内在矛盾的公开的扬弃。

只要略略翻阅过黑格尔的美学，人人都会首先明白这一点："伟大"的评量标准在黑格尔那里不会只是纯粹形式的，而必须是本原的内容的。但是按照黑格尔的看法，每一种完成的艺术——不论是不是伟大——必须具有圆满的感性的形象的内容。在两个完成的艺术作品中那较伟大的必须不仅仅包含着

"较伟大"的内容,并且也必须同时显示出较大的艺术造形力。

但是我们现在不愿再说谜样的话了——迄今为止我们敢于这样做,是因为读者从这篇文章的标题上已经会知道这个谜底:这就是作为艺术内容的普遍人性。我的主张是:一个"完成"的艺术作品的内容愈是具有普遍的人性,就愈加伟大。并且我相信,这个评量标准也能在黑格尔美学中指出来,而且基本上还是他的内在体系中一个主要契机。

七

我们先要问,黑格尔在他的言论里主要提倡哪一类艺术。每个毫无成见地提出这个问题的人,会立刻找到答案:自然是提倡伟大的作品。那就是他认为是伟大的而我们也多半承认是伟大的作品。但是对于我们一切人和对于黑格尔什么是评判一件艺术作品伟大与否的准绳呢;什么艺术能够一眼就看出它的伟大呢?伟大的艺术——我们大家都这样想——是一种艺术,它克服了空间和时间,从一个民族到另一个民族,从一个时代到另一个时代它能保持不朽,因而证明它的伟大。说到这里,就势必追问(几乎是词令上的):若是艺术作品的内容不能够普遍地被理解,若是它不具有至少在这个意义上是"普遍的人性"(至少在这个意义上),那么它怎么能克服空间和时间呢?

我们已经说过:"伟大"这个范畴并没被黑格尔特别提出来,可以看到,他在这方面一向是非常谨慎的。我并不反对人们学黑格尔的这种保留态度,而把"伟大"这个词用括弧括起来。但是事实还是存在着,那选择的原则依然存在着。"历史不朽"的意义依然存在着。而普遍人性仍然是"历史不朽"的基础。而且在黑格尔的美学里面,这普遍人性不仅仅是隐秘的主要契机,并

黑格尔的美学和普遍人性

且在若干具有决定意义的论点上也完全显露了出来。

这点应该是很新奇的,并且会教一些人吃惊。在格洛克奈尔的《黑格尔辞典》里人们找不到这个论点,既不谈"普遍人性",也不谈"人性"。我们这种看法不是只有文字上的根据,因这个名词第一次被写在新版本上。它的新奇是在于它不合乎人们向来对黑格尔美学的看法,这就使人吃惊。因为——不是吗?——黑格尔首先正是研究美的事物的伟大历史家,如果就他是一个绝对主义者来说,他正是推崇希腊雕刻的绝对主义者,普遍人性则是同以上两个事实完全不相协调的。真是这样的吗?这个问题只有请黑格尔自己来解决。我们来考察一下黑格尔美学中特别提到普遍人性的地方吧。

第一个值得注意的地方是在关于现代艺术和艺术观的论述中——那就是论述到这样一个立场,它恰恰是黑格尔的真正的历史的立场。他的美学构思也正是从这个立场出发。他在这里说,艺术在今天越出艺术自身的范围,他接着说到:"当艺术这样超越它自身范围的时候,它却是人回返到本人的过程,即深入他自己的胸怀的过程,由于这样,艺术摆脱了加于内容和观点上的一切束缚而把人道作为它的新的神圣;即是人心里的深湛和崇高,即在快乐和苦痛中的,在奋勉中,在行动和命运中的普遍人性。"(第570页)值得注意的是,黑格尔把这"神圣的人道",即人性的概念,只照现代的意义来使用——而不是在论述那被卢卡契称为人道主义的英雄的世界状态里面所使用的人道概念。这普遍性究竟是什么?它只是存在于近代艺术里吗?或者它是在古典艺术中也表现着东西?

下面的另一段引文答复了这个问题。黑格尔在这里阐释了由于民族的差异而产生文学观点的个别化,并且指出:"贯穿着民族差异的多样性和数世纪里演进的历程的一方面是普遍人性,另一方面,是艺术性,这是共同的东西,因此,别的民族和时代意识也能了解和欣赏。在这双重的关系中希腊的诗永远受到不同民族的惊叹,永远被模仿,因有在它里面纳粹人性的东西在内容和艺术形式方面达到最美的展示。"(第883页)在这里普遍人性是艺术的内容,希腊史诗的特殊地位可以这样来解释,因而在希腊诗中普遍人性能够很好地构成形象。但为什么会这样的呢?

下面一段话可以给予答复。在黑格尔阐述史诗的普遍世界状态那一段,就是研究这个问题:什么世界状态最适合于作为史诗的背景。黑格尔答复这个问题就同在他阐述"理想"那里一样:就是在肯定英雄时代优越性的意义下解答这问题。但是他在这里插进了极可注意的一段来谈普遍人性,这一段可以说是包含了论证英雄时代优越性的核心,因此基本上包含了黑格尔对古代艺术的一般评价。这段是这样开始的:"如果一个民族史诗想是使异邦民族和不同时代的人对它也永久发生兴趣,那么就要使它所描写的世界不仅仅具有特殊的民族性,而且应该是那样的,即在这特殊的民族,他的英雄性和事业中同时突出地表现那普遍人性。例如在荷马诗歌中那些包含着直接神圣的和道德的题材,人物和全部生活的光辉,直观具象的现实,诗人使我们见到现实中最高尚和最渺小的东西,这一切一切都成了不朽的现在。(第952页)英雄时代的以及古典艺术的优越性是这样来的,就是在那个背景里普遍人性最能突出地表现我们看到这普遍人性——这个普遍人性是惟一的尚能作为艺术对象来引起我们现代人兴趣的东西。我几乎可以说 Quoderat demonstrandum(这是已经被证明的了)。

在黑格尔说明抒情诗的特殊的时候,普遍人性再一次演着显著的角色——这里首先同那些过于个别的,单纯属于"谈情说爱,表兄弟姊妹的故事"相反:"为了能够起诗意的共鸣我们总要记住些普遍人性的东西,"(第1007页)多数的民歌在黑格尔看来显然是太个别性的东西,在这里普遍人性也是艺术优劣的确定标准:"民族常常是最个别的,对于它们的优劣不存在有确定的标准,因为它们离开普遍人性太远了。"(第1011页)

八

我们所征引的黑格尔美学中几处文字能使人认识到它的"绝对主义"的面貌,这在上面已经说过了。现在我们再次回到卢卡契所说的黑格尔的"绝对的评量标准"对于艺术评价的关系,这应该是适当的事吧。我们前面已经引述过的卢卡契关于这方面的发挥是用下面一句话开头的:"黑格尔不以为艺术的每个发展阶段都能够创造同样富有价值的东西。他不以为在某些时代产生某种风格的历史必然性会消灭各个时期和各种风格中间存在着的美学的价值和等级上的区别,因此就跟颓废的资产阶级的相对主义所主张的不同。"我们在前面已经说过,黑格尔主张的从一个作品历史地位所引申出来的评量标准,并不是艺术作品的"伟大"的标准,而是评量它的"本质性"、"理想性"的标准。从我们上面所确定了的一定事实来看,在这点上来谈"价值和等级区分"是大有问题的。卢卡契自己不致于设想黑格尔有此观念:以为浪漫主义艺术是比古典主义价值低些——或者甚至于以为诗学是比雕刻价值低些。当人们一般地谈艺术价值的时候——像卢卡契所做的那样,那么人们所指的基本上不外乎是我们所说的一件艺术作品的"伟大"的程度。在这方面黑格尔的意见无疑地是:除去人类历史"前艺术"时代以外,无论在浪漫主义的和古典的时代里,在文学和雕刻中,同样有过伟大的作品。

关于上面所引的那部分,卢卡契继续说道:"相反地,他以为从艺术的本质里可以得出这样的结果:某一个一定内容较另一个内容更适合于艺术表现,因此人类发展的某些阶段可以对于艺术创造还不适合或不再适合。"这是对的;但是卢卡契却不继续谈这个最有趣的问题。因为顶重要的是首先要知道:"对于艺术创造最适合"的发展阶段究竟是什么样子——至少要把从希腊到黑格尔活着的这个时代看一看。在这方面,黑格尔的意见是:人类各个不同的发展阶段(其次是不同的民族,再次是各个艺术家的个性)具有艺术地处理的一定内容——或者,我宁愿说,一定的主题——的不同能力。

我认为这是黑格尔美学中"历史主要特征"的具有决定性的和无法抹杀的核心。从这个角度看来每一时代和每一民族都负有某种世界性历史任务,去处理"自己"的课题。如果这个任务已经完成了,那么在这一个题目上再没有什么可说的了。"没有荷马,索福克俪等等,没有但丁、阿利奥斯多或莎士比亚能够在我们这儿出现;已经这样伟大地歌唱过的、这样自由地说出过的东西是已经说过了;题材和观察它、理解它的方式都已经歌唱完了。"(第570页)。历史条件的原则,照黑格尔的意见,是不仅仅对题材、题目,而且也对"观察它,理解它,理解它的方式",对各种风格和艺术种类,最后并且对整个艺术都是适用的。黑格尔美学在这方面也包含着不可磨灭的真理内容,对我们来说,它并且比黑格尔本人所犯的所谓矛盾或实在矛盾更为有趣,但我们在这里不能进一步探索它了。

但在这方面,我们首先要强调指出,我们所主张的普遍人性的意义并不和那历史条件的原则相矛盾,而且正处于完满的和谐中。从这个观点出发,卢卡契所阐发出来的黑格尔美学的两个主题思想,就可以相互协调了。不过人们在这里不要把特殊的历史条件性和特殊的历史意义混淆起来。我们提到世界性历史任务,这句话必须在一件艺术品越过它所由产生的时代,并且仍然有艺术价值的时候,才有意义。我们已经指出过,这正是黑格尔的观点——并且是他美学观念里的一个基本看法。荷马和莎士比亚已经"唱完了,我们不再能够像他们一样地唱了。对黑格尔说来,这就同时意味着:他们替我们歌唱过了,因此我们不用再像他们那样的歌唱了。我们这个时代还有别的东西可以歌唱,别的方式来歌唱,这正是黑格尔的意思。"他紧接"唱完了"那句话又说道:"只有现代是新鲜的,别的时代是暗淡的,愈过愈暗淡了。"——当然,这是从艺术创造来说,不是从对艺术的接受来说!此外也还应该有一些带有普遍人性的主题,根本是歌唱不尽的;只有那"观察的和理解的方式",它们是会在各时代里被唱完的。

  在我们现在仍在讨论的那部分,卢卡契曾使用了"人道的"这个概念。那么,我们所说的普遍人性和卢卡契所说的"人道的"是怎样的关系呢?卢卡契所指的是不是和我们所说的是同样的东西呢?这在一定范围内可能是相同的,但是只在一定的范围内。黑格尔所指的普遍人性,事实上是艺术评价的一个"绝对标志":像我们说过的那样,一件艺术作品的内容愈具普遍人性,它就愈伟大。但是卢卡契所描述的人道——即是内在的完整的人性——却不是评量艺术是否"伟大"的标准,而只是对艺术的"理想性"的一个评量标准。所以会这样,正是因为那"人道的"东西特别适合于把那"普遍人性"表达出来。除此以外,我根本不认为在这里用"人道的"一词是确当的。我们习惯于把这一词运用于另外的意义上——多半在伦理的意义上。按这个近代的意义来说,例如在伊利亚德里就没有太多的"人道的东西——

虽然阿溪里对勃里亚摩有着相当的情谊……"

九

人们或者可以说：普遍人性是根本没有的。只能有被历史条件所规定的人性。因为没有"一般的人"。只有被历史条件所规定的人。

当然，只有被历史条件所规定的人。但是他在不小的范围内具有"普遍的价值"（否则"人道"一字没有意义）。此外，他有着某种"普遍的责任"（但这点对我们现在无关）。如果没有这种普遍性格，这种普遍人性，那么，一个时代和另一个时代，一个民族和另一个民族就不能互相了解，并且不能够有一个比较，尤其是不能有一个可以传播给别的时代、别的种族的人们的艺术。然而确实有这种艺术，这是一个"基本事实"。我们这里是从这个基本事实出发，这个事实我们无须索取任何证明。谁承认了这个基本事实，谁就要接受我们所说的普遍人性的概念。

此外，还要注意，同黑格尔一样，我们的主要着眼点是希腊以来的各个时代。我们不是说，人类就其作为一种生物来说有"普遍性"，而是说，一定发展阶段中的历史的人，也有"普遍性"，因而我们所说的"普遍人性"本身就是在历史中完成的。不过这段历史时期很长，并且和那个与它密切联系的艺术历史一样，具有这样的特性，即它的影响是经久的，从趋势上看，是一时不易消失的。为了这个相对的持久性，我们在叙述这个问题时可以放松历史这一方面。当我们在此简略地说着"一切的人"，说着"永远"，说着"到处"的时候，请读者了解这些措词是常常不很精确的。

黑格尔的美学和普遍人性

十

那么这里所说的普遍人性究竟是怎样的一种意义呢？——人们有理由这样发问。普遍人性是否永远只是一个极模糊的抽象，是不是用重复露光的方法，把"所有的人"重叠地摄在一张底片上的照片？

我们举一个简单的例子：譬如歌德的小诗"我在森林里漫步……"照上面所说的第一个评量标准，这首诗的等级高低应该看它把歌德的时代表达到什么程度。无疑，人们能够从这首诗中吸取一些关于这个时代的东西——例如关于在那个时代里男女相互间的地位。但是不会有人认真地从这方面来评量这首诗的等级。卢卡契所说的黑格尔的第二个"绝对的"价值标志不是很明显的。但是首先，隐藏在这首诗里、由这首诗表达出来的人性，尽管那么具有素朴的内在的信心，却不是表示英雄式的天真的浑朴。这人性却是由于个人人格努力的结果，而不是由于社会的陶冶。所以不是卢卡契定义下的人道。假使人性就是这样，它是否就是伟大了呢？一切从一个一定的人性中来的并且"透露"着人性的东西都是伟大的了。这是无可争辩的。当我们称这首诗是伟大的，为了它有普遍人性的内容的时候，这就是暗指下面的意思：这首诗的主题是关于多情地发现、移植和爱护一棵花的事情。这个直接的主题几乎一切时代、一切民族的人——至少在歌德以后——是都能了解的。经常会有人"这样"发现，移植和爱护一棵小花，就像歌德所描写的一样，这普遍人性的内容在这首诗里之所以成为圆满的艺术形象，首先由于这整个经过是用像这段经过自身——从故事来说——同样的素朴和深情叙述出来的：一种主题和形象构造中间最圆满的谐合，这谐合却不是在一切艺术都是如此。由某一个采特勃罗姆去叙述着阿德利映·莱费尔肯①，不是毫无理由的。但这个谐合在这里，在这顶顶真挚的抒情诗中，却意味着不可企及的标记。关于携回一棵花的事情歌德的诗是"绝唱"了。但仅仅是这一点吗？这棵花是惟一的珍物，人们会用这样的钟爱和小心去发现它，移植它，保护它？即使我们不知道这里歌德是把他和克莉斯蒂映娜之间的那段经历在这里加以形象化（这事件对这首诗的产生是具有决定性的关系的，但对于这诗的评价却是完全无关系的）。对我们来说，这首诗也会不知不觉地成为一个隐喻，隐喻着携回另外一种珍宝——并且成为另一首诗"野蔷薇"的对立物。"野蔷薇"这首诗也是隐喻着对于花、子女以及这个世界中的别种珍物的完全相反但是也具有普遍人性的态度。但是在我看来，我们这首诗正是因此而比"野蔷薇"更圆满，更伟大，因为在这里花"没有说话"，因为即使花不说话，我们也能够把它看做明显的寓言，并且在某种意义里甚至应该这样才好。无论如何，谁对于这诗的爱好是直接由于这个寓言本身而不是因为它的"背后"有可猜测之处，谁就是较好地把握了这首诗。这个较普遍的内容应该而且能够在我们心中引起共鸣，这也规定着这诗的价值大小。这个较为普遍的内容，在一定程度上歌德也许已把它"歌唱尽了"。

假使人们以为我们的评量标准是比卢卡契所说的黑格尔的"第一个"评量标准要抽象些，那就误解我们的意思了。我们并不是要把对"普遍的"世界状态的透彻表明来代替对具体的世界状态的透彻表明。我们是拿对具体的普遍人性的主题的透彻表明来代替对具体世界状态的透彻表明。而且照我的意见，对具

---

① 这是托玛斯·曼的小说《浮士图斯》中人物。——译者

体世界状态的透彻表明是比较抽象的。如果我说：我们是对那常说的"典型的"东西——它正是一个具体的普遍的东西——用一种更为普遍的具体东西——普遍人性——来补充，这大概更容易理解了吧。但在这里，绝不应该丢掉具体的时间性的东西。艺术的形象永远不能也不应该是普遍的。艺术永远表示着一个完全规定了的"如此相"。但是在艺术意义上这"如此相"并不以"如此相"引我们的兴趣，历史的正确性也永远不能完全构成一个艺术作品的伟大。在一个伟大艺术作品面前人必须能够说：人（或这一自然界或其他）就是这样的，他在这现存的环境中必须是如此，必须如此行动，必须遭受着如此的命运。如果人们不仅仅看见"如此相"，而进一步看透那个"这样"，然后人们可以把这个"这样"，即普遍人性，作为艺术作品的内容——并且假使因为完全别样的环境，这内容不能表现为"如此相"，或如此经过，人们也是会理解的。

我在此只想谈谈主题中的普遍人性的程度差异，而不想谈普遍人性的主题本身中的等级区分。这种等级区分是有的——例如等级区分会产生这样结果：给予浮士德一个比较"我在森林里漫步"一诗更高的评价。但是这却是更高一级的问题，这是不再能用几个特殊的美学范畴来说清楚的。从这个高一级的观察阶段来看，这样的一些观点，例如对世界状态的广泛而透彻的说明，人道主义的内容和指明未来的内容都将发生作用。所以人们似乎可以分别三个观察阶段：(1)如果一件艺术品的内容成为完全感性的形象，它就是"完成的"。(2)一件"完成的"艺术作品的内容愈有普遍人性，它就愈伟大。(3)就在"同等伟大"的艺术作品中也可以有等级差异，这就要依据另外的评量标准了。但是在这里也好，在任何其他地方也好，我以为必不可跳越第二阶段的问题，这第二阶段的问题是比"第三阶段"的问题更广泛。

例如,等级问题在音乐的第三阶段中的意义就根本不同于等级问题在诗的第三阶段上的意义。

十一

如果人们在讨论时拿普遍人性作评量标准,那么按照上面所说,绝不能够这样说:一个作品的主题愈抽象,它就愈加伟大。直接的主题永远是完全感性的、具体的,而普遍人性问题是基本上和抽象无关的。它所要做的是,只是看看某一个主题是不是经常起作用的;精确一点说,那个直接的主题是不是通过一些普遍的东西透彻地表示出来,是不是到处被了解,以至于那作品能够到处作为自己内心经历的隐喻被感觉着。那么一件最伟大的作品就是从事于最平凡的和最日常的东西了吗?不仅是日常的东西,就是那些非日常的东西也是具有普遍人性的。而且最后这也是一个趣味问题,如果一个人把幸福称做平凡庸俗,还有比我们那首诗"我在森林里……"更为平凡的——如果人想这样说它——主题吗?但是,谁能设想出除了歌德以外还有任何一个诗人曾把它"唱说尽了"的呢?我们才说到幸福:有比一个幸福的微笑更为普遍人性的主题吗?尽管世界上有那么多的圣母像——我却只认识惟一的一张画,在这张画上幸福是那样成为一个微笑,以至于我在生活里每次见到一个幸福的微笑的时候,总会去追忆这幅画:这就是达·芬奇圣母像中的圣安娜(藏巴黎卢浮宫)。这种"追忆"不就是艺术的伟大的可靠的见证吗?

艺术的评量标准当然是一件特殊的东西。它们不像一管尺子那样可以量,它们只能指出方向。因此它们到了某一种人手中就毫无用处。这种人没有领会艺术表现的感觉器官,在这里,也就是没有领会艺术的"伟大"的感觉器官。我们在这里说的是主题的普遍人性，一个没有指尖感觉的人想要用触觉感觉出什么是他所评判的具体作品的真正对象、主题、内容——向那个方向去寻找那隐喻的东西——那是要失败的。他或许会听到过，在圣母像（我们仍然谈我们所举的例子）的主题是母爱——事实上圣母像时代的"世界性历史任务"确也是在于"唱出"这个主题。他若是抱着这个顽固的成见去看西斯亭娜①，他将一无所得。因为西斯亭娜的真正内容和伟大是完全属于另外一路。在这张画里面主要的东西指向着这样一个真正的方向：这就是同时从玛利亚和她的孩子的眼光中流露出来的是那种可惊的，几乎是超人的严肃神情。拉斐尔让这些眼光流露出这样的意识，即前所未闻的巨大的使命和责任和同样巨大的预感到命运之沉重。这是"普遍人性"的吗？它能不能感动那些不以基督教传说为绝对真实的人呢？我相信：每个人都能感觉到西斯亭娜的伟大，只要对这个人说来伟大责任的意识还是一个可以了解的主题，他就能觉察到，在这里"内容"是多么圆满地成为"形象"——这自然也表达在画中的圣母和耶稣对之显现那些人像中。如果我们要用这个方式透过宗教的表现形式——拉斐尔已经把那上面说的那个内容的表现形式"唱出来了"——见到普遍人性，我们也就做了黑格尔以巨匠的手腕所能做的一些东西。我首先记起：他把荷马诗中那些神们的现代经过下述方法归结为普遍人性，他指出，这些诗可以处处理解为那些有关的英雄们的内心彷徨和果断的象征。

如果一个外行人用艺术评量标准去批评音乐，这事自然是特别糟糕的。而事情却是这样，在今天研究音乐问题的人是太少了，所以一谈到音乐现象有一些美学理论就会把它归结为纯

---

① 拉斐尔所作圣母像。

粹的空气振动。就是黑格尔也必须承认对音乐所知不太多,但是他仍然至少认识音乐的"系统的"地位(不仅是在他的系统中的地位)——因此我们无论怎样要感谢他的在一切的定义中一个最精当的,最天才的关于音乐本质的定义:音乐即是有节奏的叫喊。(按:德文说来即"美的叫喊")音乐根本不"表现"什么——至少不是首要——不反应什么,甚至于不诉说什么,不叫喊什么,也不是心灵感触的表现而是它本身就是这种诉说,歌唱,当然只是放进一个紧凑的、简洁的形式中——即是成了节奏。因此在这里"形式"和"内容"完全不能拆开,而一个奏鸣曲的真正主题事实上只是在它里面"奏着的"和"变化着的"东西。但是虽然这"成了节奏的叫喊",绝不"模写""不成节奏的"叫喊,更绝不是模写所叫喊的内容,它却仍然能够成为一切可能说出的东西的象征。在这个意义上人们在音乐方面也能谈一谈普遍人性的内容。什么东西构成马太受难曲,尤其是那合唱的尾调的伟大?这个尾调——越出一切宗教传说题材以外——不是一种鼓励信心的慰藉的旋律,不是对一个死得有价值的受难者的苦痛加以慰藉的旋律吗?基本上这不是同一个旋律,它振荡在一切安慰亲近的人的音声中,使他能振作起来——这同一的旋律,同一的叫喊,只是壮伟地"加上了节奏"——它成了这整个作品的尾曲。或者人们想想特里斯丹①的第二幕:"呵,沉下来吧,爱的黑夜"。对这种创作谁想认真地用上面所说的两个评量标准去研究一下呢?

十二

我们说的是关于评量标准。人们必须从普遍人性的内容来

---

① 瓦格纳的歌剧。——译者

黑格尔的美学和普遍人性

确定增或减,大或小,至少也要说出一些道理。因此我大胆试图用几个例证来说明这个可能性。在这方面我自然不能再依赖黑格尔的主张。

我们就举一举所能想到的最伟大的例证,即伊利亚德伟大还是奥德赛伟大的问题。撇开我的儿童时期——这时期伊利亚德的英雄们是对我们大家更接近些——不说,我绝不迟疑把锦标给予奥德赛。首先那整个主题是较广大一些,也较为普遍些:终于从一个几乎消耗了一生的迷途旅行回返故乡——象征着能够知道从一切的惊涛骇浪中回到平安的海岸上的人生;人们几乎可以说这是一个同浮士德对立的古典作品:从情节的内在速度、目标和其他方面的意义上自然都完全不同,但是或许并不比荷马时代与歌德时代双方的差异更大些。贝拉顿的愤怒能够同阿溪里的愤怒相比吗?或者有人以为,这愤怒并不是伊利亚德的真正的主题,真正的主题应该是一个民族为了它的生存而战争(即应只有托罗亚人才是英雄了)——或者根本上是为一共同事业而牺牲(这样一来阿溪里的地位显得特别空虚)?人们或许可以在这上面争辩,但我不大相信这些。至于提到个别幕景里的普遍人性内涵,我看在伊利亚德里面是没有什么能够比得上奥德赛里诺西卡插曲和优茂斯一幕的——虽然伊利亚德里有着赫克陀的离别,老勃里亚摩战胜了阿溪里的心等情景。

现在再举别的例子,现代文学里面的例了!易卜生将"留下"什么?一定不是娜拉或群鬼。它们的直接问题同时代的联系太密切了,因此不能够是普遍人性的。在它们的"如此相"后面没有透露出一个普遍内容的"这样",使它的象征能够"多"含蓄一些东西。一部分原因是主题不够深入,另一部分原因是由于感性造形力量不够感性地精炼。在勃朗德和派尔·金特的作品中这力量好像是存在着——我想说:虽然它有着更为普遍人性的主题。我说"虽然",因为主题愈"普遍",艺术的处理愈加困难,能处理好的愈加稀少。我以为,易卜生能够做到这样,因为他对于这两个主题是有着特殊的个人的亲和力的。

盖哈特·霍普特曼将留下什么作品呢?自然不是《沉钟》和《比巴》,《寂寞的人们》和《日起之前》也难留传,《享采尔车夫》、《米西尔·克拉美尔》、《昆特》、《大母》、《英地波地》较好些,一定能留传的是《鼠》、《织工》和《獭皮》。在《织工》里虽然地方色彩极端特殊,但普遍的东西仍然在每一句子里清楚地透露出来,人们在听到每一句句子时会说:在这里、那里,一切地方人是这样,他在困苦和压迫中是这样的和这样行动的。"总归一句话",这作品纵然有明显的弱点:普遍人性在这里成了长存的形象了。

托玛斯·曼怎样呢?《布登勃洛克》会留传,这几乎是已经确定的了。《魔山》和《浮士图斯》呢?尽管《魔山》对于托玛斯·曼的内心发展和他的时代的意义多么大,而我对它的问题中的普遍人性的内涵仍觉怀疑,更可怀疑的是这内容能不能在这个故事的轮廓内"完全歌唱出来"。这问题在《浮士图斯》一书中更为有趣。《浮士图斯》是比《魔山》更紧凑,更艺术地集中:一个人,惟一的一个人,在这本书中成为他时代的象征。但问题是他是否成为他时代的真实象征——或仅是时代的一部分的象征。这个问题由于下面原因更为迫切,因为托玛斯·曼自己总代表着这样一个立场,他认为善和恶的中间不能画出具体的分界线,例如也不能在善的德国和恶的德国中间画分界线一样。在莱费尔肯这人身上也隐藏着"善"吗?在这里隐藏着这么多的善,在任何一个意义上人们都可以说:"这样"才是人……虽然还得添加一句:"这样"的人,如果他同魔鬼订契约是不是会成为"如此相"呢?(这也是人的一个可能性呀!)我不相信会这样,我把托玛斯·曼的"从市民到人的道路"推崇得高得多——就像诗人对他的约瑟夫的看法一样。就像批评易卜生一样,我在这里也要说:虽然他写的是具有更加普遍人性的问题。

十三

还有无限多的话可说——这些话里面也有一些对于读者来说将是"很显然"的:例如关于《母亲的勇敢》或关于《伽利莱·伽利略》①。但是例子已够了,怎么样利用它呢?我们应该完全放弃倾向性和时代性吗?我们应该首先寻找一个具有普遍人性的故事,然后就会"万事大吉"了吗?

自然不是的,这样的结果将会是一个人性的——"过于普遍人性的东西"②了。人都知道,这个怪名词是从哪里来的,并且也许会认为这名字是符合于事实的。这话就在美学问题方面也是适用的,这就是把艺术的功用问题撇开一边。我们渐渐知道,倾向性对于艺术并无害处,如果艺术对于他"所要说的话是严肃的"。在美学里,倾向是在某种程度上使感觉集中化的一个陶冶方法。此外我们还应考虑的,就是关于艺术的世界性历史任务——即"完全歌唱出"每一个时代最真正的主题——这方面我们的见解。当然,倾向性、歌德式的"党派性"本身也还不能保证艺术的有价值的内容。但是人们也许仍然可以说:每一个主题必须同某些普遍人性有关联,如果它想要根本上成为艺术的内容并因此而成为艺术的形象。

我并不是主张,普遍人性的内容是艺术的惟一的评量标准。我也一次没有说过,它是评量艺术好坏的惟一的标准。我的主张是,它在"第二观察阶段"上是艺术是否伟大的决定性的评量

---

① 德国著名作家柏托尔特·布莱希特的作品。——译者
② 尼采曾写过《人性的,太过人性的》这本书。——译者

标准。我试图指出,在黑格尔美学里这个标准起着主要的作用(虽然这种作用在表面上很少表现出来。)我的坚定的信念是,它在未来的美学里也将起这样的作用。如果我们求教于这个标准,今天我们耳边听到的大部分的问题,将得到另一种的较正确的看法。因此我以为现在已经是把黑格尔关于这个问题的看法提出来给大家讨论的时候了。

马克思美学思想里的两个重要问题[①]

汉斯·考赫

一、"人的本质力量的对象化"与艺术

马克思和恩格斯关于"玄想的美学"的批判曾分了些什么呢?

神秘的玄想,同样,玄想的美学,需要一个具体的"玄想统一体",一个"主—客体"。正像他们二人曾经讥刺地指出:屋子和屋主在一个人格里面。

批判的批判,它谴责浪漫派艺术的"统一性的教条",在自然和人类的联系的地盘上安置着一个幻想的联系,一个神秘的主—客体。像黑格尔在人和自然的真实联系的地盘上安置着一个绝对的主—客体,这个绝对精神"它一下就是全部的自然和全部的人类"。特别在马克思的经济学著作里他把黑格尔美学和哲学里的这个神秘的主—客体完全解决了。他把人和自然间真实联系的基础精确地扒疏出来了。

为了在这里介绍他的见解,我们从《资本论》开始。在这目的里,《资本论》第一卷第五章"劳动过程与价值增殖过程"特别

[①] 本文译自汉斯·考赫的《马克思主义与美学》一书的第2章。

引起我们的兴趣。

马克思出发于下列思考,我们先设想:劳动过程不系于它在其中进行着的每一个规定的、历史的形式。产品的生产不因它是在为一资本家工作着,并且在资本家控制下进行着而改变它的本性。劳动永远只是一个人与自然间的过程,在这过程里,人通过他自己的行动周转着他和自然的物质代谢,调节着和控制着。劳动过程是人的生活的永恒的自然条件,因而不系于这生活的各种形式,反而是对于一切它的各社会形式同等同样的。

劳动过程是人类的有目的行动来制造具有实用价值的东西。为了人的需要占取自然,它是人与自然间物质代谢的普遍条件。马克思在这里把人类特殊的劳动和动物的工作手术(蜘蛛和蜜蜂)相比较而写道:"使最劣的建筑师都比最巧妙的蜜蜂更优越的,是建筑师以蜂蜡建筑蜂房以前,已经在他脑筋中把它构成了。劳动过程终末时取得的结果已经在劳动过程开始时,存在于劳动者的观念中,已经观念地存在着了。"①

脱离了前后的联系,这段话可能引起人的误解,信以为在人类生产过程里,在人类的通过劳动的自我创造中是观念领先。但是在这些句子的前面马克思表述着这一非常重要的思想:"人以一种自然力的资格,与自然物质相对立。他因为要在一种对于自己的生活有用的形态上占有自然物质,才推动各种属于人身体的自然力,推动臂膀和腿,头和手。但当他由这种运动,加作用于他以外的自然,并且变化它时,他也就变了自己的自然。他会展开各种眠睡在他本性内的潜能。使它们的力的作用受他自己统制。"(重点是我自己加的,作者。)②

这里活跃了这个新思想:人类自身的禀性里一切物理的和

---

① 《资本论》第 1 卷,人民出版社中译本,1953 年版。
② 同上书,第 192 页。

知性的能力是在他的劳动里才历史地形成的。它们永远筑基于对象化劳动的全量里（像马克思以后详加论述的），而这是他们首先在劳动手段的形式里已经发现的。而这些却不是观念——每一个当前劳动者的受目的规定着的表象——的成果。在历史上每个人和每一新代的人发现它们是物质的、对象化了的、感性地在自己面前，而且自己是筑基在它们的上面。

在《德意志意识形态》里马克思恩格斯因此已经指出：历史不是别的，它就是一代代的人相继承，每一代人利用着他以前各代遗留下来的物质资料、资本、生产力，等等。每一代人因此一方面继承着遗留下来的工作，在新的情况下推动前进，但另一方面又用一种完全改变过的活动来改造旧的状况。

恩格斯在《自然辩证法》里把物质的、实践的劳动对于全部人类形成的崇高功绩详尽地表述过了。劳动是人类生活的第一个基本条件——"并且是在那样的程度里，以至于我们在一定的意义里必须说：劳动创造了人类本身。"①

在这个自己创造自己的行程里，基于物质的、实践的劳动人类才作为人类形成起来，肢体器官也在这里面完成了，心理生理诸前提历史地发展起来了，它们使艺术创造和审美感才有可能。（旁点是译者加的）

当然，人是自然物，是自然的一部分，但是他的向人的进化，成为 homo Saniej（具有智慧的人类）是不能和另一种兽类动物的生物学的演进相比拟的。它本质上是社会的业绩。恩格斯举人类的手为例，论证那使艺术创造成为可能的人类器官的生成。手不但是劳动的器官，它还是劳动的产物。只是由于劳动，由于经常和日新月异的动作相适应，由于这样所引起的筋肉韧带以

---

① 恩格斯：《自然辩证法》。中译本 137 页，人民出版社出版。

及在更长时间内引起骨骼的特别发达遗传下来,而且由于这些遗传下的灵巧在新的愈来愈复杂动作上不断革新地使用,"人的手才达到那样高度的完善,在这个基础上它才能仿佛靠着魔力似地产生拉菲尔的绘画,托瓦尔特孙的雕刻以及巴加尼利的音乐。"①

像手那样,语言也是一样——并且和它紧密地联系着的是第二号信号系统的发展,这只是人类具有的高级神经活动。这里也是涉及一种能力,它也是基于人类实践的,社会的劳动作用历史地形成的,而不是从自然就有的。恩格斯写道:"首先是劳动,然后是语言和劳动一起成了最主要的推动力,在它们的影响下,猿的脑髓逐渐地变成人的脑髓,后者和前者虽然十分相类似,但是就大小和完善的程度来说,远远超过前者。"②

和脑髓的发展一起,人类其他的最接近的感觉器官,也携手前进。例如听觉的精巧化,这是从语言的逐渐发展产生的结果。眼睛和其他全部感官的发展也是这样。在这篇文章的框框内不可能把这个过程的细节都叙述出来。在它的全面表现里这个过程显示得很清楚:在人类实践的、物质的、社会劳动的基础上,现实界的艺术反映和审美享受的生理心理的基本的前提才成为历史的事实。

它们是在人类数千年的进化里作为人类种族的一特殊能力,作为一个特殊的人的"本质力量"全面地发展出来的。一切我们所称呼为美感,艺术才能或天才,并且常常喜欢作为大自然的惠赠来标志的东西,事实上是历史的产物,而且主要地是在人的实践的劳作里成就出来的。

在《自然辩证法》里,恩格斯用一切的锋芒反对"自然主义"

---

① 恩格斯:《自然辩证法》,第138页。人民出版社,1971年版。
② 恩格斯:《自然辩证论》,第153页。

马克思美学思想里的两个重要问题

的哲学观,后者忽视人的活动对于他的思想的影响。它只一面看到自然,另一面看到思想而忘记了人反作用于自然,改变了自然,替自己创造新的生存条件。但是恰正是通过人对自然——不仅是自然作为自然——的改变,是人类思想最主要的和最近的基础,并且在人类学习,改变自然程度上愈来愈提高着他的智力。

在劳动行程里人的活动实现着预先设定的目的对于劳动对象的改变。劳动行程"消失"在成品里——这成品却是一应用价值,"一个通过形式的改变适应人的需要的自然资料"。劳动把自己和他的对象和合了。劳动对象化了。马克思写道:"在劳动者方面表现于不安定的形式里的,现在作为静的品质,在存在的形式里,表现于产品方面。"①

这是什么意思呢?马克思在这里所指出的是人类的劳动消化在特殊的规定了目的的形式里——(作为缝衣匠、锁钥匠、木匠的具体劳作)具体的有用的劳动,生产着使用价值。一切货物,对消费有用,或是例如作为工具能够用到往后的生产行程里去。从经济学来说,使用价值是表示一个产品在消费或生产里的有用性。但是在产品本身,却是"作为静的品质,在存在和形式里",客观地说,在那里,它是多过于这个有用性的。一件好的彩色的衣料无疑是一具有高度使用价值的有用的物品。它需要多少一切在劳动者方面表现于不安定的形式里的,以便生产这样一件衣料,并且在这一产品里面是一切什么东西对象化了呀!在那里地球上某 异邦生产的棉花(这个需要投进多少人力和技术才能把它培植到这个形式里来呀!)在轮船和火车上越过千百公里运到需加工的地点来。棉花将在机器里准备加工、纺织

---

① 见《资本论》第1卷德文本189页。

和改良。若干世代的劳动者和设计者耗用他们的知识、技能,才使它发展到现在的效能,为了这项生产需要许多科学达到一定的高度,全部的工业,矿业、冶铁、机器制造、电气工业,被创造和推动起来。单单那美饰衣料的印刷颜色的制成是以几十年上百年的化学工业的进步为前提的,因而又需要投进无穷的创造性的人力。人类的科学,人类的技能,基于新成熟的社会需要。

在衣料的花样和色彩配合里,许多素描家的美的想像,镂刻家的手艺技巧,染工的工作熟练,获得实践的形体而在"存在的形式"里放置在我们的眼前。就在这么简单的一项产品像衣料上已经明白显示,在它里面——经过无尽的、多数的、具体的、目的规定着的劳动——人类的需求、力量、技能、表象和思想获得了客观的形体,就像这里在人的劳动的个别的产品里,在整个外界地球、大自然的最大部分里也是这样。恩格斯指出:"日尔曼人当初进入德国时的大自然现在已经所余无几了。地面、气候、植物、动物,人类自己无限改变了。而一切是通过人的劳动。"[①]而在这个时间内,在德国的大自然里,那未经"人的加工所表现的变化是微不足道的。"[②]

一切家畜和植物界的大部分今天的形状应当感谢人的劳动而不是全靠自然。

在这一切事物的上面:无论是衣料,是动物或风景——一次经过人手的改造,在它上面就不仅体现着(在严格意义里的)使用价值了。(或在一定的历史阶段上,交换价值作为一定社会关系的表现。)

在上面所述的过程里,用马克思早期著作里的话来说,正是"人的本质力量的对象化",在它的进化的每个规定的历史阶段上。

---

① 恩格斯:《自然辩证法》,德文本,246页。
② 同上书,64页。

这里特别要指出,这种通过实践的物质劳动的"人的本质力量的对象化",不是等同于使用价值,这就是说一个物品在消费中或生产过程中的有用性——尽管这种对象化当然是一个物品有用性的基础。马克思在《经济学——哲学手稿》里强烈地反对人们对于物质劳动的成品与结果只在它们的"外在的利益关系"中来看待,亦即在使用价值里,而不在它们和人的本质的关系里。

我们这里所简要叙述的马克思和恩格斯的立场是已经绝端明显地表达在1845年春季的《费尔巴哈提纲》里了。就在第一条提纲里已见到他批判了和推动着黑格尔的唯心主义和机械唯物论对于"主观对客观"、"人对客观现实的关系"的诸论点。这条提纲说:"从前的一切唯物主义——包括费尔巴哈的唯物主义——的主要缺点是:对事物、现实、感性,只是从客体的或者直观的形式去理解,而不是把它们当做人的感性活动,当做实践去理解,不是从主观方面去理解。所以,结果竟是这样,和唯物主义相反,唯心主义却发展了能动的方面,但是只是抽象地发展了,因为唯心主义当然是不知真正现实的、感性的活动本身的。费尔巴哈想要研究跟思想客体确实不同的感性客体,但是他没有把人的活动自身理解为客观的(gegenstandliche)活动。所以他在《基督教的本质》一著中仅仅把理论的活动看做是真正人的活动,而对于实践则只是从它的卑污的犹太人活动的表现形式里去理解和确定。所以他不了解'革命的'、'实践批判的'活动的意义。"[①]

我们回忆歌德曾经把审美的客观性理解为客体里的某一不被认识的规律性的东西,应合着主体里一个不被认识的规律性。

---

① 《马克思恩格斯全集》第3卷,人民出版社出版,第3页。

要想认识什么是美,我们必须认识诸规律,按照这些规律那普遍的自然欲在人的本性的特殊形式里创造性地行动,并且行动着,如果它能够的话。

马克思开始于,他展现那客体里未被认识的规律性,这个规律性应合着主体里面的规律性。

起初是一般哲学地的,以后经过广泛和仔细的经济学的研究证实和确认了,于是一切科学性美学的理解被找到它的关键了。

但是我们必须立刻补充说,这个科学的辩证唯物主义的对审美现象的理解的关键还不就是美学自身。恰正在苏联的美学辩论里,多次严肃地指出,如果把这里探讨的"人类本质力量的对象化"完全看做艺术和文学审美本质的这个客观的对象化的基础,那就会导引到错误的判断和不确的结论上去了。

二、理解审美的客观性的锁钥

特别在 1844 年到 1847 年产生的文章里以及 19 世纪 50 年代后半期的经济学研究中,马克思详细地探究着人类本质力量对象化,"同样,人类本质的对象化"这个思想。他把这个思想和审美规律的客观性、艺术反映现实和审美感觉一般的客观性紧密地结合到一起。他指出了这方向,即是必须从这个基础上客观地论证艺术反映现实的诸特殊性。

为了说明这个思想,必须更加往后探索一下。从他的经济学研究开始和他对黑格尔批判以及和费尔巴哈从事思想辩争的开始,卡尔·马克思就热烈地探究了劳动在人类社会发展中所演的任务。在他摘录杰姆斯·弥尔的后面,大概在 1844 年,马克思附上了一篇两个生产者的对话,他们辩论劳动的任务和意义——假定:这个不是在资本主义私有制条件下进行着。在这篇对话里说道:"假定我们作为人类进行生产着:我们中间的每个人在他的生产里双层地肯定了自己和那别人。(一)我在我的生产里把我的个性,它的特殊性对象化了,并且因而既在活动时享受了一个个人生命的表现,也在对于对象的直观里识知了我的人格作为对象化了的,能够感性地直观的,因而超越一切怀疑之上的高尚的力量。(二)在你对我的产品的享受或应用里我直接具有这享乐,既意识到在我的劳动中一个人类的需要被满足了,又且是人的本质被对象化了,因而对于一个别的人的本质提供了适合他的物品。(三)对于你,成为你和族类的中间媒介,因而从你自身作为一个你自己本质的补充者,和作为你自己的一个必要的部分被识知和感觉到,这就是既在你的思想里也在你的爱里知觉到我自己的证实。(四)在我的个人的生命表现里直接地创造了您的生命表现,即在我的个人活动里直接证实了和实现了我的真实的本质,我的人类性的,我的共同性本质。"马克思在这里说的是诸条件,在这诸条件下,社会劳动直接社会性地完成着。他利用着他的对话,主要是用一切的尖锐来暴露矛盾,这些矛盾是在资本主义私有制条件下社会劳动所显示出,并且运用这对话来作为对照作用。但在这里不是问题的这一方面使我们感兴趣,而是以下的确定——暂且不问是在哪些具体的历史条件下——:(一)人们在他们的劳动的产物里,个人的及在社会全体里,把他们的"人类本质"对象化着,完全客观地和现实地对自己作为一对象化了的,感性可直观的——势力和自己对立着。(二)另一方面,这些由人类劳动产出的"人类本质对象化"却又是人类需要的对象。

马克思在这里强调着"人类本质","人类需要"享受等思想处,凡是它冒出来时,他扩张了和深化这思想主要是在大约

1844年终写出来的《经济学—哲学手稿》里。在这里面人们看到马克思的社会主义学说深深地基于对劳动阶级革命力量的认识,丢掉一切乌托邦思想而成为科学。另一方面从他对古典经济学、黑格尔、费尔巴哈哲学的论争和批判改造中成长出来。包含到马克思主义一切基础的演进的三位一体里美学的理论性问题第一次被触动在这些《经济学—哲学手稿》中。一切涉及这个对象的言论是和他后来对黑格尔及其门徒的美学观点的批判的内容有密切的关联。

现在我把马克思在他的《经济学—哲学手稿》里的一个个别指示表述出来。

马克思写道,"不论人的和动物的族类的生活,在生理上都是在于人(和动物一样)是依靠无机的自然来生活,人比起动物来愈是多方面,他所依靠来生活的无机自然的范围就愈是多方面(马克思在这里对无机自然'或'自然作为人的无机的躯'体'理解为整个大自然),在它自身不是人的躯体的时候。"马克思继续写道:"像植物、动物、石头、空气、阳光,等等,在理论方面是人的意识的一部分,而且部分地作为自然科学的对象,部分地作为艺术的对象,是为了品味和消化必须事先准备的精神的无机自然,精神的生活养料。同样地,在实践方面,它是人的活动和人的生活的一部分……从实践来讲,人的普遍性正好表现在这样的一种普遍性上面,它把整个自然变成他的无机体。因为自然,第一,是人的直接生活资料;第二,是人的生活活动的材料、对象和工具。"(译注:见马克思:《经济学—哲学手稿》。译文引自《马克思恩格斯论艺术》第一册 223—224 页)

这个地方需要进一步的阐明。人类多方面靠自然生活,他从它不仅仅像兽类那样,只吸取他的个体和族类为了直接的生物生存所需要和直接抓得到的有用的东西。越过采集渔猎、耕植和畜牧、手工艺和工艺——从偶然使用一根木棍,使用粗糙削成的石斧,用火的技能,熔冶铁矿,分析物质的化学组织,到原子核的分解,理解日光组合作用的秘密——把"整个自然"做成他实践活动的对象或工具。在这个方式里整个自然愈来愈成为人所赖以生活的"无机的躯体",正是在我们今天,我们已经达到这地步:进步的人类准备确确实实地跳出地球的束缚,开始了脚步,不仅征服地球,而且也向宇宙空间进军。

宇宙空间航行船飞绕地球,电子计算机、护胸衣、电视机、头疼药片——工业和科学这些无数奇迹证明了人对自然的真正多面的万能的关系。对于一个自然——在人类实践的进步里——不再是一个"自然在其自身"而是一个"人化了的自然",正如"马克思所常称说的。它将成为人的多方面的,可以手触的、实践的、客观的表现。人的本质的全部主体的多方的丰富性完全客观地体现在人为自己所创造和利用的丰富性里面。

马克思在这个地方强调出这现象进行所依赖的条件,这就是外界诸现象成为实践的人的生活活动的直接的生活资料:物质、对象、工具。

由于人类的社会劳动事业,自然表现作为他的作品和他的现实。他的生活活动的物质、对象、工具,因此不单纯是那"从自然"发现的东西了。

马克思后来在《资本论》里指出,除开特殊的工业——它们的劳动对象是从自然里发现的(矿山、渔猎,等等)——一切工业部门包括农业,都是处理一种对象,这对象已经被劳动"滤"过了的,即它的自然只是劳动的产物。人们一般地视作自然产物的兽类、植物、耕地、森林,等等,它们不仅是本身劳动的产物,而是通过许多世代,在人的管理下,用人的劳动不断改造和发展的产物。

从这里出发,马克思在1844年已经可以表述他的认识,即:人类劳动的对象是"人的族类(种属)生活的对象化"。人不仅像在意识里对于自己理智地直观着,而且是在生产生活里,实际上双重化自己,因而在一个被他自己创造的世界里直观自己"。(见《经济学—哲学手稿》"异化的劳动"。)

我们回到那些劳动,它们的对象不是一开始就是社会的劳动生产像采矿、打猎、捕鱼。固然掘出的煤块、打死的野兽、网得的鱼,同样是社会的劳动产物,煤和铁,从地面百米以下取出来的,现实地、客观地和直观地对于人证实他的力量和技能。猎获的虎,完全实践地和物质地证实着人的计谋、力、速度、勇敢,是大过虎的计谋、力、速度、勇敢。人利用诸物的机械学的、物理的、化学的以及其他的性质,这些可能不是自制成的东西,却运用它们来为自己的目的服务。在这个关联里马克思引述了黑格尔的话:"理性是既有计谋又强有力。计谋,一般是建立于媒介性的活动。当它使诸客体按照它们自己的本性相互作用着,集合地工作着,理性自己却不直接混进过程里来,只是把它的目的付诸实现。"[1]

黑格尔所称为理性的观念性概念、计谋、权能,是在机械的物理的或化学的诸反应里实践地——对象地的实现着自己,人让这些反应作用为他的目的工作着。它们显现在每一个人类为自己目的的所利用的自然过程里面。

迄今以来,人类没学会对天空的机械施加影响。一直到了这一天 Fnutniko(星名)。

和 Lunilso(星名)增多了天体的数目,人没有在群星的合规律性的运行里投进劳动。

---

[1] 原注:黑格尔《哲学科学百科全书》第一部分:逻辑的科学,柏林1840年,第382页。

但人们由于很实际的理由,开始观察日月星辰的运行时,当人们对于他们观察结果通过正确规定播种日期,预期实现的尼罗河的泛滥,正确找到穿过沙漠或海洋的路径等得到实践的证实时,这时星天运行的客观规律性与和谐性也能够把人类族类的权力与技能实践地和客观地表达出来,人类利用它们作为人类生存活动的工具。

够了!我们回到这篇论述的出发点吧。马克思写过:"在实践上,人的多面性正表现在他把整个大自然做成他的,无机躯体"。植物、兽类、石、空气、光,等等(这是对于一切在实践上构成人的活动与人的活动的一部分的诸现象的同一名词)。

马克思说,一切这些现象将理论地(精神地)升上人的意识里,"一部分作为自然科学的,一部分作为艺术的诸对象。"

但这些对象的客观性在这里获得一个和马克思以前的理论完全不同的意义和解释。

对于费尔巴哈来说,它们仅是直观的客体。按照黑格尔,石头、植物、空气、光、"月地星"固然成为艺术表现的对象,但它们只能在下述的限度内,即:"这一类的——感性的存在"作为绝对理念的外现,也有可能赐予人们对于"精神事物"的直观。

与此相反,马克思在这里主张:植物、兽类、石,等等能成为艺术的客观对象——像在科学里那样——只当它们已经历史地的成为人的多面性的实践的表达了。再度被强调的是:艺术像(自然)科学,从这历史地的形成了的"人化的自然"诸现象的客观存在出发(这个性质对于一切社会现象当然也是一样)。但是同诸现象的哪一些个别方面,独特性质和禀赋反映了科学与艺术?马克思这个思想的逻辑结论自然是:人们不能画一条线介于艺术对象和科学对象,说这两方面的对象各自包括着现实界现象和事物的这一群或另一群。

但我们再向前看看《经济学—哲学手稿》里马克思的思想道路。在继续阐发他所述的关于"人的本质力量的对象化"和"人的多面性的实践表达"等见解时,马克思提出了——尽管仍旧是附带地——审美学的规律的问题。他定立下那广泛驰名的,常被引证的名言,即:"人是按照着美的诸规律来形成诸物的。"这些规律是通过什么来规定的呢?马克思从这个考虑出发,即人使他的生活活动成为他的意识的对象。这自觉的生活活动直接地把人从兽类区别开来。对于这一区别,马克思现在要寻根问底。他写道:"对象世界的实际创造,无机自然的加工是人作为有意识的族类的存在的自我肯定,即作为这样一种存在的自己肯定,这种存在把族类当做自身的本质看待,或者把自己当做族类的存在看待。诚然,动物也生产。动物修造巢穴或住屋,就像蜜蜂、海狸、蚂蚁等所作的那样。但是动物只生产它自己或它的小崽子所需要的东西,动物是片面地生产的,然而人是普遍地生产的,动物只在直接的物质需要支配下才生产,可是人甚至在摆脱物质需要的时候也生产,并且只能在摆脱物质需要的时候才真正地生产;动物只生产自己,而人则再生产自然;动物的产品直接与它们的肉体相联系,而人则自由地和自己生产品相对立。动物只是按照它所属的物种的尺度和需要来造成东西,可是人善于对于对象使用适当的尺度,因此人也是按照美的规律来形成诸物的。"①

马克思这个思想是和上面所已述的观念不可分割地联系着,即人类生产是"人的族类生活的对象化,当他活动着,真实地双重化自身,因而在一个被他创造的世界里直观着自己。'美的

---

① 译者注:引自《经济学—哲学手稿》。本译文引自《马克思、恩格斯论艺术》第1册、第226页。人民文学出版社,1960年北京版。

诸规律'因此是一个被人自己实践地创造出的客观世界的诸规律。"①

在《经济学—哲学手稿》的另一地点,马克思强烈反抗着唯心论的观点,这个观点只知道把人的精神活动——作为政治、艺术、文学,等等——作为人的本质的真实的表现,一切的力量、技能、需要,等等的真实的外在化来把握。

"我们看到工业的历史和工业的既成的对象存在,是人的本质力量的已经揭开的一本书,是感性地的呈现在我们面前的心理学,面对这种心理学的考察,至今没有从它的和人的本质的联系上着手,始终只从一种外在的有用性关系的角度出发……"马克思继续写道,"……在通常的物质的工业……我们以感性的、异己的、有用的对象的形式,以异己的形式,具有着人的一定的本质力量。"②

马克思立刻提高这种认识到一个水平的高度,从这水平上出发,每一种从事于人和社会的科学研究才能真正的成为科学性的。"如果这本书,即这部历史的,从感性上最容易看出,最容易了解的一部分,没有向心理揭开,那么心理学,就不能成为一种真正的富有内容的和实用的科学。"③马克思在同一意义里替每一门这类的科学这样写着。

这话也在很高的程度里对于审美科学有效。审美科学不能缺乏对于物质存在的具体的历史的研究,他自己消解在范畴的自我运动里而不获得坚固的实践的基础,这基础是马克思为一切社会科学展示出来的。

另一方面,这部"人的本质力量的已经揭开的书,这感性地

---

① 旁点是译者所加。
② 同上书,201页,《艺术感觉的历史发展》。
③ 译文引用同上书,第201页。

的呈现在我们面前的人的心理学",却不能和艺术的审美本质的客观基础等同起来。马克思所说的"揭开的书"不仅是艺术家,而且更多地也是历史学者、经济学者、哲学家、政治家所必须研读的。

在德国的马克思研究文献中,首先指出马克思思想的异常意义丰富的内容的劳动应属于阿尔弗列德·苦列拉。他特别强调:放置在劳动的成品里的,在人为的被人所造的环境的形式里的族类本质,将成为个人向上进化的出发点。个人吸取和利用这些对象化了的族类的本质力量,因而获致了超个人的价值,丰富了他的个人力量和技能。苦列拉用力强调着:在具体的生产劳动里人的本质力量的"异化",它的放射到被生产的对象里去,这些对象对于个人对立着作为某一陌生的东西(在非直接地隶属于个人的意义里),这将成为个人向上进化的必要的条件。必须紧紧抓住这个观点。苦列拉命名这个观点为"异化的积极意主"。没有它,个人向上进化的复杂的历史的辩证法,社会精神生活客观基础的发展,是根本不能理解的。[①]

在《经济学—哲学手稿》里,马克思在很多地方和多样的方式里发展了人的本质力量的对象化和"人的多面性的实践表达"。他提出下列的总结,在这总结里既克服了黑格尔的客观唯心主义,也克服了费尔巴哈的非历史性的静观的唯心主义。

只有当对象对于人成为人的对象或对象化了的人的时候,人在这个对象中才不会失去自己本身。这只有在下述的情况里才是可能的:这个对象对于人成为社会的对象,人自身对于自己成为社会的本质,而社会对于他成为这对象中的本质。

所以,一方面,随着对象的现实性在社会中到处都成为人的

---

① 苦列拉著《人作为他自己的创造者,对于社会主义人道主义附件》。

本质力量的现实性,成为人的现实性,从而成为人自己的本质力量的现实性,所以一切对象对人都成为人自身的对象化……成为他的对象,而这就是说,对象成为人自身。①

这里必须把马克思所用的对象概念的内容特别强调出来。对象作为每个知识的对象,这些知识从事于把人作为社会的本质来研究,不是任何可把握的素材的东西,而是社会的关系,或较好地说出:一个素材的东西,只在他作为一个社会关系的负荷者范围内,当他作为"人的本质力量的对象化,作为人的多面的实践的表达"。卡尔·马克思在他的对普鲁东的文章里对于"对象"概念作了界说。他在那里谈到"人的实物是为人的存在,是人的实物存在,同时也就是人为他人的存在,是他对他人的人的关系,是人对人的社会关系。"②

我们已看到,马克思——尽管只在少数的,但很重要的指示里——把对现实的审美关系和那在实践里进行的"人的本质力量的对象化","人的多面性的实践表达"联系起来,因而他在《经济学—哲学手稿》里的上述的总结里提出了对美学理论具纲领性的方法论的课题。

"这些对象对于他如何成为他的对象,这取决于对象的本性以及与它相适应的本质力量的本性,因为正是这种关系的规定性创造了这种特殊的现实的肯定方式。(眼睛对对象的感受不同于耳朵)每一种本质力量的独特性,正好就是它的独特的本质,因而就是它的对象化的独特方式,是它的对象化的现实的、生动的存在的独特方式。所以,不仅通过思维,而且也用一切感觉在对象世界中肯定自己。"③

---

① 《马克思恩格斯论艺术》第1卷,第203页。
② 《马克思恩格斯全集》第2卷,中文版第52页,人民出版社,1957年北京版。
③ 《马克思恩格斯论艺术》第1卷,第204页。

不久以前马克思已经写过人在全面的方式里占有他的全面的本质。他的每一种对于世界的人类关系——不管他是看、嗅、尝味、听、感觉、直观、思想,等等——都是人类知识"占有"世界。

占有人的世界,即对于对象的关系,就是人的现实的活动。因此它同样是那么多色多样,像人的本质的规定性和活动那么多色多样。

从这个方法论的纲领对美学理论引申出下面这个必然:

(1)把独特性,个别的特殊性,从它的"对象"的特殊性,这就是说从它的"对象化的现实的存在"来解释。把科学性的和艺术性的占有现实从那里来阐明。

(2)把那介于"对象的本性与和它相应的本质力量的本性"之间的,介于审美的客观性与主观性之间的辩证的关系和相互系属揭示出来,以便能够解释艺术占有这个世界的特殊性。

(3)特别注意到:艺术表现与审美感觉的感性的——具体的形式,是怎样从艺术的审美本质的客观的对象化的基础上成长出来的。

(4)最后,把艺术地占有世界的必然性和不可避免性从它的特别的、客观的基础,以及与此相照应的审美感觉的形式指证出来。

最近几年来,在马克思列宁主义的科学家里,特别在苏联,产生了一个热烈的、极为有趣的争论,这争论的内容是关于艺术与文学个别的特殊性,艺术的审美本质和它对于文艺表现以及审美感觉的关系,这番争论特别由于布洛夫的《艺术的审美本质》这本书而活跃起来。和布洛夫的"人是艺术表现的特殊对象"这个答案一道,他的关于一个特殊对象的提法也部分地被拒绝了。

我们在这里企图指出,艺术表现的特殊对象这一问题的提出,换句话说,关于艺术的审美本质的特殊的客观基础问题的提出,是从马克思的理论诸观点里有机地产生出来的。这个问题的提出,在马克思列宁主义美学里已经广泛地通过了。

苏联教科书《马克思列宁主义美学原理》里说道:"艺术的对象是艺术作品的内容和形式的客观基础。但是,不能把艺术的对象和它的内容混为一谈。正如费尔巴哈早已指出的,问题在于艺术并不要求人们把艺术作品当做现实,因为已经进入艺术内容的生活是客观现实在人的反映,艺术反映必须同现实,同被反映的对象有所区别。"(旁点是我加的,考赫。)①

反对布洛夫的问题提法的核心是——总括地说——建立在下面的这个看法,即他把审美地占有现实的主观方面的环节低估了。这也同样涉及"对象"涉及艺术文学的审美本质的客观基础方面。

在苏联的争论里,强调地指出两点(被 L. Genina 和别人等提出的):第一点所论的是,占有客观对象的进行既系于"对象的本性",也系于"和它相应的本质力量的本性",人们必须分析这两种本性,和它们的相互关系以便达到正确的结论。第二点所论的是:一个对于审美范畴的分析是以严格的历史分析为前提,换句话说,人们必须把审美诸范畴作为历史诸范畴来处理和研究。

到此为止我们又看到马克思所提出的美学问题是从他的最初的奠基性的发现出发的,而他发现了实践在社会生活里的任务。从这个基础出发,"人类本质力量的对象化"和考察外在现象作为"人的多面性的实践表达"才能一般被理解。但是停留在这里将导致谬误和不确的观点。

---

① 见苏联《马克思列宁主义美学原理》中译本下册,504 页。

附 录

西方美学史
宗白华

希 腊

柏拉图(前 427—前 347)

古希腊留存至今的材料虽然很少,但可见到在远古的美学已经产生,而且有很大发展。占主导地位的有临摹论与多样的统一论。前者与古代朴素的唯物论相连,是唯物论的推广与运用于艺术,在实质上是现实主义的,它认定艺术是现实的反映,这种看法有广泛的意义,不仅对于艺术。后者,是与古代的自发的辩证法相连的,其基本思想认为美是自然规律性的反映,是对立的作用,是多样的统一。以上两理论是相互联系着。

柏拉图是古代唯心主义的一个显著代表人。与德谟克利特对立。美学思想是从客观唯心主义体系产生的。其观点表现在三方面。

(1)什么是美的问题。(2)对临摹论的批判。(3)对艺术的社会作用的见解。

柏拉图尖锐地提出了什么是美的问题,比在其他问题上更鲜明地表明他是一个客观唯心论者，表明他是古代现实主义的敌人。

自然是从理念派生的，因之，美也是理念。自然的、现实的美，艺术中的美何在？柏氏提出了问题，他的回答是任何自然、现实、艺术中都没有美，美是理念。只有自然、艺术接近于理念时才是美的。我们所见桌子是感性事物，会变化、消灭。哲学家美学家的任务就是要寻一不生不灭的永恒物，这不是某一桌子，而是一般的桌子，桌子的理念，而且在柏拉图看来，这一理念是独立存在的一种本质，而不是在人脑中的作为事物的反映的概念。列宁曾指出一般唯心论的认识论的根源就在于此。由这一基本观点出发去探寻美，如果桌子美，这美不在桌子本身，美是抽象的理念。只有桌子接近这一理念时，才为美的。

柏拉图对美在许多著作中都说到。主要为：

（一）《伊安篇》（论诗的美感），（二）《理想国》卷二至卷三（统治者的文学音乐教育），（三）《理想国》卷十（诗人的罪状），（四）《斐德若篇》（修辞术），（五）《大希庇阿斯篇》（论美），（六）第俄提玛的启示：《会饮篇》的一段（论爱美与哲学修养）（次第依性质，不依年代。此外，费立布斯讨论到美感，及"法律"，老人所计划的第二理想国。）

在《大希庇阿斯篇》中他说明美的理念，这一理念不是或早或晚存在某处的，也不是一定的意义上存在的，美的观念是超时空的存在。柏将美的理念绝对化，将美的抽象概念与自然现实相割离，变为某种独立自在的本质而置入他的理念世界，这就是他的唯心主义美学的认识论的根源。

在阶级的利益上，表现着贵族奴隶主的利益。在《大希庇阿斯篇》中表明了在美的问题上的思想上的激烈冲突。与苏格拉底对诸的希庇阿斯乃是一个刚愎自用的自以为是而又空无所有的人,不假思索地来解决一切复杂问题,而苏则被写为深思熟虑的谦虚的人,运用着苏化的辩证法。

争论是由苏先提起的,希不假思索就回答美是一个美的姑娘。即他要从现实中去寻找美,这是对的。柏氏因为反对他而把他放在一个不利的境地,柏问他可否有美的马,争论结果希被迫承认苏的结论。这结论是:美是某种普通的东西,不可与具体物象混为一谈。因之在这里没有正面的定义,是很不完全的,但从上面可以知道,这种普通的东西就是理念。

在对话中,柏苏表面上是反对诡辩的,实际上是在反对唯物论,反对现实主义。唯心主义的柏氏是不可能会同意模仿论的。因为这是从朴实的唯物论出发企图论证艺术是现实的反映。

柏不是简单地摒弃模仿论,而是极力诋毁这种理论及这种理论所根据、所概括的古希腊艺术的意义。他的唯心论带有反感觉论的性质。他认为理性的思维才能认识真实,感觉提供最少影子,且反而会是阻碍,停留在感觉界就像人被反缚,面向墙上反射的影像,背对真理。

艺术既模仿真理的影子,因之不能由之认识真理,艺术活动低于哲学活动,且以宣扬神话迷信与哲学形成对立。且冒犯神灵,写神通奸等事,(荷马)败坏道德。(道德观念与艺术主义相对立)

柏因之认为艺术无多大社会上的积极意义,(幻影、败德)。在共和国分三等级,执政者(哲学家、贵族)有全部权利;武士,为第一等级的武装力量;农民与手工业者,为前二级生产。这个反动的理论是反对奴隶制的民主政体的。马克思在《资本论》第一卷指出这样的理想国,是埃及的等级制在雅典的理想化。

柏把艺术的社会作用与教育理想国中的青年的问题联系在一起。他认为艺术对社会有害。他的论证是以荷马为例。荷马对宗教和神是抱否定态度的,神是一些会做各种罪恶活动的人,这种对神的描写破坏了青年对神的信仰,是有害的;另一例子,希腊戏剧极为发达,柏氏以为戏剧会使庶民的民主思想发展,因之有害,他反对希腊喜剧与悲剧两种形式。

因之柏反对古希腊艺术的反宗教性、人民性、民主性,他是从这两方面来反对艺术的。在理想国中没有艺术家的地位。连荷马也要被逐出理想国。在逐出之前可以表示尊敬,饰以桂冠,然而必须赶出去,这是肯定的。

在古希腊艺术中柏只保留对神的赞颂诗这一形式,而且只有青年才能唱,以之培养柏氏的理想的那种青年。

柏的反动美学的特点:(一)完全的唯心主义的,在以后全部美学史上成为唯心主义美学的始祖。(二)反对有唯物主义倾向的模仿论。(三)反对一般的艺术,因为古希腊的艺术有了现实的内容与民主的性质,与古代民主政体相联系。在美学上柏是一个客观唯心论者,一个反动的贵族思想家。

亚里士多德(前384—前322)

亚是古代的现实主义理论家,严厉批判了柏的唯心主义,列宁指出这种批判就是对唯心主义的一般的批判。亚不怀疑现实的真实性,当然他还是有动摇的,在他的哲学中也有辩证的因素。他捍卫了并发展了模仿论。他的美学与他的反唯心主义的哲学联系着。

亚表现了很多的唯物论倾向,必然影响了他的美学观点。亚认为认识的对象是自然,而自然是形式与内容的统一。在《形而上学》中他提出了许多论据反对柏拉图,其中有一些直接与美学有关系的。在《形而上学》中批判了柏氏唯心主义,提出了自己见解,击中了柏氏要害,指出物的本质是不能在事物之外的,这是针对柏氏的理念论而发的,本质在事物中,不在其外,揭示了事物的本质同时,也就揭示了美不能在脱离事物的美的理念中去寻。作为亚的美学的认识论的基础,任一现象只是内容与形式的统一。事物在人的意识中留下某种印记,人见了某种事物即留下某种印记,感觉即是这种印记,尽管这是朴素的,然而是唯物的,这承认物质世界的存在。

以感觉为依据的思维活动。感觉标志个别,概念是一般。科学借概念成立,因为科学对象不是个别而是一般(在个别中寻一般)。如果柏把一般和个别分离,那么亚则意识到两者的联系。感性与理性的联系。表明他的解决这一问题时的唯物主义的尝试,但并未成功,只是接近了辩证法,并未完成。从不同前提出发,亚必然反对柏。

亚模仿论在制定古代现实主义理论上有很大作用。

亚肯定艺术的认识作用,艺术也是认识现实的科学,在提供知识这关系上艺术是与科学一致(诗比历史更真)。但亚也探讨艺术与科学的不同之特点。在《诗学》中他发挥了在当时最进步的观点。但这一著作有残缺,因之在某些地方必须有专门的研究。在理解上常有分歧,资产阶级美学史家按照自己观点去解释亚氏此作中不完全的部分。①

作为艺术的本质的模仿是人的本能。人借此认识现实,并在现实中得到愉快。亚氏在《诗学》中说:"诗一般好像起源于两个原因,每一个原因都是属于自然的。"(一)模仿是从婴孩时起便有的本能……(二)其次,曲调和节奏也是自然的。

在以上的话中可以看出亚认识到艺术有两个方面:即认识的方面和美的方面(给人以美的享受、愉快)。

---

① 参见《诗的产生》。——原注

亚氏对艺术作了分类,依各种艺术对现实模仿的不同手段而区分,同时,也依对象的不同而区分。他在古希腊艺术中引用了许多例证,指出在手段上有一些艺术应用和声,另一些用节奏;在表现方式上有一些超过对象,有一些不及对象,有一些逼真对象。抒情诗是某人的体验的表现,但也可以史诗的形式来表现,也可由悲剧来表现。①

亚氏推广模仿给予各种不同的艺术。他对悲剧下了一个很好的定义,对当时唯物的模仿论有很好的影响。("悲剧是某种严重、完整,而具有一定度量的行动的模仿——用的语言,经过修饰而又使之成为愉快的,但不同的部分用不同的手段——方法,不是叙述,而是行动——通过怜悯和恐惧以完成这类情感的宣泄")

他认为悲剧的对象是现实,是一种完整的、严重的情节的再现,是现实的模仿。

亚不仅给悲剧下了定义,而且他还企图解决生活中的悲剧的问题,当然在对此问题的理解上自然免不了历史的局限性。他所依据的悲剧是表现人与命的冲突的。

在悲剧中,模仿是用艺术的语言(经过修饰的)进行的,不同的部分用不同的语言,是表明古希腊悲剧的一个特点(见定义)。悲剧是借情节通过恐惧和怜悯来宣泄与净化(发散剂)感情的模仿。

亚还确定古希腊悲剧的特点,对一些著名悲剧家作了一些专门的分析,研究古希腊悲剧的历史,这也表明他的辩证法的态度,在研究国家问题时,他也表明他是从历史的发展来研究的,他顺次研究悲剧家,看他们替悲剧在他们的时代里加进了什么

---

① 参见《悲剧作用》。——原注

新东西(见剧本的安排和长度)。

亚认为悲剧的情节应该是统一的,有一定范围的。这统一是指的悲剧发展的辩证法。分为:开头、中间、结尾三个部分。并指出其有各自的特点而整个又是统一着的。即:多样中的统一这一美学观念,应看做是德谟克列特的对立统一的观念的发展。亚对悲剧的看法,可以看出他的自发的辩证法观念。

在他的《形而上学》中谈到整个与部分(非整体)的辩证关系。应用到悲剧上,他认为悲剧的情节是统一的。而在这统一性关联中是有着斗争的。赫拉克列特在这一关系上是抱辩证的观点,而爱利亚派则抱反辩证的观点。赫的观点为亚氏发展了。

文艺复兴

乔托(giotto)是现实主义的奠基者,他对现实主义和透视法都作了新贡献。但都带有试验、推测性质,没有理论的论证。在他后百年,15世纪初,一些作家不仅是凭个人天才推测,而是开始用一些理论的东西来论证自己的作品,成为西欧最早的现实主义的理论。

这一时期艺术作品的欣赏者大大增加了,起了根本变化,当时艺人大多为手艺匠,艺术与手艺没有区别,arte之字兼有二义。艺术须经行会的训练。14岁开始在行会中受各种初步训练,18岁成帮工,但无法能得到更上的地位,在此后才成为可以参加行会的工匠。

古代作品不署名,此时开始署名,但除署名者外,还有作坊的许多工匠、帮工参加工作。工匠大多不懂拉丁文,不能接触古代优秀作品,数学知识很少,然正以此皆从实践中出发进行研究。此时订购作品不限于少数贵族富豪,且有许多社会团体,如市政当局，另则，行会之间也相互订购，教堂、公共建筑中有艺术品作为装饰，任何人都能欣赏。此时欣赏已非少数上层人物，而为广大群众，因之能得群众批评，提高作品质量（戴颙塑像隐于幕后听人评语）。艺术家文化水平的低下及艺术欣赏者增多是当时艺术理论形成的环境的两个特点。保留至今的材料：文字的材料以及艺术作品本身。

文艺复兴文艺理论的最初阶段 Brunelleschi①（雕刻家、建筑家），他的理论对以后有重要影响。他以解决教堂圆顶的结构而出名。他意识到可以把数学应用到艺术。在他特别需要几何学，然而只有在经院式的大学里才能学到。而且大学中的数学课不仅是几何学，还包含算术、音乐学、天文。而且几何的内容在当时也不过是现在的一些地理学知识。布向 Toscahai 请教几何学获得一些初步知识，后独立研究，利用了一些物理学的理论（这在当时叫做透视，但与以后所称透视不同），利用这些知识来说明艺术。布曾有一个推断，在观察周围的景象时，只要用一只眼看，而且光线射集于眼构成一个视觉的圆锥体，把在这圆锥体的某处的横断面上的印象画下来，即成透视。应用数学，可以把对象准确地定下来。他得出结论，在一个横断面上以透视精确地表现一切物体。但布未写下他以上的思想，这是别人记载中说的。

布曾画两张画，一张较小，画的是 Firenze（佛罗伦萨）广场，在画的中心有一小孔，看画者从纸后通过小孔看反映在镜中的画面，观者以为十分逼真。他讲究构图与实物的比例关系，又曾作长老宫寺，很大，画上天空以绿镀之，能反映真实天上之云彩。

第一个以文字述透视法的是布的朋友与学生 Alberti（阿尔

---

① 今译布鲁内莱斯基。——编注

贝蒂)的《绘画论》(1436)。此书献给布。此书有大价值。叙述了画家必需的数学知识，但仍是十分基础的东西，因当时从事艺术的人文化水平尚低，因此也不用拉丁文而用意大利文写的。阿尔贝蒂在此书中为点、线、面、角等都下了定义。此外还谈到视觉的理论。说明如何运用透视法，在他的书中已出现"灭点"（消灭焦点）这一语，并且他指出在观察时只须用一只眼，他要求画家把空间的感觉画出来。

文艺复兴初期创造的透视法，开拓了画家的眼界，画家可以精确地去表现物体，并可检验是否有错误。

此一重要的创造立即影响两方面，首先为作品本身，在透视法发明后，透视的错误成为不可原谅的了。此种作品受人嘲笑，被认为是不真实的。当时许多艺术家都努力研究透视法。这种热情可理解，因此前画家在如何表现物象的问题都在平面上摸索。阿尔贝蒂的学生 Piero della Francessca① 晚年写成《绘画透视法论》，除书名用拉丁文外，内容是用意大利文，表明为广大画家群而写。

F(弗朗切斯卡)在透视的研究向前迈进一大步，他按数学的原理，完整地解释了透视法，他是现在所称为投影几何的第一著作。现实主义艺术家在科学方面也作出了贡献。

在布研究透视的同时，以多那泰罗(Donatello)为首开始了如何真实的表现人的探索，为正确地表现人，就须了解人体的结构。

当时艺人学习热情高，但由于不懂拉丁文，又由于当时的科学对他们有用的东西很少，因此没有什么可学的。在这种情况下的惟一的道路就是用人的尸体来实际研究人。

---

① 今译皮埃罗·德拉·弗朗切斯卡。——编注

剖尸是被认为渎神行为,故艺人秘密盗尸,暗夜解剖,坚持研究。在达·芬奇以前的艺术研究只是在皮下可见的东西,有时也研究血管,这有助艺人正确地表现人。同时对医学上的解剖学也有重要贡献。他们使解剖学走上了正确的道路,即以实验来进行研究。这对其他科学也有意义。

在解剖学的研究中表现出一些有关艺术理论的问题,表明现实主义的艺术理论是直接与实践联系,并为实践所纠正。

以上是15世纪前25年的主要成就。在后25年开始了新的时代,以达·芬奇作为标志。

达·芬奇的观点杂记在他的笔记簿中,在死后散落各处,现存各文系后人所辑。但其中仍有明晰的一贯的逻辑性。达·芬奇利用前人的一切知识成就,在他看来,绘画是一种科学,他的基本原则:认为凡可见的都可画下来,并可为科学研究对象。这一原则对现实主义艺术有重大的意义。他具有重大的论战性。因为当时的经院派以神解释不可见之物,达·芬奇从绘画中驱逐了赖神以解释的不可见之物,也就从科学中驱逐了这些东西。

他在透视法上作了贡献。他提出了一些新的意见,并在自己的作品中成功地应用了透视法。他认为在视线与物体之间可划分为若干级,即若干阶梯。

他的一个更重要的看法认为在空间中有空气,不是一无所有的,而空气有一定的色彩、密度、蒸气、灰尘,因之也就影响物体的颜色,由此,他提出与空气有关的两种透视法:(1)色彩减弱的透视法(色彩明度递减透视法),远处看出,山之成为青色,是因为空气将其色彩涂在山上的缘故,此外,他看到空气是在流动中,远处的物体的轮廓是模糊的。由此,他提出(2)轮廓减弱透视法。这两种方法对艺术有很大的贡献。

在解剖学方面,他也作了贡献,他不仅注意到外部的形状,而且注意到了内部的器官,他作过很多次解剖,并作了图和说明。

在明暗的表现法上,他也有贡献。他对从一种光源或两种光源得到的影作了研究。还研究了反射,色彩的相互影响。另外,他扩大与深化了以前有人提出过的人的表情的问题。他指出画像要使一物有所表现,否则在两重意义上都是死的:(1)它本身原是死的;(2)它什么也没有表现出来。他专注地研究了多种人的表情,深入人的内心世界。

对各种自然现象,他也注意地作了研究,在自然科学方面有许多贡献(见恩格斯语)。他把绘画视作高于其他艺术,因之他在这方面的贡献是其他人很难比拟的。作为现实主义的艺术家,他在美学上是作出了贡献。

古典主义的美学(17世纪)

古典主义的美学即17世纪专制政体时代的美学,是由笛卡儿开始,由古典主义批评家与理论家布阿洛加以发展,应该认为与笛卡儿哲学同样,他的美学是有进步意义的。这是与封建制的破坏及资本主义的发展相连的。

马克思在《资本论》第1卷第24章中指出,在地中海沿岸在17世纪就可以依稀看到资本主义的发展,但成熟则在地理发现之后,16世纪末至17世纪初则成为不可忽视的力量。

封建制内部资本主义的发展在此时达到相当深入的地步,例如在尼德兰、英国发生最早的资产阶级革命,在法国,17世纪还未有急剧的发展,因为它是一个典型的封建制国家,有力量去阻止新的资本主义因素之产生,如把它和英国比较,就可见后者资本主义程度发展较高,封建制的稳定性较小。在英国,不少贵族资本主义化,成为政治上的同盟,一起领导资产阶级革命。在法国,贵族要么资产阶级化,不能成为资产阶级的同盟,而是相反,资产阶级是与农民,与城市平民结成联盟,由于以上的情况,法国的资产阶级革命较英国因之带更多的民主性质,法国革命只能发生在比英国更高的资产阶级发展程度下,而且在资本主义与封建制的实践冲突中,因之,法国的革命较英国革命迟了约一个半世纪。

从英国革命到法国革命这一时期,虽然资本主义在法国日益成为重要因素,然而封建主义还是统治着的,资产阶级贵族化,正与英国相反。

资本主义发展的重要标志是民族国家的建立,在其中近代资本主义社会发展起来。这些国家是带有君主等级性的,其目的在打消地方封建主对中央集权的反抗,王权依靠了资本主义做到这点,同时等级制政体成为专制政体。这一过程的典型正是法国,恩格斯称之为标本。实际上,早在15世纪末已由路易建立,16世纪上半叶由法兰西一世巩固,下半叶由长期内战破坏了统一,在17世纪方由波旁王朝恢复,路易十四在位时,法国专制政体已发展至顶点,后半期已显出瓦解的征兆。法国的专制政体就其性质言是占有农民的贵族专政的国家,其使命是保护封建制,防止已趋成熟的反封建力量,使贵族不受农民起义的威胁;其次帮助贵族更多常与城市平民汇合的征收地租。

但是在资本主义产生的情况下,封建国家不能不受其影响,常常向资产阶级借贷,在财政依赖资产阶级,因之,国家就促进了资产阶级的发展。但同时在政治上阻碍资产阶级想取得统治、参与政治的企图,竭力不使资产阶级与城市平民,农民结成联盟,因为这会使自发的斗争转变为革命;使资产阶级倒向君主政体,成了当时执政者的主要任务。用各种办法使资产阶级也参与国家事务,出卖官职、收买,等等。

由于君主政治采取了上述办法,资产阶级成了高利贷者,和国家有了财政上的联系。君主政治的这种政策,似乎发生实际效果,资产阶级成了它的同盟者。农民、平民与贵族、资产阶级进行激烈的阶级斗争。表现在抗税的起义上。这种群众的斗争正是法国社会政治生活的基础,这是资产阶级历史学家避而不谈的。人民的痛苦贫困正是路易十四时代"正史"的黑暗面。

资产阶级对于人民是畏惧的,有时叛卖人民,例如在投石党运动中就是这样。投石党被镇压后,封建政体空前繁荣。"传播文明的中心","民主政治的奠基者"。柯尔培尔庇护资产阶级,发展工场手工业、殖民地。

国家官僚化,抑制一切民主自由的表现,深恐投石党再起,投石党的冲击使统治者加强专制,宫廷极力表示其豪华成了当时欧洲"传播文明的中心"。许多著名的艺术家都受到了宫廷的保护。艺术为宫廷服务,这一性质表现在各部门艺术中,形成了所谓古典主义。

古典主义艺术是艺术在创作中体现当时法国贵族社会生活中起指导作用的基本思想原则、社会原则。

法国17世纪的古典主义可以看做是君主专制政体极盛时期的一种艺术风格,它表现着君主政体贵族所依靠的社会阶层的艺术思想倾向。

17世纪法国君主政体是一个带有矛盾的国家,它是在资产阶级发展下出现,并在某种意义上是资产阶级所创造的,这种情形也影响到当时古典主义的艺术。

首先,古典艺术带有贵族思想的鲜明的烙印。例如崇拜名门(门第)。当时的社会制度在一些看来是永恒的(合理的)绝对完善的。而艺术也想超越时间,探取理想的形式。艺术创作规律,美的规律是永恒而且是由人的思维所制定的,不是由实践提取的。古典主义的特点就是由此产生的。

教条主义——这就是古典主义美学的特点,否认艺术家独创性,一切遵循一定的清规戒律。

所有这一切是封建政体及为其所巩固的社会关系的反映。在战前苏联有一些人认为不能把古典主义与社会制度联系在一起。否则会产生庸俗化。这担心是没有根据的。

在当时的艺术家的作品中有矛盾的性质,在反映保皇派的观点时又同时反映了人民运动的高涨。例如柯勒尔(cornille,1606—1684),拉辛(Racine)的许多悲剧指责君主专制,阿谀逢迎,并告诫君主将会遭到上天的审判。这都说明艺术家的作品并非直接地从封建政体的思想体系中引申出来的。在另外一些作家(莫里哀)的作品中,反映对人民的同情,他甚至认为普通的民歌要优于贵族沙龙的诗。一个贵族作家在《本世纪的特性与风尚》中,把平民与贵族相对立,指出人民除正直外一无所有,贵族则拥有一切。他认为他愿坚决站在人民一边。

总之,不能将一切古典主义作品放入专制政体的思想体系的框子里。

考察一下当时悲剧的冲突的性质,是个人的感情与超个人的公民义务的冲突。显示着人民与国家之间的矛盾,表现而为各个冲突。这些冲突也发生在最高的代表人物中。反映着第三等级的双重性。它不能使自己没入专制政体的框子中。

不能认为:古典主义艺术就是从封建专制的思想中产生的,相反,它反映着各样的现象,由于作者具有不同的倾向。因此作品也是不相同的。不能把莫里哀看做是一个接受宫廷订货的作家,另一作家拉辛的体裁不同于莫里哀。后者的内容是较为卑俗的,两者为同一古典主义中的不同流派,但不管各流派有若何差别都有共同点,而这就是与封建君主政体以及该时代特有创作方法,思想方法相联系的。

古典主义的创作方法又是与当时进步集团的唯理主义的思想方法相连的。法国古典主义第一个作家弗朗索瓦·戴·马列耳勃(Francois de malherbe,1555—1628)在他的诗中歌颂亨利四世所建立的和平、繁荣,赞颂君主专制的伟大。在颂诗中他表示了对 17 世纪初所发生的一切大事的态度。宗教,即封建制的支柱,也是他的主题。他在他的诗篇中放入了理性的内容,同时也给以理性的形式。他反对 16 世纪法国诗人的无政府主义倾向与个人主义倾向,主张以理性组织诗的素材,诗人必须遵从形式逻辑及语法的规律。他的反对诗体自由是与执政者黎希留在政治上反对各种放肆行为相呼应的,同时,这也正是古典主义艺术的斗争。古典主义的倾向是不断追求协调与对称,维持均衡,力求诗的各部相互一致,语言与诗句的洗练,马列耳勃就是竭力使这些倾向在诗歌中体现出来。马列耳勃使自己的作品为专制政体服务,为以后的许多诗人及诗歌理论家作出榜样,决定了 17 世纪法国文学发展的重要路线。他的许多学生继续着他的路线,反对 16 世纪的个人主义、主观主义、无组织的美感、自发的情绪。

与此相对的就是崇拜普遍的国家理性,实即国王的意志及权利。它不仅是政治的而且也是哲学、文学艺术的最高权威,执政者黎希留是第一次利用文艺为专制政治服务,作为政策的宣传工具,这不是偶然的。

1634 年黎希留创立法兰西学院,任务是建立与封建专制政体相应的文学语言的规范,他把美学、批评的问题提高到政治原则的高度。黎希留与柯勒尔间的斗争是很有意义的。黎力求使柯勒尔成为宫庭服务的作家。后者是当时大诗人,前者是很了解其已有的声望的。这个斗争表明黎希留竭力消除柯勒尔的作品中的对自由、共和的同情和幻想,迫使他为专制政治服务。

黎希留与柯勒尔的争论实质,是在于他们俩同时为对抗文艺复兴时期而提出的原则有不同的看法。古典主义抛弃了那些个人主义的原则,提出了一些积极的原则,直至今天我们还在使用的,如:个人服从国家,为人类理想、国家统一而斗争,艺术有高度的教育职能而不是消遣的工具。

这些原则在当时都是为君主专制服务的,但改变其内容,这些原则在现在仍是适用的。黎希留在当时宣传着这些原则是从封建国家的立场出发的,而柯勒尔则从广泛的人道主义的立场出发的。

柯勒尔的最初作品 Cid(1636),Horace(1640),Polyeucte(1643)(义务与恋爱之间斗争)都贯穿着个人服从国家要求的思想,黎则要求服从的国家是当时的封建国家,即盲目服从君主是人的最高的美德,然而法国的艺术家没有达到黎的理想,把奴隶的感情加以理想化,这样做的,只是一些御用的小作家。

法国古典主义的特点是专制政体思想与唯理主义方法的结合。唯理主义的方法教人思想、分析、限制研究对象,循序渐进,这应归功于笛卡儿。虽然他一生大都住在国外,但他是17世纪社会先进思想的统率者。他不是作家,也未专门研究过文学问题,未建立一个单独的专门的美学体系,但他对当时法国艺术思想的形成起了重大的作用。他长期居荷兰,在政治上思想上是比较自由的,因之免去了法国宫廷的影响和压力。

笛卡儿是新时代科学世界观的创立者之一。他对经院哲学以及整个封建思想体系都给以致命的打击,他的历史功绩尤在于此。他用新的世界观与经院哲学的世界观相对立,他是创立机械自然观的第一人。他的自然观基石是他的关于物质统一的学说,在关于自然方面他是个进步的,唯物主义者。他在自然科学上的成就也就正在以此为基础。马克思在《神圣家族》中,对他的物理学有很高的评价,并与其唯心的形而上学相区别。

他的体系是有矛盾的,他力求调和唯物主义的物理学与他的形而上学,他是二元论者。

笛卡儿宣扬天赋观念与上帝存在的思想。力图调和科学与宗教,上帝是物质与精神这两种实体的始因。

这是17世纪资产阶级的软弱性,不彻底的反映,但也反映着资产阶级的前进意向,想掌握物质世界,建立科学研究方法,破坏神学世界观,法国资产阶级的不成熟,与君主制妥协,害怕人民,则是决定着前者的。当时的资产阶级尚未意识到自己的特殊的利益,未与君主制相对立。以上为资产阶级的两面性,乃是笛卡儿哲学的矛盾性、二元论的基础。

笛卡儿有着各种不同的信徒,进步的,反动的。笛的反对僧侣是由普通人民的看法出发的,具有民主的性质,他特意用法文写作。

笛把人的理性与神学启示对立,与超理性的认识途径对立,他力求提高理性和肯定理性的意义,但他把理性强调到了离开感性的地步,因而走向唯心主义。"我思故我在"是一个唯心主义的命题,但它是针对着经院哲学而提出的,在历史上有进步作用。

四条规则:

在这四条规则中对美学最重要的是第二条(把研究中的困难按方便划分为各部分),是笛卡儿的化繁为简的分析法的原则。它成了法国古典主义者创作的规则之一,在艺术实践的各方面都被采用。在文学语言方面划分为:宫廷的与市民的、诗歌的与散文的、高雅的与卑俗的。体裁方面则划分：悲剧与喜剧，严格区分开了。感染力与诙谐也严格区分开。而在文艺复兴时则是各种混在一起的。并借此以体现当时社会生活的矛盾。

把对象加以区分的方法，并不仅是一种表面的形式，而有着社会的基础——18世纪等级制的社会，防止16世纪混乱局面再产生。

古典主义诗学在形成中愈来愈带有等级的性质，笛卡儿的信徒布阿洛(Boileu)表现得最为清楚。从露骨的等级制观点出发以划分文坛的地盘。古典主义诗学按等级制精神以划分诗的**体裁**：高雅的、卑俗的，前者只能表现君主、廷臣，市民、普通贵族只能以后者表现。君主廷臣应以其悲剧的遭遇感动观众，市民等只应取笑观众。"可笑的市民，不幸的国王"，国王只能是不幸的，不能是可笑的，市民则相反。

但当时的悲剧不是直接表现国王、廷臣的私生活而是国家活动，喜剧则表现普通人民的生活，这并不能掩盖等级制原则。由笛卡儿的划分原则引申出等级道德的原则。

在艺术创作中为掌握现实，划分是必要的。确定各要素的区分与联结，然而这带有一种数学的性质，带有抽象的公式的性质，是由理性外加于事物的。

布阿洛的划分戏剧体裁，不是从剧的具体分析得出来的，他武断地肯定悲剧是高雅的。先验的真理，先验的推论的方法在当时的哲学、艺术中被应用着。宗教的先验真理就是上帝，政治的则是绝对完善的君主制，美学的则是某种理想的美学上的理性，它规定的不能加以讨论的法则。

笛卡儿与其追随者都力图证明现存社会秩序是自发的产生的，革命的改造是不合理的，因为它只能带来更大的混乱，17世纪的唯理主义者是君主制的维护者，这是由于资产阶级未完全成熟。

笛卡儿虽未有专门的美学著作,但就他顺便提到的论点也是很有意义的。

在他给唯理主义的作家巴尔扎克的三封信中,他认为艺术的各部分应在整体中协调地相结合,例如诗须有明确的内容与形式的均衡,对称也是必须注意的,那种内容与形式不相适应的情况有四种:(一)形式的完善、内容的贫乏。(二)内容深刻,形式散漫、粗糙。(三)文字对内容只起了不足轻重的作用,即忽视形式、文字。(四)形式离开内容而独立,不相关,卖弄文字,炫耀双关语,俏皮话,这种情况是指当时一种卖弄文雅的形式的诗人及恶俗的诗人。他以为这两种诗人与艺术的基本目的——认识真理距离太远。他们都只重形式。真正的艺术是为真理、为理性服务的,以后布阿洛以明确的文字表述了他的这一看法。

在笛卡儿的其他著作中,他指出应尊重那些力图从思想规律中得出艺术创作规律的意向。他认为想像与梦幻是同样的东西,情绪与理性是同样的。想像作为非理性的因素,为他所否定。这些思想以后体现在古典主义的美学中。

最后,笛卡儿否认自然是艺术表现的对象,他仅只从功利的观点对待自然,这也是古典主义艺术美学的原则之一。古典主义的艺术家都没有欣赏自然的能力,甚至莫里哀也是这样。他只有《伪君子》里才提到一次自然。

简单地把古典主义艺术看做笛卡儿哲学加于艺术的产物是不对的。因为古典主义的一些作家甚至在笛卡儿的著作问世以前就提出了古典主义的一些原则。例如马列耳勃、柯勒尔,前者在《方法论》出版前九年即死去。后者许多悲剧在《论灵魂的苦难》出版前许多年已写就。而柯勒尔对英勇的理解与笛卡儿著作中的理解是一致的(他们都了解为在理性指导下控制恐怖的意志力的紧张)。他只是促进了唯理主义美学原理的最后形成。

在笛卡儿的影响下,17世纪下半叶,古典主义美学形成一个完整的体系。

法国古典主义的特点就是唯心主义与唯物主义的结合,一方面,它认为普通理性在文学中占统治地位,把思想与物质分离;另一方面,它宣布真就是美,模仿自然。前者主张在描写时撇开个别的特征,再现种的特征而不再现类的特征。后者把古典主义也企图反映现实,甚至在抽象时,古典主义也企图反映现实这种唯物主义倾向,在古典主义的作品中表现得很清楚。而这也正是它的价值所在,它现实主义地反映了现实。

当然,这种反映是有限的,因为局限在人的内心世界的描写上。例如把古典主义悲剧和莎士比亚的悲剧加以比较就可以看出,古典主义中只见到人的内心生活,而见不到物质方面的外界世界的描写。所以,古典主义的现实主义是具有局限性的。在内心生活描写上,古典主义确是提出了许多新东西。

古典主义克服对待现实主义的庸俗观点,即现实主义只描写外表、物质,但倾向另一极端(内心生活),虽然在同时有着贡献。

古典主义的现实主义的成就:(1)细致地研究了精神运动的逻辑;(2)其在人的活动中的表现和发展。研究的方法是自然分析、观察,探求人的本质而忘却了外在世界,但这有利于确定人的心理的一些规律,否则现实主义就不能发展。

古典主义的另一特点,认为对称、协调、统一,都是艺术性的必要条件。其中只有构思、内容与形式的统一方是美学方面的条件。因为生活并非在任何情况下都有对称、协调,否则就会脱离生活的实际情况。古典主义要求协调,目的在美化自然,而这就使古典主义脱离现实主义。以致弄成单纯地追求几何上的对称、协调。普遍地要求对称、协调,在情节、对话、音韵中都要求形式逻辑被应用于艺术的结构,对称、协调,被说成理性的规律。在戏剧方面,时、地、行动的统一、体裁的划分,等等,是有重要意义的。

在多种体裁中,以反映君主活动的悲剧居于首位,而总的说来,戏剧又占主要地位,是当时的一种重要的艺术形式,带有公开的宣传的性质,而由于此,戏剧又超出了宫廷范围转向一般的群众,不朽的民族艺术的创作,在戏剧方面实现了。

古典主义再一特点,仿效古代,崇拜古代的艺术,这是它与文艺复兴时代联系着的。古典主义认为古代艺术已达到顶峰,应该加以仿摹。但古典主义对古代的了解带抽象的、唯心主义的性质,因之使他们的不能把握那些古代珍贵的东西,不取希腊而取罗马。(比较严整与民间艺术创作联系较少)而即使罗马的,也只是那些能为君主制服务的东西,在古典主义极盛时期,即路易十四时期,把法帝国与古罗马相提并论是流行的。路易十四被描写成为有恺撒风的样子。

这种模仿是造作的,是作为点缀的。人文主义者崇拜古代和古典主义的不相同。后者的作品中有以宗教的颂扬为主题的。

在古典主义中包含各种成分,因为这对专制思想体系的表现是需要的。但在仿效古代上,并非单纯的仿效,而给以新的解释。

古典主义的创作带有独特性的,只与其时代相连的,没有模仿的,复古的倾向的,这是法国民族艺术的奠基人。后来也出现过仿效古代的情况,这种仿效就已完全是模仿了。

布瓦洛,用普希金的话说,他创作了法国古典主义诗学的《古兰经》。布在1676年写了《诗的艺术》(长诗),企图定出布的美学规范。在他只是企图把各种已经出现的观点，加以阐明而已，但由于其阐明得异常精辟、明确，因之，后人以为这些观点是属于布的。

布的长诗由四个歌组成，在第一部分叙述了诗歌创作的基本规律（风格、结构），简明地叙述了法国诗歌的历史，但含有偏见。第二部分分析各种诗体，从定义中引申出规则，定义说明作品依据于内容，这是有价值的，在此以前大都依形式下定义，例如哀诗，在布前指的是按一定的韵写成的，而在布是表现某种情感的。第三部分是主要的部分，谈到了喜剧、悲剧、史诗，后者是由对古代传统的推崇中引申出来的。关于悲剧是从拉辛的剧作中引申出来的。而喜剧，没有依据莫里哀，而更多的依据了依连奇，他以为前者太多地与人民相连了。第四部分为诗人提出道德方面的信条。长诗的最后歌颂了路易十四。布的美学是非常完满周密，可称是各种艺术规律的法典。他的美学充满着对普遍理性的狂热的崇拜，表现他是笛卡儿的学生，普遍理性是人的精神最高属性，同时也是诗歌创作的指南。他要求热爱理性，认为它对情感和想像占优越，但他确定真与美是一致的，并认为只有自然才能提供真正理性的对象。诗在描写自然时，可以使人得到理性的满足。因之模仿自然是诗的任务和美学价值的保证。

但他对模仿自然又作了许多限制。模仿自然是一个现实主义有广泛意义的原则。布把它局限在宫廷的趣味中。他所加的限制，使理论与艺术实践脱离，就是布本人也如此。他在一些讽刺作品中也表现了庸俗的对象。另外，他要求诗必须有趣、开心，也限制了模仿的原则，可怕的事物在经艺术表现之后应该成为开心的。于此，又与客观地再现现实相抵触了。

总的说来，自然在布看来是有规律的（可说是规律的体现），模仿的范围应是由于永恒规律而存在的普遍的东西。他认为诗人应注意的是一般的而不是偶然的,应美于在个别中见一般。离开个别,这不可能是现实主义的。他的典型化的原则也是有抽象的性质的。布企图用唯理论来论证对古代的崇拜,他认为古代艺术家之所以值得崇拜,是因为他们正确地模仿了自然。而且其作品经受了时间的考验。布认为仿古可以使新时代的诗人应用经受了时间考验的正确模仿方法,从而创造出正确地模仿自然的作品。

用唯理主义对待古代作品,就会使之现代化,限制了对古代作品的把握。结果,"把古代的角色穿上现代宫廷的服装",走到反历史主义,当然,这在笛卡儿已经具有而布就更为发展。

虽然如此,布仍然感到古代作品的纯朴的人民性,感人性。他对古代神话很感兴趣,但他以为神话是文明的比喻,象征的源泉,是理性所了解而不加以置信的,而奇迹却较之神话是不可理解的,因而不应为诗所描写。他认为诗的主要任务是取悦于人,这对艺术是很危险的,是宫廷贵族的原则,而这里所取悦的乃是君主。

最初,这是针对学究习气而提出的,要求迎合贵族趣味,他们是诗的惟一的鉴赏家。他在反对学究气一点是对的。他还警告诗人不要顾及人民的趣味,以及对民间创作的轻视,表现他的观点的贵族性质,他指责莫里哀卖弄风姿以讨好人民。宫廷观点降低、限制了美学。虽然有各种贵族偏见,他仍是个很高的鉴赏家。在具体评价各种作品的时候,他抛开了贵族的偏见,他仍然最推崇莫里哀,并且知道莫里哀作品的人民性,作为一个朋友,他常忠告莫里哀不要太多顾及人民的趣味。18世纪的第三等级评价布的美学,以自己的观点和布相对立。尽管如此,在《诗的艺术》中包含许多有积极意义的东西。例如,真实性、质朴性、语言的明白、艺术的易解(同时又不以牺牲内容为代价),先学会思想,然后写作。

布又不断地为提高技巧而斗争,他认为宁可做一个好石匠不做坏诗人。

布思想中的积极因素对法国以至欧洲都有重大影响,有一些因素在今天也是有意义的,但整个而言是陈旧了的。它是与一定的社会历史条件相连的。伏尔泰曾经使之适于启蒙的需要,但并不能产生大的效果。至17世纪,古典主义就告终了。

资产阶级启蒙时期的美学

资产阶级启蒙时代的文化是资产阶级文化在封建制内部作思想准备的时代,作为反封建制力量的资产阶级,在当时是前进的。资产阶级启蒙有两种解释,除启蒙人民之外,还有启蒙封建主,后者是一种幻想而且是启蒙运动的内在弱点,这种幻想为许多启蒙运动者所固有。

启蒙的对象主要为上层而非下层人民群众。启蒙主义在哲学上多是唯物主义者,但同样只是下半截的唯物论。

狄德罗在以唯物主义对待美学的时候,他的理论是现实主义的,但在社会观方面的唯心论使他的现实主义不完善。

德国的启蒙主义者在自然与社会两方面都是唯心论的,因之,就更难贯彻现实主义,而且不及法国的激进。启蒙运动最突出的人物,就是狄德罗(1713—1784)。他也从事艺术实践,不仅提出理论而已,他是启蒙美学代表人物的一般特质,他们不是抽象地而是联系着当前的艺术实践和生活提出问题。狄德罗提出艺术在社会生活中必须有教育的职能。普遍认为启蒙者是反对为艺术而艺术是具有片面性的,这一口号并不是在任何情况下都是反动的,这个看法是不对的。在普列汉诺夫看来,统治者主张的是功利主义的艺术。并非为艺术而艺术,然而反对着当时法国统治的狄德罗主张的并非反功利主义的纯粹艺术,而为特别强调艺术的社会职能,他反对宫廷艺术的无思想性、消遣,认为艺术应为人民(他所理解的)服务,艺术是美与道德的结合,不是伦理的东西就不是美的。(当然狄也有一些迂腐的看法,例如他反对裸体的描写)艺术应使人成为高尚道德的。艺术本身不是目的,每一雕刻、画都必须是有原则的,对人有教育意义的,"没有教育意义的作品是毫无价值的。"狄德罗尚提出反动纯艺术的原则,艺术应把恶表现为恶,善表现为善,使人憎恨恶而同情善。狄德罗首次谈到过正面人物与反面人物的塑造问题。善是一定会取得胜利的,而悲剧就是善的不能取得胜利。善的胜利。恶的失败,是不会带来悲剧的。

艺术必有目的,必须为社会服务,这是启蒙主义所共有的思想。启蒙主义提出两个任务:道德教育、理性教育。以理性对抗封建,而理性则不过是理想化的资本主义。

狄德罗认为艺术是生活中、自然中的美的再现。在基本点上是与车尔尼雪夫斯基的观点一致的。对于美是什么的问题,狄德罗的回答是不够明确的。他认为自然中的美的东西就是有特征的东西,又认为自然是实在的,所以整个自然是美的。艺术是整个自然的反映。但有时他又认为自然中有不美的东西。虽然他的回答是不明确的,但基本之点是清楚的:艺术美是现实、自然某些方面的反映,后者是主要的。内容先于形式,也是狄德罗所肯定的。因艺术既须有崇高的目的,艺术是生活的反映,因之就必然着重于思想性,有思想性的就是有内容。在这问题上,狄德罗继续着笛卡儿的思想:内容决定形式。人们在阅读好的作品时,常常不觉得形式的存在,而直接接受着内容。

由艺术反映现实出发,狄德罗提出艺术必须是真实的,只有如此,才能完成培养的道德的任务,而他所了解的真实性是从自然的客观性出发的,这与他对客观真理的了解相一致的。是唯物主义在艺术中之应用。狄德罗认为我诚实与否不是主要的,我是诚实的,但我说的话可能是不符合现实情况的,因之,作品的真实性不是作者的主观的真理性,而是被表现的与表现的一致,内容须与现实一致,因之,他主张艺术真实不只是一个道德的口号,而是要求真实反映现实。

然而由于形而上学,由于不了解艺术是社会意识形态,因之,在他只有个别的辩证思想。

狄德罗的另一个有价值的思想:对各现象不仅从联系中,而且要从本质中去对待。艺术不应表现那种偶然的、次要的东西,而是表现典型的东西。

狄对表演艺术很注意,在《演员奇谈》中包含一个很重要的思想,即演员必须懂得人,懂得生活。另外,他又反对庸俗化,反对自然主义。最后狄德罗提出了"艺术的阶梯"的思想(虽然不是从历史的而是从逻辑的),他认为低级的艺术是建筑,建筑除了几何形体之外不能提供什么东西;雕刻更高一些,能表现一些形体;绘画更高,借助光、色反映现实,不仅表现形体,而且表现人的内心;音乐更高,可能表现人的内心感受,最后的艺术形式是包含以上一切的诗(包括戏剧),人的多样生活能够最深刻地以语言在诗中表现出来。实际上各种艺术形式是不能相比的,然而在他的分高低的标准中可以看出他认为艺术应表现人的思想,而且他还认为在表现一个事物时是表现着某种社会关系(人的关系)。他曾不明确地意识到社会关系对艺术的影响。同样是启蒙美学家而未超出狄德罗的两个代表人物是德国的莱辛和温克尔曼。

莱　辛

在世界观上他没有达到狄德罗的唯物主义，与无神论也相距很远。但他继狄德罗之后，以其独特的方式发展了现实主义的观点——肯定艺术是现实的再现，现实是为首要。同样他以为艺术是道德教育的手段。他特别强调在艺术中要反映普通人，这在启蒙者中是突出的。他令人信服地说明了这点。他认为只有艺术，特别是戏剧表现的人物获得观众的同情时，才能起伦理的美学的作用。如果表现的是神、皇帝，等等，观众就很难有同情，在表现普通人、穷人、为贵族迫害的人时，情况就正好相反，特权人物与普通人的处境是不同的。因之前者的表现不能引起后者的同情。

莱辛所说的普通人是第三等级，表现普通人的事物情况，在当时是有肯定的意义的。莱辛还有一个这样的思想：即艺术越多地表现运动，它的力量也就越大，表现人时应该通过他的行动，这一有辩证因素的思想，是应该肯定的。

温克尔曼

他与狄德罗、莱辛的主要区别在于崇拜古代希腊。他抽象地认定希腊艺术为后代永不能再达到的典范，是艺术的最后的境界。

古希腊之所以能达到如此的成就，是因为当时有共和政体，并且在艺术中表现了抽象的公民的美德。这表明温克尔曼是从另一个角度来宣传反封建的思想。即借助于古代来反对封建。温克尔曼大胆地提出：政治制度越进步，艺术成就也就越高。艺术发展的基础是政治自由（即在他理解下的资产阶级共和制）。从以上可以看出，启蒙美学都要求艺术应反映普通人，归结到最后,就是反对艺术家表现腐败的贵族,而要求他表现第三等级,这种要求具有明显的反封建性。

德国唯心主义的美学观点

在美学上康德的体系,可说是最复杂的,他所代表的是德国的落后的软弱的资产阶级,但资产阶级某种程度上也是反封建教会的,因之也给康德的哲学带来了某些肯定的东西,想把唯物主义和唯心主义调和起来(康德哲学概述是康德美学具有完全脱离艺术实践的抽象的性质)。康德以先验的方法解决美学的问题,不依据艺术实践,按他的哲学看来这样是不必要的。康德把艺术问题变为人的内心世界的问题,艺术是自我创造。康德的美学是从人的主观判断出发的,虽然也存在"自在之物",但判断超乎它的上面。他把艺术的教育作用与美学性质对立起来,认识判断与美学判断被截然割离。现实是不可知,而借助于艺术反不能认识。"一切精神力量都可归结为三个:认识、欢欣与悲哀的感觉、愿望",对于认识能力,只有悟性、是有决定意义的;对于愿望,理性是决定的;欢欣和悲苦则与美学判断有关,其与悟性、理性是毫不相干的。科学与艺术被对立起来,认识与美学的东西是相对立的,美学的东西不能成为认识的组成部分。在康德看来艺术与其他一切意识形态是无关的,它独立存在着。把艺术的特点绝对化,这是康德美学的一个特点,并引向艺术与生活的对立,使艺术本身成为目的。

"趣味判断是美学判断",甚至,逻辑的与美学的对立起来,由此,就可以引导出艺术中的非逻辑主义、非理性主义基础。因之,现代反动的资产阶级美学家都尾随他之后。

"审美能力是美学的基础",在康德看来,"审美的能力"不是人在逻辑上论证美的能力,而是以一种悟性具有的非逻辑的,不可知的能力为依据的能力。因之,是一种完全主观的不依存于认识的能力,美与科学不同,它引起快感,快感只与美学判断有关。而且是一种特殊的快感,与一切利害无关的快感,从而,与一切东西都无关……"决定趣味判断的愉快,与任何利害无关","每一个人都必须同意有极微小的判定关系渗入对美学判断有强烈的党性。它不能是纯粹的趣味判断,要在趣味问题上成为欣赏家,对利害判断必须抱无关心的态度。"康德在这里用了"党性"这个字眼,是因为他所生活的时代有着各个启蒙学者在活动,文艺有着明显的倾向性,因而康德也感觉到艺术的党性。在康德的美学中,有肯定的东西,因为当时的德国资产阶级终是一个进步的力量。康德反对艺术的目的性,思想性,是对启蒙主义美学家的反动。

康德认为快感有三种,其中一种是具美学的性质的,人所喜爱的东西,是美学的东西,令我们开心的东西、令我们珍惜的东西都不是美学的,只有单纯地给我们以愉快的东西,才是美学的。在康德看来,美不是善,善属于伦理方面的东西,美是不与其他任何东西相连的纯粹的愉快。类似以上的说法在康德的著作中是很多的。康德的信徒拥护他这一观点,惯于举这样庸俗的例子(略),

只有从实际利益中抽象出来的愉快才是美学的愉快。普列汉诺夫曾经批判了康德的观点,指出各阶级都从其阶级利益的观点出发来对待艺术。但他又以为对待个人而言,康德的说法是适用的,艺术家如果有对待艺术渗入实际的打算,就不是一个好的艺术家,这里所说的实际打算是一些和艺术家有关的个人物质利益、作品的报酬、稿费。他反对艺术家从物质利益出发去创作,这是正确的。但即使这样,对康德应作有限制的解释。因为康德反对党性原则,而任何真正的艺术都必然意识到阶级的利益,利益不应作狭隘的功利解释,利益实际上决定人们对待艺术的态度,而且并不损害美学价值。康德的这一观点是极有害的,例如海涅(Heine)就曾经受这一观点的影响。

现代资产阶级对康德这一观点推崇备至,以至宣扬畸形的形式主义的假艺术。批判这种观点是有进步意义的,是所有进步美学家的任务。康德的另一观点,即认为美学趣味是先验的观点,也是值得注意的。"趣味判断是在一切条件下都不变的,是由'自我'加之于客观的"。这也是一种错误的、顽固的、有害的观点。康德对天才的看法也是包含错误的。

在康德看来,艺术只是个别与人民无关的天才的创造,他凭借直观进行创作,这种观点表明康德是典型的主观唯心论者。"艺术是天才的艺术","天才是一种给艺术以法则的天赋才能,即天才是不从属于法则而是把法则加之于艺术,天才驾临于法则之上,是纯粹天赋的,与社会无关的才能。天才创造法则,庸人、一般人遵循法则。天才是天赋的精神属性,自然通过天才赋以艺术的法则。"康德对天才下了三个定义:天才是不受任何法则约束的创造的才能,独特性因此是天才的第一个属性,由于废话也可能是独特的,因之天才的作品必须是典范(Classic)的,而不是由模仿而产生的,而是提供范例。典范性是天才的第二个属性。天才以何种方法创造,甚至是不能以科学的方法说明的,天才的创造过程不是能科学地说明的,这是天才创造的特色。总之,天才是不受任何客观条件约束的、不能说明的直觉。在康德看来,科学的活动遵循一定的法则,有学派;艺术则无所谓这些。科学的活动是非天才的活动(这侮辱了康德自己)。康德认为艺术中不能有流派,一个艺术家不受教于人也不教人,否则他就不是天才了。这是康德对天才贵族式的了解。普列汉诺夫在这一点上正确地批评了康德。他指出,天才是人民利益、先进阶级利益的代表者。在康德的时代的另一些人,就批评了康德对天才的看法。席勒(Schills)强调真正的天才必须体现出时代的崇高思想。康德强调了理性,并且认为艺术必须为神服务,即他的美学终究是世俗的、人的美学。此外,康德在一定程度上有资产阶级的人道主义,认为艺术须从人出发。康德对个人的看法,也有反封建的意义。

(约写于五六十年代。"西方"两字为编者所加。)